기계 요소의 이해와 활용

기계 요소의 이해와 활용

이건이, 강기영 지음

Σ 시그마프레스

기계 요소의 이해와 활용

발행일 | 2020년 3월 20일 초판 1쇄 발행

저　자 | 이건이, 강기영
발행인 | 강학경
발행처 | (주)시그마프레스
디자인 | 강경희
편　집 | 류미숙

등록번호 | 제10-2642호
주소 | 서울시 영등포구 양평로 22길 21 선유도코오롱디지털타워 A401~402호
전자우편 | sigma@spress.co.kr
홈페이지 | http://www.sigmapress.co.kr
전화 | (02)323-4845, (02)2062-5184~8
팩스 | (02)323-4197

ISBN | 979-11-6226-249-8

* 책값은 책 뒤표지에 있습니다.
* 이 도서의 국립중앙도서관 출판예정도서목록(CIP)은 서지정보유통지원시스템
홈페이지(http://seoji.nl.go.kr)와 국가자료공동목록시스템(http://www.nl.go.
kr/kolisnet)에서 이용하실 수 있습니다. (CIP제어번호 : CIP2020008607)

기계 요소의 이해와 활용을 쓰면서

기계 엔지니어는 대학에서 '기계 요소 설계'라는 과목을 3학점 또는 6학점에 걸쳐 배운다. 그만큼 중요한 과목이며 특히 연구개발이나 설계 직종을 희망하는 엔지니어에게는 더욱 중요하다. 그런데 현재 배우고 있는 대부분의 책의 내용은 30년 전이나 지금이나 큰 변화가 없다. 기어, 나사, 키, 스프링, 베어링 등의 요소 부품 자체의 설계에 중점을 두고 있으며, 그 수준도 현재의 산업 현장에서는 활용성이 낮은 편이다.

산업 현장에서는 많은 변화가 있었다. 기어의 종류, 베어링의 종류, 회전운동을 직선운동으로 변환하는 기계 요소들이 매우 다양해졌으며, 새로운 메커니즘을 적용한 많은 요소 부품들이 개발되어 상품화되었고, 많은 기계 요소들이 규격화되고 표준화되어 시장에서 구입할 수 있게 되었다.

또한 이전에는 배우지 않던 전기 전자 관련 요소, 유공압 관련 요소 및 센서 등 검출 관련 요소에 관한 많은 정보를 공부해야 한다.

이에 따라 기계 요소 부품 자체의 설계 및 제작은 그 중요성이 반감되었으며, 이를 배우기 위해 많은 시간과 노력을 기울이는 것은 효율적이지 않다.

이러한 현장의 변화를 고려하여 이 책에서는 새로운 부품에 대한 정보를 최대한 반영하려고 노력하였으며, 기계 요소 자체의 설계보다는 기계 요소의 종류를 대부분 빠짐없이 다루고, 그 특징 및 사용 방법에 중점을 두어 기술하여 이들을 언제 어떻게 활용하는 것이 좋은가에 대해 기술하였다.

또한 실제 설계에 있어서 필요한 경험에 의해 정해진 설계 기준값 등을 다수 수록하여 실무에 도움이 되도록 노력하였다.

2020년
이건이, 강기영

제 **15** 장 **각도 분할 요소**

기계 구성 요소 트리

동력 전달 계통

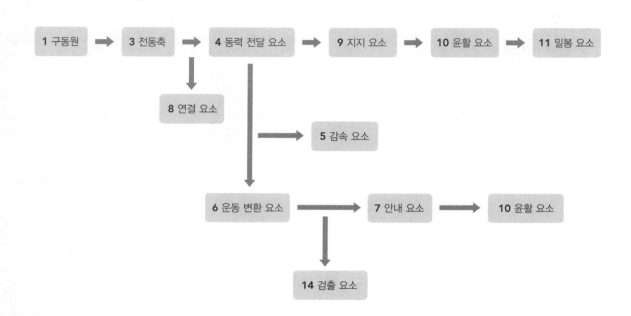

지지 구조 계통

기계 요소 트리 상세

1 구동원
- 모터
- 내연 기관
- 증기 기관

2 유압공기압 구동 시스템

3 전동축

4 동력 전달 요소
- 기어
- 커플링
- 벨트
- 클러치
- 체인
- 브레이크
- 실린더

5 감속 요소
- 기어
- 벨트
- 체인
- 사이클로 드라이브
- 파동 기어 장치
- 유성 기어 장치
- 차동 기어 장치
- 트랙션 드라이브

6 운동 변환 요소
- 리드 스크루
- 와이어와 롤러
- 볼 스크루
- 크랭크 축
- 랙과 피니언
- 4절 링키지
- 마찰 롤러
- 캠과 롤러
- 벨트와 풀리
- 리니어 모터
- 체인과 스프로켓

7 안내 요소
- 슬라이드 안내
- LM 가이드
- LM 베어링
- 롤러와 바
- 볼과 앵글

8 연결 요소
- 키
- 스플라인
- 세레이션
- 코터
- 테이퍼 링

9 지지 요소
- 롤러 베어링
- 슬라이딩 베어링

10 윤활 요소
- 오일
- 그리스

11 밀봉 요소
- 가스켓
- 패킹

12 체결 요소
- 볼트/스크루
- 너트
- 핀
- 리벳
- 멈춤 링
- 로크 너트

13 완충 요소
- 스프링
- 방진 고무
- 쇼크 업소버
- 에어 스프링
- 더블 위시본 서스펜션

14 검출 요소
- 포텐셔미터
- 로터리 인코더
- 레졸버
- 타코 제너레이터
- LVDT
- 리니어 인코더

15 각도 분할 요소
- 제네바 드라이브
- 롤러 기어 인덱스
- DD 모터
- 서보 모터

chapter 01

구동원

기계의 구동원으로는 크게 전기 모터와 내연 기관, 외연 기관이 있는데, 내연 기관과 외연 기관은 기계요소라기보다는 하나의 기계장치이므로 여기서는 전기 모터에 중점을 두고 설명하고자 한다.

1 ▶ 전기 모터

전기 모터는 전기 에너지를 기계 에너지로 변환하는 기계요소로 시동 및 운전이 쉽고 다양한 부하의 종류와 크기에 대응하는 기종을 선택하기 쉬우며, 소음 진동이 적고 환경에 대한 공해가 적은 것이 특징이다. 모터의 입력과 출력의 크기는 아래와 같이 구할 수 있다.

입력 전력(W) = 전압(V) × 전류(A)

모터 출력(W) = 회전 속도(rad/sec) × 회전력(Nm)

한편 모터의 효율(%)은 출력/입력 × 100의 식으로 구해지는데, 나머지는 모터의 손실이다. 모터의 손실에는 기계적 마찰 손실, 구리 선내에서의 선실(copper loss) 및 철심 내에서의 손실(iron loss) 등이 있다. 모터는 일반적으로 회전자(rotor, 전기자)와 고정자(stator, 계자)로 구성되어 있으며, 각각의 종류는 아래와 같다.

1. 회전자의 종류

- 농형(바구니형) 회전자(squirrel-cage rotor)
- 돌출극 농형 회전자(salient-poled rotor)

- 반경자강 회전자(semi-hard steel rotor)
- 연강 회전자(solid-steel rotor)
- 돌출극형 규소강판 회전자(salient-poled lamination rotor)
- 미세치형 연강 회전자(solid-steel rotor with fine teeth)
- 영구자석형 회전자(permanent-magnet rotor)
- 유도자형 회전자(inductor rotor)
- 권선형 회전자(winding rotor)
- 정류자형 회전자(commutator rotor)

2. 고정자의 종류

- 분포권 고정자(distributed winding stator)
- 집중권 고정자(concentrated winding stator)
- 유도자형 고정자(inductor stator)
- 영구자석형 고정자(permanent-magnet stator)

한편 전기 모터의 분류 방법에는 다음과 같은 것들이 있다.

- 변환 원리에 따른 분류 : 전자 모터, 정전 모터, 초음파 모터
- 전원에 따른 분류
    - 직류 : 정류자 모터, 무정류자 전동기(브러시리스 직류 모터)
    - 단상 교류 : 단상 유도 모터
    - 삼상 교류 : 삼상 유도 모터, 동기 모터, 스테핑 모터
- 구조에 따른 분류
- 회전 방식에 따른 분류

전기 모터의 구조는 그림 1-1과 같다.

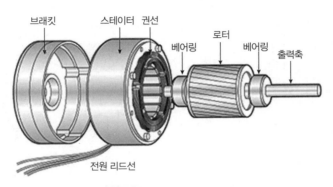

그림 1-1 전기 모터 구조의 예

전기 모터 분류 방식에는 여러 가지가 있는데, 이 중 많이 사용되고 있는 전기 모터의 종류를 표 1-1에 제시하였다.

표 1-1 전기 모터의 분류

유도 전동기(induction motor)	삼상 유도 전동기(three phase) • 농형(바구니형, square-cage rotor type) • 권선형(wound rotor type) 단상 유도 전동기(single phase)
정류자 전동기(commutator motor) : DC 모터	영구자석 고정자형 전자석 고정자형 • 직권 정류자 전동기 • 분권 정류자 전동기 • 복권 정류자 전동기 교류 정류자 전동기
동기(synchronous motor, SM)	영구자석 동기 전동기 • 무정류자 전동기(brushless DC motor) - 코어형 - 코어리스형 스테핑 모터(stepping motor) • 영구자석형(PM 형) • 가변릴럭턴스형(VR형) • 하이브리드형(HB 형) 히스테리시스 동기 전동기 : 교류 전자석 동기 전동기(brush direct current motor) 반작용형(reluctance motor) : 교류
초음파 모터(linear motor)	동기 모터 유도 모터 스테핑 모터 초음파 모터
보이스 코일 모터(voice coil motor)	
압전 소자(piezoelectric device)	

유도 전동기와 동기 전동기는 모두 회전 자계에 의해 회전 속도가 결정되는 AC 모터이다. 회전 자계란 고정자 권선에 3상 교류 등 다상 교류 전류를 흘릴 때 발생한 자계가 다상 교류 전류의 주파수로 정해지는 회전 속도, 즉 동기 속도로 회전하는 현상을 말한다. 회전 자계에 의해서 회전자가 흡인되어 회전하며 회전 방법의 차이에 따라 동기 모터와 유도 모터로 분류한다.

이상의 여러 가지 전기 모터 중 많이 사용되고 있는 주요 모터의 특성에 대해 아래에서 설명한다.

3. 주요 모터의 특성

1) 유도 전동기

표준형   플랜지형   출처 : 신명전기

그림 1-2   유도 전동기 예

가장 많이 사용되고 있는 일반 동력 전달용 모터로 비동기 모터라고도 하며, 고정자로는 분포권 고정자를 사용하는데, 정해진 회전수로 출력하며 아래 그림과 같은 속도-토크 특성을 가지고 있다.

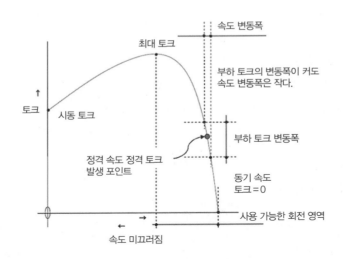

시동 토크 : 전동기의 전원 스위치를 넣은 직후의 상태에서 나오는 토크. 정격 토크의 125% 정도임
최대 토크(정동 토크) : 가속 상태로 도달하게 되며 정격 토크의 200% 정도임

그림 1-3   AC 유도 전동기의 토크 선도

- 분포권 고정자

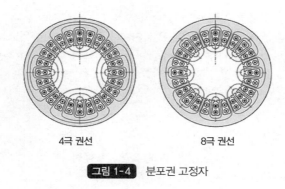

4극 권선   8극 권선

그림 1-4 분포권 고정자

24 슬롯인 경우에는 여러 가지 극수가 가능하지만 여기서는 4극과 8극 권선을 보인다.

- 집중권 고정자

적은 슬롯수에 상관없이 결선에 따라 2극, 4극, 8극 모터로 나누어진다. 아래 그림은 U상인 2개의 코일에 전류를 흘린 경우를 보이고 있다. (b)와 (c)는 같은 결선이지만 회전자의 극수에 따라서 4극에도 8극에도 대응한다. 단 6극은 어렵다.

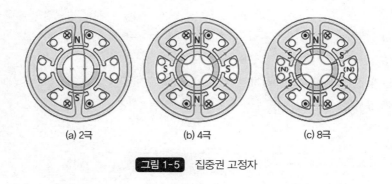

(a) 2극   (b) 4극   (c) 8극

그림 1-5 집중권 고정자

유도 전동기는 최대 토크를 발생하는 회전수 이상으로 회전하면서 부하가 필요로 하는 정격 토크에 이르면 회전수가 일정하게 된다(최대 토크 발생 회전수와 동기 회전수 사이가 실제로 사용되는 회전수이다).

회전수가 안정된 구간에서 부하가 필요로 하는 토크가 변화하는데, 이를 토크 변동폭이라 한다. 부하가 필요로 하는 토크가 증가하면 회전수가 떨어지며, 줄어들면 거꾸로 올라간다. 이때의 회전수 변동은 좁은 범위 내에서만 변한다. 즉 유도 전동기는 거의 정속 회전 전동기라 말할 수 있다.

유도 전동기의 종류에는 아래와 같은 것들이 있다.

(1) 농형 삼상 유도 전동기

회전자로 농형 회전자를 사용하는 모터로 공업용 범용 동력 모터의 대부분은 이 모터이다. 종류에는 인버터 전용 정토크 전동기와 고효율 전동기가 있으며 작동 원리는 전자 유도 작용이다.

농형 삼상 유도 전동기는 권선형 삼상 유도 전동기 및 정류자 전동기와 비교하여 아래와 같은 특성이 있다.

① 구조가 단순하고 값이 싸다.
② 회전자에 절연부가 없으며 고열에 견디므로 고속 역의 과부하에 강하다.
③ 브러시(brush)나 슬립 링(slip ring)과 같은 마모 및 접촉 통전 부분이 없으므로 보수가 간단하며 수년간 연속 운전이 가능하다.
④ 시동 토크가 작으며 회전 속도 조정 범위가 작다.
⑤ 대형 전동기에서는 시동 시 돌입 전류를 제어하기 위한 시동 장치가 필요하다.

토크 모터(torque motor) : 고저항 농형 모터를 말하며, 일반 유도 전동기와는 다르다. 일반 전동기는 동기 회전 속도 부근에서 토크 선이 올라가지만 토크 모터는 속도가 0일 때 토크가 최대로 된다. 즉 일반 농형 모터에 비해 시동 토크가 크고 시동 전류가 적으므로 토크 효율이 좋으며, 저속에서 큰 토크가 필요한 경우 빈번한 시동, 역전, 정지, 인칭이 필요한 경우에 알맞다.

부하가 일정한 경우 인가 전압을 바꾸면 회전 속도를 바꿀 수 있으며, 인가 전압이 일정한 경우에는 부하가 바뀌면 회전 속도가 바뀐다.

토크가 인가 전압의 제곱에 비례하는 것은 일반형과 같다. 밸브 개폐용, 도어 개폐용, 볼트 너트 잠금풀림용, 각종 롤 감기용 등에 주로 쓰이고 있다.

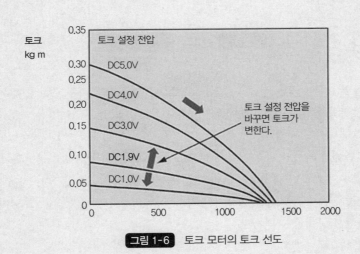

그림 1-6 토크 모터의 토크 선도

리버서블 모터(reversible motor) : 순간적으로 정역회전이 가능한 모터이며 직류 모터와 삼상 모터가 가능하다. 직류 모터에서는 자계 또는 전기자의 극성을 바꿈으로써 자극 사이의 흡인과 반발을 거꾸로 하여 역전한다.

삼상 모터에서는 3선 중 2선을 바꿈으로써 회전을 역회전으로 바꿀 수 있다. 간이 브레이크 메커니즘을 내장하고 있으며 일반 유도 전동기와 비교하여 오버 런(over run)이 적다. 일반적인 정지 빈도는 1분에 6회 이하이다.

(2) 권선형 삼상 유도 전동기

권선형 회전자를 사용하는 모터로, 슬립 링을 통하여 접속하는 가변저항기에 의해 모터 특성을 변화시키는 것이 가능하다. 대형 모터에 많이 이용된다. 시동 특성이 좋고, 운전 특성이 나쁘며 슬립 링, 브러시 등의 보수가 필요하다.

(3) 단상 유도 전동기

가정에서 사용되는 모터는 대부분 이 모터이며 출력은 수 W부터 수백 W 정도의 소형이 주이며, 소규모 공업용 및 농업용으로도 광범위하게 쓰인다.

① 콘덴서 모터 : A상에 콘덴서를 넣어 V_A가 V_M보다 앞선 위상이 되도록 한 모터로, 콘덴서를 기동 시에만 작동하는 콘덴서 시동형, 시동 시부터 일정하게 계속 작동하는 콘덴서 랜형, 운전에 들어가면 콘덴서 용량을 작게 하는 2가형 콘덴서형으로 나뉜다. 콘덴서 모터는 가전제품 중 비교적 시동 토크가 작은 것에 잘 사용되며 소형 벨트 컨베이어 구동 및 FA 기기 등에도 쓰이고 있다.

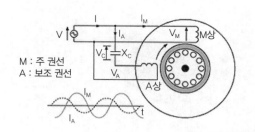

그림 1-7 콘덴서 모터

② 세이디드 폴형(shaded-pole) 모터 : 주 권선 외에 각도 차이가 있는 보조 권선을 가진 모터이다. 팬 모터와 같은 소용량에 사용된다.

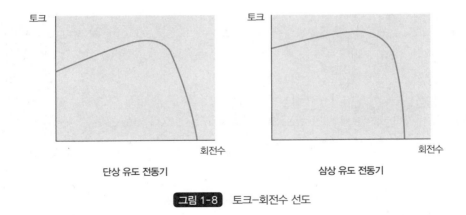

토크

회전수

단상 유도 전동기

토크

회전수

삼상 유도 전동기

그림 1-8 토크–회전수 선도

유도 전동기는 일반적으로 정해진 회전수로 회전하지만 아래와 같은 방법에 의해 모터의 회전수를
바꿀 수 있다.

- 극(pole) 수를 바꾼다.
  2~32극까지 극 수에 따라 동기 회전수가 정해져 있다.

    2극 : 3,600rpm   4극 : 1,800rpm   6극 : 1,200rpm   8극 : 900rpm

- 전압을 바꾼다 : 전동기가 발생하는 토크는 전압의 제곱에 비례
- 외부 저항을 변화시킨다.
- 주파수를 바꾼다.
  가변 주파수 전원 : 인버터(inverter)

2) 정류자 전동기

그림 1-9 정류자 전동기

- 정류자 전동기(DC motor)는 전압을 조절함에 따라 회전수, 출력을 제어할 수 있으며, 응답성이 좋
  고 다루기 쉬운 특징이 있어 소형 기계 및 배터리를 사용하는 기계의 원동기로 많이 사용된다.
- 제어성이 뛰어나고 효율도 좋으므로 최근에는 철도용 모터로도 사용되고 있다. 가격이 비싸며 소

모품인 브러시를 정기적으로 교체할 필요가 있다. 코깅 토크(cogging torque, 무통전 상태에서 모터 축을 밖에서 돌릴 때 느끼는 토크)와 토크 맥동(torque ripple)이 적다.

- 구조는 고정자(stator)로서 영구자석과 브러시가 있으며, 회전자(rotor)로서 슬롯 코어(slot core), 코일(coil), 커뮤테이터(commutator)로 구성되어 있다.
- 모터 단자에 걸리는 전압은 직류이지만 모터가 회전하면 커뮤테이터와 브러시가 스위치 역할을 하며, 전류가 흐르는 코일이 순차적으로 끊어졌다 이어졌다 하는 구조로 되어 있다.

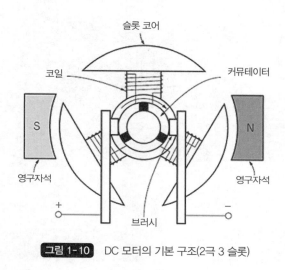

그림 1-10 DC 모터의 기본 구조(2극 3 슬롯)

(1) 영구자석 고정자형

영구자석 고정자형(permanent-magnet type) DC 모터는 영구자석을 고정자로 사용하는 것이며, 제어가 비교적 쉽고 가격도 전자석 고정자형보다 싸고 고효율 중용량(1 kW까지) 모터를 제작할 수 있다.

① 철심 전동기(inner rotor)
- 값이 싸다
- 용도 : 완구, 산업용 소형 모터에 사용된다.

그림 1-11 철심 전동기

② **무철심 전동기**(outer rotor, coreless)

- 전기자의 질량이 가볍고 기계적 시정수가 작다. 즉 관성 질량이 작으므로 급속 가감속에 적합하다.
- 고효율 실현 가능
- 용도 : XY 플로터의 펜 구동용 모터, 휴대전화 진동 모터, 고급 철도 모형 구동 모터, RC 로봇(radio control robot) 등의 서보 모터(servo motor)

진동 모터

출처 : 일본전산(NIDEC)

그림 1-12 무철심 전동기

(2) 전자석 고정자형

권선(선을 감은) 전자석을 고정자로 사용한 DC 모터를 **전자석 고정자형**(winding-field type) DC 모터라 한다. 대용량 모터를 만들 수 있으며 고정자 권선과 회전자 권선에 전기를 공급하는 형태에 따라 세 가지 종류로 분류한다.

그림 1-13 전자석 고정자형

① **직권형**(series motor) : 고정자와 회전자에 전기를 직렬로 공급하는 구조이며, 출력 특성은 시동 시에 가장 큰 토크를 발생하며 회전수의 증가에 따라 토크가 감소한다. 분권형이나 복권형에 비해 시동 토크가 크지만 브러시 및 정류자의 마모가 일어나므로 보수에 손이 많이 가며, 고회전력에서는 원심력의 영향으로 정류자가 파괴될 위험이 있다. 부하가 걸리는 비율에 따라 회전수가 변동하는데, 무부하 운전을 하면 과회전에 의해 전동기 파괴로 이어지는 경우가 있다. 전기 철도에 적합하다.

② 분권형(shunt motor) : 전기를 고정자와 회전자에 병렬로 공급하는 구조이며, 정회전 특성이 뛰어나고 속도 제어도 쉬워 AC 서보 모터 등장 전까지는 광범위하게 사용되었으며, 부하가 변해도 회전 속도의 변화가 작은 것이 특징이다. 정류 특성이 약간 나쁘다. 고정자 제어에 의한 회전 속도의 제어 범위가 좁다.

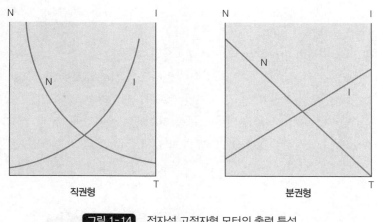

그림 1-14 전자석 고정자형 모터의 출력 특성

③ 복권형(separate-field motor) : 전기를 회전자 권선과 병렬로 공급 받는 고정자와, 직렬로 공급 받는 고정자를 모두 갖고 있는 구조로, 직권과 분권의 중간 특성인 기동토크도 크고 정회전 특성도 좋지만 가격이 비싸다. 회생 브레이크 사용이 가능하고 구조가 복잡하며 무게도 증가한다.

(3) 교류 정류자 전동기

회전자로 정류자형 회전자를 쓰는 모터를 말하며, 시동 토크가 크고 고속 회전이 가능하다. 전원의 극성에 관계없이 회전 방향이 일정하다. 정류자가 있으므로 전기적 기계적 잡음이 많고 보수가 복잡하다. 무부하 회전수가 높다. 용도는 단상 직권 정류자 전동기, 전기 드릴, 전기 청소기, 믹서, 커피 밀 등에 쓰인다.

3) 동기 전동기

회전 속도가 동기 속도와 같은 모터를 **동기 전동기**(synchronous motor)라 한다. 여기서 동기 속도(synchronous speed)는 주파수와 극수에 의해 정해진다.

$$동기 \ 속도 \ L_o = \frac{2f}{P} \ \text{rps} \qquad f : 주파수(\text{Hz}) \qquad p : 극수$$

회전 고정자형 모터의 최소 극수는 2이므로 60Hz인 경우 동기 속도는 3,600rpm이다. 동기 속도보다 느린 속도로 도는 모터는 **비동기 전동기**(asynchronous motor)라 한다.

(1) 영구자석 동기 전동기

브러시리스(brushless) DC 모터라고도 하는데, DC 모터의 결점인 브러시와 정류자를 없앤 모터이다. 고정자용 영구자석을 회전자에, 회전자 권선을 고정자 측에 배치하고 브러시 대신에 회전자 위치 신호 검출을 위해 홀(hall) 소자를 쓰며 인버터(inverter)에 피드백(feedback)하여 통전을 제어한다.

DC 모터의 뛰어난 제어성은 그대로 가지면서 브러시가 없으므로 전기 노이즈 및 수명 관점에서 유리하며 유도 전동기, 전자석 동기 전동기 등보다 고효율이고 정류자, 브러시, 계자 여자 회로, 슬립 링(slip ring)이 없으므로 보수가 쉽다.

기동, 정지 시에 독특한 소리가 나며 고속 운전이 가능하고 소형으로 큰 출력을 얻을 수 있다. 전자 회로를 내장하고 있으므로 주위 온도 등에 대한 내환경 성능은 전자 부품에 좌우되며 브러시형 직류 전동기에 비해 고가인데, 특히 전류가 큰 경우 스위치용 반도체 소자가 고가이다. 용도는 전기 자동차, 하이브리드 카, 엘리베이터, 전동차, 인버터 구동 가전제품(에어컨, 냉장고, 세탁기 등), 컴퓨터 관련 냉각팬 및 플로피 디스크, HDD, CD ROM 장치 등의 모터, VTR의 헤드용, 직동형 세탁기 등이다.

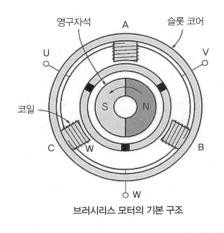

브러시리스 모터의 기본 구조

출처 : 일본전산(NIDEC)

그림 1-15　브러시리스 모터

> 참고
>
> 컨버터(converter) : 단상 교류 및 삼상 교류를 직류로 변환하는 장치로 정류기라 하며, 다이오드(diode), 사이리스터(thyrister) 또는 트랜지스터(transistor)라 불리는 반도체 소자를 쓴다. 출력이 30kW 정도인 큰 직류 모터는 대체로 컨버터를 사용한다.
> 인버터(inverter) : 반대로 직류를 삼상 교류로 변환하는 장치이다.

(2) 스테핑 모터

스테핑 모터(stepping motor/pulse motor)의 회전 속도는 입력 펄스 신호의 주파수에 의해 정해지며, 회전 각도는 입력 신호의 수에 의해 정해진다. 이런 특성은 디지털 신호에 의해 피드백이 필요없는 오픈 루프(open loop) 제어를 가능하게 만든다.

스스로 위치 결정하므로 기본적으로는 인코더(encoder)가 필요없다. 그러나 고정밀도 응용에서는 운전 중의 정지를 검출하기 위한 인코더를 추가한다.

출처 : Tamagawa

그림 1-16 스테핑 모터

① 스테핑 모터의 장단점
- 장점
  - 브러시리스로 직접 접촉하는 부분이 없어 브러시 및 금속 정류자에서 발생하는 아크 방전 및 물리적인 마모라는 문제가 없어 보수가 필요없다.
  - 단위 체적 및 단위 중량에 대한 토크가 높다(고속 응답, 소형 경량).
  - 운동량이 구동 펄스 수에 비례한다. 1.8도/펄스(마이크로 스테핑 기술로 더 작게 분할도 가능함)
  - 디지털 제어 회로와의 적합성이 좋으며 피드백 회로가 필요없어 값이 싸다.

- 단점
  - 에너지 효율이 나쁘며 가청 주파수 대에서의 잡음, 부하에 영향을 주는 까딱까딱하는 진동이 발생한다. 마이크로 스테핑 기술 및 기계적인 완충재로 진동 억제 가능하지만 완전 해결은 어렵다.
  - 회전 속도가 최고 5,000rpm까지밖에 안 나오며 회전 속도가 높아짐에 따라 토크가 급격히 저하하는 문제가 있다.
  - 수백 W 이상의 출력은 곤란하며 부하가 지나치게 크거나 펄스 주파수가 너무 높으면 동기를 벗어나 제어가 곤란(탈조)하게 된다.

참고 부착하기 위한 플랜지(flange)의 치수 종류에는 17형(□1.7"), 23형(□2.3"), 34형(□3.4") 등 세 가지가 있다. 용도로는 산업용 로봇(수직 다관절, 수평 다관절, 직교, 용접), 컴퓨터 자기 디스크 장치, 전기식 아날로그 시계, 디지털 카메라 렌즈 이동용 등이 있다.

② 스테핑 모터의 종류

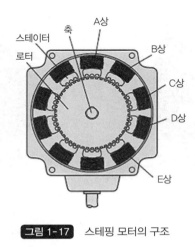

그림 1-17 스테핑 모터의 구조

- VR(variable reluctance)형 : 오래전부터 사용되어 온 것으로 전자 재료(전자 연철)로 만들어진 기어 모양의 회전자(rotor)를, 고정자 코일(stator coil)에서 생성된 전자력의, 자극(magnetic pole) 회전에 따른 흡인, 반발에 의해 회전시킨다.

   VR형의 이점은 기계가공으로 작은 이를 만들고 고정자와 회전자 사이의 틈새를 작게 함으로써 높은 분할 능력을 실현할 수 있으나 소형화와 큰 토크를 모두 얻기 곤란하다는 단점이 있다.

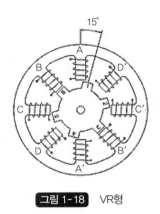

그림 1-18 VR형

- PM(permanent magnet)형 : 영구자석으로 만들어진 회전자를 고정자 코일에서 생성된 전자력의, 자극(magnetic pole) 회전에 따른 흡인, 반발에 의해 회전시킨다.

  PM형은 영구자석을 쓰므로 무여자 상태(state of non-exciting)에서도 자기 유지력(detent torque, self-holding torque)이 발생한다. 값이 싸며 분할 성능은 낮다(대표적인 스텝 각도는 7.5도와 15도). VR형보다 토크 특성은 향상된다.

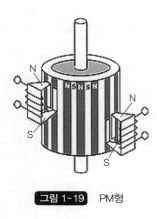

그림 1-19   PM형

- HB(hybrid)형 : PM형과 VR형을 혼합형으로 회전자가 전자 재료로 만들어진 기어 모양인 것과 영구자석으로 된 축 방향 자극으로 이루어져 있으며, 고정자 코일에서 합성된 전자력에 의한 흡인, 반발로 회전한다.

  PM형보다 고가이지만 스텝 분할 능력, 속도 및 토크에서 보다 뛰어난 성능을 보인다. 대표적인 스텝 각도는 3.6~0.9도이다.
- 디스크 자석(Disk magnet)형 : 회전자가 희토류로 되어 있으며 관성이 매우 낮은 특수형이다.

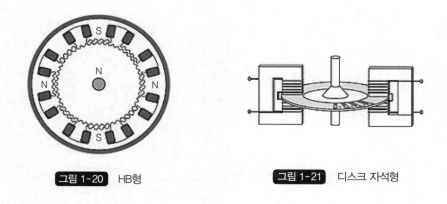

그림 1-20   HB형   그림 1-21   디스크 자석형

③ 스테핑 모터의 여자 구동 방식
- 풀 스텝 구동(full step driving mode) : 기본 스텝 각도로 구동
- 하프 스텝 구동(half step driving mode) : 기본 스텝 각도의 1/2로 구동
- 마이크로 스텝 구동(micro step driving mode) : 기본 스텝 각도의 1/N로 구동

참고

마이크로 스테핑 기술이란 5상 스테핑 모터의 기본 스텝 각도 0.72도를 더욱 잘게 분할하는 (최대 250) 기술이다.

스테핑 모터는 회전자와 고정자의 볼록 극 구조로 정해지는 스텝마다 회전, 정지하므로 위치 제어를 높은 정밀도로 간단히 할 수 있는 특징이 있으나 스텝 각도마다 속도 변화가 일어나며, 어떤 회전수에서 공진하거나 진동이 커지는 단점이 있다. 마이크로 스텝 드라이브(micro step drive)는 모터 코일에 흐르는 전류를 제어하여 스텝 각도를 세분화하여 초저속, 저소음 운전을 실현하는 기술이다.

한편 회전자의 위치를 검출하는 센서(encoder)를 내장한 스테핑 모터는 클로즈드 루프(closed loop) 제어이므로, 회전자의 회전 위치에서 토크가 일정하도록 모터 코일의 여기(exciting) 상태를 제어한다. 이 제어 방식에 의해 각도-토크 특성의 불안정점(과부하 영역)을 없앨 수 있다.

이 방식의 특징은 다음과 같다.

- 고속 영역에서 토크 특성을 쓰기 쉽다.
- 기동 펄스 속도의 제한을 신경 쓸 필요가 없다.
- 속도 필터에 의해 기동, 정지 시의 응답성을 조정하여 기계에의 쇼크를 적게 하거나 저속 운전 시의 진동을 줄일 목적으로 사용한다.

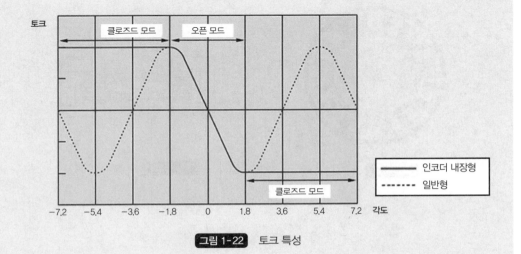

그림 1-22 토크 특성

(3) 전자석 동기 전동기

영구자석 대신에 전자석을 사용하므로 대용량 모터 제작이 가능하며 고정자 전류를 변화시킴으로써 역률(力率)을 변화시킬 수 있다. 그러나 고정자 여자를 위한 전원 회로와 부대 장치가 필요하여 고가이다.

(4) 교류 동기 전동기

교류 전원을 그대로 사용하는 동기 전동기로 두 가지 종류가 있다.

① 히스테리시스 모터(hysteresis motor) : 고정자에 분포권 고정자를, 회전자에 반경자강 회전자를 쓰며, 히스테리시스 특성을 이용하여 회전시키며 회전 변동 및 진동이 매우 적은 모터이다. 또 기동 토크와 정지 토크의 차이가 없으므로 일정 부하 조건하에서의 운전에 적합하다.

② 반작용형 모터(reluctance motor) : 고정자에 분포권 고정자, 회전자에 돌출극 농형 회전자를 사용하며, 시동 시에는 유도 모터로서 회전하며 운전 시에는 전원 주파수에 동기하여 회전한다. 기동 토크가 비교적 크다.

4) 초음파 모터

금속 탄성체(진동자, 고정자)에서 발생한 진폭 수 μm인 고유진동을 마찰력에 의해 이동자(rotor, slider)의 회전 및 병진 운동으로 변환하는 모터를 **초음파 모터**(ultrasonic motor, hypersonic motor)라 한다. 탄성체의 고유진동수가 초음파 영역(21kHz 이상)인 것에서 이렇게 불린다. 진동은 진동자 내부에 배치되어 있는 압전에 의해 발생된다. 출력은 크지 않지만 박형화 가능하며 링형으로 만들 수 있는 등 형상이 비교적 자유롭다.

용도는 롤 스크린(roll screen), 롤 커튼(roll curtain) 구동, 자동차용 시트의 헤드 레스트 구동, MRI용 헤드 구동 등이 있다.

출처 : Cannon precision Co.

그림 1-23 초음파 모터

5) 정전기 모터

정전기의 인력으로 회전하는 모터이며 일반적인 크기에서는 실용적이지 않지만 MEMS(micro-meter size)에서는 자력보다 유망하다.

6) 리니어 모터

리니어 모터(linear motor)에 대한 자세한 설명은 '제5장 운동 변환 요소'를 참조하기 바라며, 종류에는 다음과 같은 것들이 있다.

- 동기 모터 : 공작기계
- 유도 모터 : 지하철
- 스테핑 모터 : 산업기계
- 초음파 모터

(1) 주요 목적용 모터

① 위치 제어 시스템용 모터 : 물체의 정지 위치 및 이동 속도를 정확히 제어하기 위해 사용하는 모터로 아래와 같은 모터가 주로 사용된다. 여기에는 모션 제어기술이 쓰이는데, 이것은 기계적인 구동에 있어서 위치와 속도, 토크를 정밀하게 제어하기 위한 기술로 모터, 증폭기 및 수치 연산 기능의 세 가지 요소로 구성되어 있다. 위치 제어 시스템에 쓰이는 모터에는 다음과 같은 것들이 있다.

   ⓐ 스테핑 모터(13페이지 참조)
   ⓑ 직류 브러시 모터(DC servo motor)
      – 위치 제어가 필요한 경우에는 인코더를 연결해야 한다. 인코더는 콘드롤러와 접속하여 위치 정보를 피드백한다.
      – 1kW를 넘는 높은 출력이 가능하다.
      – 10,000rpm 이상의 고속 회전도 가능하다.
      – 회전은 매끄러워 비교적 조용하다.
      – 전류를 실행하기 위해 기계적인 소자가 필요하다. 브러시를 쓰면 마모되거나 역기전력에 의한 전기 방전이 발생한다.
      – 전류가 로터에 감긴 코일을 통하여 흐르므로 단위 체적마다의 토크와 출력이 비교적 낮다.
      – 회전 방향을 바꾸기 위해 (+), (−) 두 가지 신호가 필요하다.
   ⓒ 브러시리스 직류 서보 모터(DC brushless servo motor, AC servo motor)
      – 전류가 모터의 케이스에 직접 고정된 스테이터를 통하여 흐르므로 발생한 열이 즉시 확산된다.
      – 단위 체적마다의 토크는 비교적 크다.
      – 1kW 이상의 고출력을 포함하여 광범위하다.

그림 1-24 직류 브러시 모터

출처 : Tamagawa

그림 1-25 브러시리스 직류 서보 모터

- 30,000rpm 이상의 고속 회전도 가능하다.
- 위치 검출하기 위해 인코더가 필요하다.
- 큰 토크를 얻기 위해 희토류 자성 재료가 필요하다.
- 고가이다.
- 외부 회로에서 전류할 필요가 있으므로 제어계의 구성이 복잡해진다[홀 센서의 사용(전류 동작 제어), 광 인코더 디스크 위에 위치 추적용 트랙을 둘 필요가 있다].

ⓓ **기어 헤드 모터**(gear head motor, geared motor) : 모터와 감속용 기어 장치를 일체화한 제품이다.

■ AC 모터용 기어 헤드 : 기어 헤드와 조립된 일반 동력용 AC 모터는 폭넓은 분야에서 사용되어 왔으며, 수요자의 요구도 저소음화, 고강도화, 장수명화, 풍부한 감속비, 내환경성 등 다양하다.
  • 평행축 기어 헤드
    - 평 기어 헤드(spur gear head)
    - 헬리컬 기어 헤드(helical gear head)

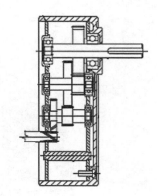

출처 : Oriental motor

그림 1-26 평행축 기어 헤드

- 직교축 기어 헤드
  - 웜기어(worm gear) 헤드
  - 스크루 기어(screw gear) 헤드
  - 하이포이드 기어(hypoid gear) 헤드 : 자동차 차동 장치에 사용

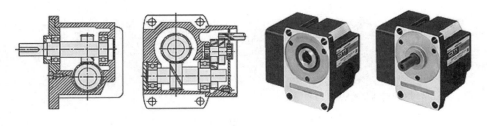

그림 1-27　웜기어 헤드

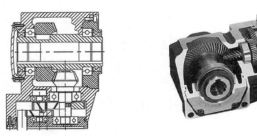

그림 1-28　하이포이드 기어 헤드

■ 브러시리스 모터용 기어 헤드 : 속도 제어용 브러시리스 모터는 최고 회전수가 3,000~4,000rpm으로 높으므로, 이것에 조립되는 기어 헤드는 고속 회전 시에도 저소음 및 고출력 모터의 특성을 살리기 위해 높은 허용 토크와 장수명인 것이 요구된다.

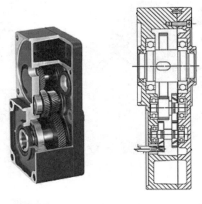

그림 1-29　브러시리스 모터용 기어 헤드

■ 스텝 모터, 서보 모터용 기어 헤드 : 고정밀 위치 제어용이므로 이 정밀도를 그대로 유지하기 위한 것이 요구된다. 백래시를 작게 하기 위한 메커니즘이 필요하며 출력 토크가 크고 고속으로 회전하므로 이에 대응해야 한다.

• 테이퍼 기어 채용 : 축 방향으로 연속적으로 전위를 변화시킨 것이다.

• 유성 기어 채용 : 복수의 유성 기어를 사용하므로 토크를 분산시킬 수 있어 큰 토크를 전달할 수 있다.

• 하모닉 기어 채용 : 뛰어난 위치 제어 정밀도 가능하다.

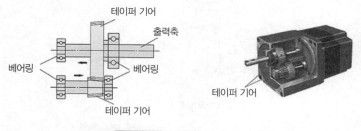

그림 1-30　테이퍼 기어 채용 기어 헤드

 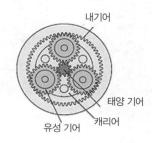

그림 1-31　유성 기어 채용 기어 헤드

그림 1-32　하모닉 기어 채용 기어 헤드

ⓔ **팬 모터**(fan motor) : 열이 발생하는 장치를 강제로 냉각하기 위해 사용되는 팬을 모터와 일체화한 것이다.

■ 프로펠러 팬(propeller fan) : 원통 모양의 허브(hub)와 케이싱 사이의 링 모양 통로에 있는 프로펠러에 의해 공기를 밀어내어 회전축 방향으로 바람을 발생시키는 팬 모터이다. 구조가 단순하고 큰 풍량을 얻을 수 있으므로 기기 내부 전체를 냉각하는 환기 냉각 용도에 알맞다.

그림 1-33 프로펠러 팬

■ 블로워(blower) : 원통 모양으로 배치된 런너의 원심력에 의해 회전축에 수직인 방향으로 선회 흐름을 만든다. 이 선회 흐름은 스크롤에 의해 한 방향으로 모아지며 압력도 상승한다. 토출구를 좁혀 일정한 방향으로 바람을 집중하므로 국부적인 냉각에 쓰인다. 또 정압(hydrostatic pressure)이 높으므로 바람이 통하기 어려운 장치의 냉각 및 덕트를 쓰는 송풍에 알맞다.

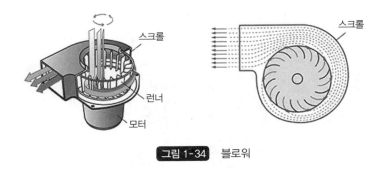

그림 1-34 블로워

■ 크로스 플로우 팬(cross flow fan) : 블로워와 비슷한 런너를 갖고 있지만 양 측면이 측판으로 막혀 있어 축 방향에서의 기체 유입이 없으므로 런너 안쪽을 통과하여 빠지는 흐름이 발생한다. 이 흐름을 이용하여 냉각하는 것이다. 긴 원통 모양의 런너를 쓰므로 바람의 폭을 넓게 잡을 수 있으며 균일한 바람을 얻을 수 있다.

그림 1-35　크로스 플로우 팬

- 팬 모터의 선정 : 팬 모터의 풍량은 풍량-정압 특성과 장치의 압력 손실로부터 구할 수 있다. 그러나 장치의 압력 손실을 구하는 것은 어려우므로 일반적으로는 최대 풍량이 필요 풍량의 1.3~2배 정도인 팬 모터를 선정한다.

  선정 순서 : 장치에 필요한 조건 정리(주로 온도) ⟶ 발생하는 열량 계산 ⟶ 필요한 풍량 계산(V) ⟶ 팬 모터 선정

$$V = (Q/\Delta T - u \times S) \times Sf/20 \, (\text{m}^3/\text{min})$$

  Q : 총발열량(W)
  ΔT : 허용 온도 상승(℃)
  U : 재료의 열통과율(SPCC인 경우 5 W/m² K)
  S : 표면 면적(m²)
  Sf : 안전율(1.3~2)

- 풍량-정압 특성 : 팬 모터의 특성은 일반적으로 어떤 풍량을 만들어낼 때의 정압값과의 관계를 나타내는 풍량-정압 특성 곡선에 의해 표시된다.

  압력 손실은 풍량의 제곱에 비례하므로 풍량을 2배로 하는 경우에는 정압이 4배인 팬 모터를 선정해야 한다.

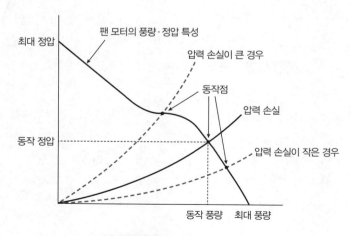

그림 1-36　풍량-정압 선도

• 팬 모터 2대 사용 시 풍량-정압 특성

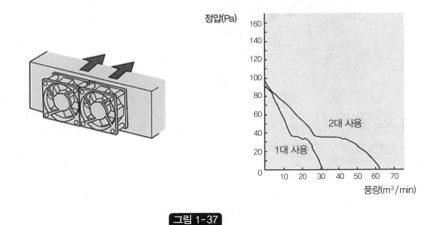

그림 1-37

• 옵션 조립에 의한 풍량-정압 특성

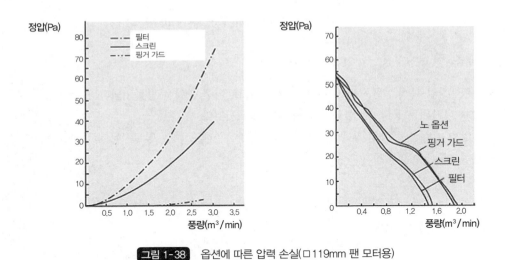

그림 1-38 옵션에 따른 압력 손실(□119mm 팬 모터용)

ⓕ **보이스 코일 모터**(voice coil motor) : 가동 권선(보이스 코일)과 영구자석으로 구성된 스피커 구동계와 비슷한 역할을 하는 리니어 모터이다.

　보이스 코일에 전류를 흘리면 영구자석의 자계 중에서 보이스 코일이 직선운동한다. 하드 디스크 장치의 자기 헤드 구동을 비롯하여 고정밀 위치 제어 기구 등에 이용되고 있다. 단, 큰 추력은 내기 어렵다.

ⓖ **압전 소자**(piezoelectric device) : 압전 효과를 가지고 있는 물질에 가해지는 힘(변위)을 전압으로 변환하거나 전압을 힘(변위)으로 변환하는 고체 액츄에이터를 말한다. 압전 효과란 물질에 압력을 주면 전압이 발생하거나 전압을 걸면 물질 자체가 변형하는 현상을 말하며, 이런 물질은 세라믹 재료가 많다.
  - 압전 소자의 용도
    - 측정 프로브(probe) 구동
    - 압전 스피커, 결정 이어폰
    - 진동 센서, 마이크
    - 라이터, 가스 기기 등의 점화 장치
    - 자동차 체중 센서, 쇼크 업소버, 피에조 인젝터
    - 잉크젯 프린터

참고

▶ **주요 모터의 토크 – 회전수 선도**

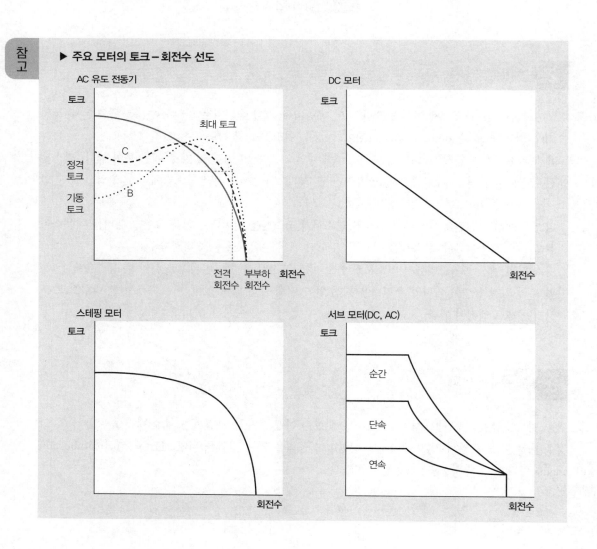

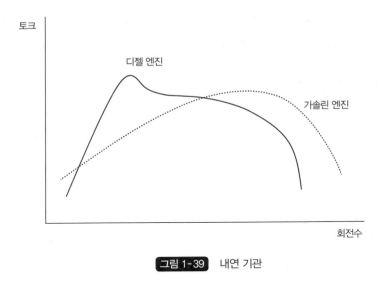

그림 1-39 내연 기관

2 내연 기관

내부에서 연료를 연소시켜 이때 발생하는 열 에너지를 기계 에너지로 변환하여 동력을 얻는 구동원을 **내연 기관**(internal combustion engine)이라 하며, 연소 가스를 작동 유체로 직접 이용한다.

용적형인 피스톤 엔진 및 로터리 엔진과 속도형인 가스 터빈 엔진 및 제트 엔진 등이 있다. 피스톤 엔진은 간헐적인 연소, 제트 엔진은 연속적인 연소라는 차이가 있지만 연소열에 의해 고압으로 된 연소 가스를 작동 유체로 하는 것은 같다.

피스톤 엔진은 실린더 내부에서 연료를 연소시켜 피스톤을 밀어내는 힘을 크랭크 레버를 이용하여 회전 운동으로 변환하여 축 동력을 얻으며, 로터리 엔진은 회전 운동을 직접 얻는다.

가스 터빈 엔진은 연소기에서 연소시킨 연소 가스로 직접 출력 터빈을 회전시켜 축 동력을 얻는다. 한편 축의 회전 동력이 아니라 추진력을 직접 얻기 위해 출력 터빈 없이 연소 가스를 한 방향으로 분출시키면 제트 엔진이 된다.

3 외연 기관

기관 외부에서 연료를 연소시켜 기관 내부에 있는 어떤 유체를 가열하여 열 에너지를 공급하고, 이것을 내부 유체에 의해 기계 에너지로 변환하여 동력을 얻는 기관을 **외연 기관**(external combustion engine)이라 하며 증기 기관이 대표적이다.

chapter 02

유압공기압 구동 시스템

유체나 기체를 매개로 힘을 전달하거나 물체를 이동시키는 장치를 유공압 시스템이라 하는데, 유체인 경우 유압, 기체인 경우 공기압 시스템이라 부른다.

표 2-1 유압과 공기압의 특성 비교

비교 항목	유압	공기압
압축성	비압축성	압축성 큼
압력	고압	저압
조작력	큼(수백 kN)	약간 큼
조작 속도	약간 큼(1m/s)	큼(10m/s)
응답 속도	빠름	느림
정밀 제어	가능	불가능
부하에 따른 특성 변화	조금 있음	매우 큼
위치 결정 후 이동	약간 양호	불량
시스템 구조	약간 복잡	간단
배관	순환	배출
사용 온도	70℃	100℃
사용 습도	보통	물 드레인에 주의
진동	우려 작음	우려 작음

(계속)

표 2-1 유압과 공기압의 특성 비교(계속)

비교 항목	유압	공기압
유지 보수	간단	간단
속도 조정	쉬움	약간 곤란
가격	약간 비쌈	보통

* 이 장의 유압 관련 자료는 Yuken Co., Tokyo Keiki Co., Nachi-Fujikoshi의 자료를 참조하였으며 공기압 관련 자료는
SMC㈜, CKD㈜의 자료를 참조하였다.

1 유압 구동 시스템

유압 구동(hydraulic drive system)이란 유(주로 광물유)를 매체로 힘(에너지)을 전달하여, 요구된 일에
가장 적합한 액츄에이터(actuator)의 움직임을 얻는 것을 말한다. 비교적 소형인 펌프로 큰 힘을 낼
수 있으며 출력 및 속도 제어가 쉽고 원격 조작이 가능한 점 등의 특징을 가지고 있다.

파스칼(Pascal)의 원리를 이용하며 일반적으로 압력은 70~350기압(7~35MPa) 정도이다.

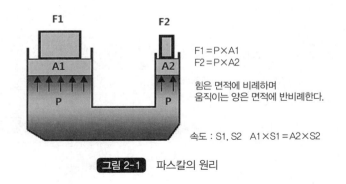

$$F1 = P \times A1$$
$$F2 = P \times A2$$

힘은 면적에 비례하며
움직이는 양은 면적에 반비례한다.

속도 : S1, S2   A1×S1 = A2×S2

그림 2-1 파스칼의 원리

- 파스칼의 원리 : 밀폐된 용기 속에 들어 있는 유체의 일부에 가해진 압력은 유체의 모든 부분에 동일
  하게 작용한다.

가능한 한 작은 크기로 큰 힘을 필요로 하는 건설 기계, 하역 기계, 자동차 브레이크, 지게차, 프레스
기계, 사출 성형기 등에 주로 사용되고 있으며 장단점은 아래와 같다.

(1) 장점

- 비교적 소형인 유압 펌프로 큰 힘을 낼 수 있다(공기압 기기보다 고압에서 사용).
- 과부하로 멈출 때 전기 모터와 다르게 동력계에 나쁜 영향을 주지 않는다.
- 출력, 방향 및 속도 조정이 쉽다.

– 기계식보다 진동이 작고 작동이 부드럽다.

– 전기 또는 유압에 의한 원격 조작이 가능하다.

– 작동 유 자체에 방청 및 윤활 효과가 있어 기계 내부의 마모가 작다.

– 비압축성이므로 공기압보다 저속 및 정지 정밀도가 좋다.

(2) 단점

– 펌프, 밸브류, 조정 밸브 및 액츄에이터 사이의 배관이 길고 복잡하면 배관 이음 및 플랜지로부터 기름이 새기 쉽다.

– 유는 산화 및 물의 혼입에 의해 열화되어 출력 성능 저하 및 기기에 손상을 주므로 항상 관리할 필요가 있다.

– 유는 온도 변화에 따라 점도가 변한다. 저온에서는 고점도에 의한 에너지 손실이 크며 고온에서는 점도 저하에 의해 누출이 많아지거나 작동 유의 열화가 빨라지는 등의 문제가 나타난다.

– 내부 누출에 의한 에너지 효율 저하가 일어난다.

– 배관의 신설 및 유지에 비용이 많이 든다.

1. 유압 시스템의 기본 구성

기본적인 유압 장치의 동작 흐름은 아래와 같다.

- 동력원에 의해 유압 펌프가 회전한다.
- 작동 유 탱크로부터 흡입된 작동 유가 압력 유로 되어 토출된다.
- 방향 변환 밸브 등 제어 밸브를 거쳐 유압 실린더 등의 액츄에이터로 공급되어 필요한 구동을 한다.
- 구동 후 압력 유는 저압으로 되어 작동 유 탱크로 돌아온다.

이와 같은 동작 흐름을 완성하는 데 필요한 유압 시스템은 아래와 같은 다섯 가지 요소로 구성되어 있다.

- 동력원 : 전기 모터 또는 엔진
- 유압 펌프
- 유압 제어 밸브
- 유압 구동 장치(actuator)
- 부속 장치(accessories)

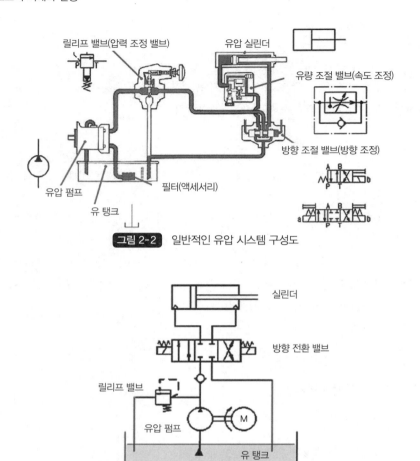

그림 2-2 일반적인 유압 시스템 구성도

그림 2-3 기본적인 유압 회로도

2. 유압 펌프

기계적인 힘을 유체적인 힘으로 변환하는 요소이며 기어 펌프(gear pump), 베인 펌프(vane pump), 플런저(plunger/piston) 펌프 등이 있다.

그림 2-4 유압 펌프 및 기호

1) 기어 펌프

기어 케이스 내에 2개의 기어가 맞물려 회전하면 회전에 의한 흡입력으로 유를 흡입구에서 빨아들여 토출구로 토출하는 단순 구조로, 그 종류에는 기어의 맞물림 형태에 따라 내접식과 외접식이 있다.

소형, 경량이며 맥동이 적은 유체 공급이 가능하며 고장이 적어 보수가 많지 않으나 대용량은 불가능하다.

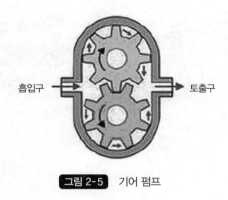

그림 2-5 기어 펌프

2) 베인 펌프

로터(rotor)에 10여 개의 슬릿(slit)이 있으며 이 슬릿에 베인이 끼워져 있다. 축이 회전하면 원심력에 의해 베인이 빠져나오며 로터가 1/2 회전할 때마다 흡입구 측의 유가 토출구로 토출된다.

가변 용량형은 편심량을 조정하는 메커니즘을 설치하여 토출량을 변화시키고 있다. 일반적으로 많이 사용되며 소형, 경량이다.

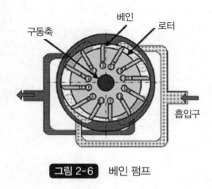

그림 2-6 베인 펌프

3) 플런저 펌프

구동축의 회전으로 실린더 내의 플런저(피스톤)를 왕복 운동시켜 유의 흡입과 토출을 하는 구조이며, 플런저의 배열에 따라 래디얼형과 액시얼형으로 분류한다.

플런저 경사판의 각도를 조정하여 토출량을 바꿀 수 있다. 펌프 효율이 좋으며 고압 및 대용량이 가능하며 맥동이 작고 유의 누출이 작지만 구조가 복잡하다.

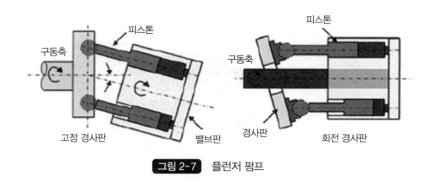

그림 2-7 플런저 펌프

참고

유압 펌프의 출력 구하기

$$L_o = \frac{P \cdot Q}{60\eta} \text{ [kW]} \qquad P : 압력(\text{MPa})$$

$$L_o = \frac{P \cdot Q}{612\eta} \text{ [kW]} \qquad P : 압력(\text{Kgf/cm}^2)$$

$$1[\text{kW}] = 102[\text{Kgf} \cdot \text{m/sec}]$$

기호	의미	단위
L_o	유체 동력	kW, [Kgf·m/s]
P	압력	MPa, [Kgf/cm²]
Q	공급 유량	[L/min]
η	펌프 효율	

3. 제어 밸브

유량, 압력, 흐름의 방향을 제어하기 위한 요소로 유량 제어 밸브, 압력 제어 밸브 및 방향 제어 밸브가 있다. 먼저 유량, 압력, 방향을 제어하는 밸브의 여러 가지 기본 구조를 알아본다.

• **스톱 밸브** : 수도꼭지에 많이 쓰이며, 핸들을 돌리면 가운데의 밸브 몸체가 유로를 개폐한다. 이 밸

브는 유로의 방향이 정해져 있으며 역류가 가능하지 않은 체크 밸브의 기능이 함께 있다.
- 게이트 밸브 : 외형은 스톱 밸브와 비슷하지만 유량이 크고 체크 밸브 기능은 없다.

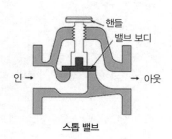

스톱 밸브

게이트 밸브

- 코크 : 밸브 케이싱 중에 구멍이 있는 원추형 밸브 몸체가 중심축의 주변에서 회전하듯이 조립되어 있다. 밸브 몸체를 핸들로 돌려서 유로를 개폐할 수 있다.
- 볼 밸브 : 코크의 밸브 몸체를 공모양으로 바꾼 구조이다. 코크보다 케이싱과 밸브 몸체의 밀봉이 쉽다.

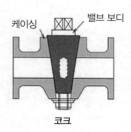

코크

볼 밸브

- 버터플라이 밸브 : 유로 내에 원판 모양의 밸브 몸체가 중심축의 주변에서 회전하듯이 조립되어 있다. 밸브 몸체가 흐름과 평행하게 될 때 '열림', 흐름과 직각으로 위치할 때 '닫힘'으로 된다. 큰 직경의 관에 많이 사용된다.

버터플라이 밸브

- 슬라이드 밸브 : 평면에 열려 있는 유로 위를 오목 모양의 밸브 몸체를 슬라이딩시켜 유로를 절환한다. 슬라이딩 방향이 직선인 것과 회전인 것이 있다.

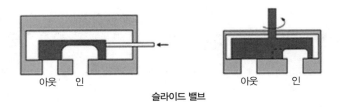

슬라이드 밸브

- **포펫 밸브** : 전자 밸브의 밸브 몸체로 쓰이는 밸브로 구조가 단순하여 고장도 적지만 밸브 몸체에 모든 압력이 걸리므로 고압 제어에는 바람직하지 않다.
- **니들 밸브** : 유량 조절을 겸한 밸브로 스피드 컨트롤러, 스로틀 밸브, 배기 오리피스 밸브에 쓰인다.

포펫 밸브   니들 밸브

- **스풀 밸브** : 케이싱의 중심에 원통형 안내면이 있으며, 스풀 모양의 밸브 몸체가 그 가운데에서 축방향으로 이동한다. 안내면에는 입출력 포트가 열려 있어 스풀의 움직임에 의해 유로의 절환이 가능하다. 스풀의 형상 및 케이싱에 만들어진 유로의 조합에 따라 복잡한 유로의 절환 제어가 가능하여 많은 밸브에 이것이 사용되고 있다. 밸브 몸체의 동작에 유체의 영향이 적어 고압 회로에 알맞다.

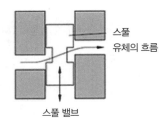

스풀 밸브

1) 유량 제어 밸브

유량 제어 밸브는 압력 유의 유량을 바꿈에 따라 유압 모터의 회전 속도나 실린더의 이동 속도를 조정하기 위해 사용된다.

여기에는 스로틀 밸브(throttle valve), 압력 온도 보정 유량 조정 밸브, 디셀러레이션 유량 조정 밸브(deceleration throttle valve)가 있다.

그림 2-8 유량 제어 밸브의 외형

(1) 스로틀 밸브

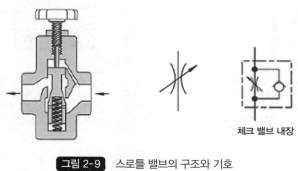

체크 밸브 내장

그림 2-9 스로틀 밸브의 구조와 기호

(2) 압력 온도 보정 유량 조정 밸브

기본적으로는 스로틀 밸브이며 밸브 입구 출구의 압력 변동 및 온도 변화(점도 변화)가 있어도 유량이 바뀌지 않도록 내부의 스로틀 밸브 전후의 차압이 일정하도록 유지하는 압력 보정, 유의 온도에 따라 유의 점도가 바뀌므로 유량계수가 적은 나이프 오리피스(knife orifice) 스로틀에 사용하여 점도 변화에 따른 유량 변동을 억제하고 있다.

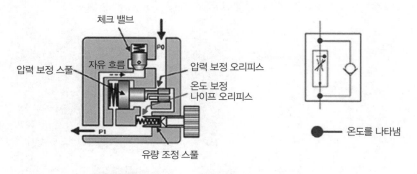

체크 밸브
압력 보정 스풀
자유 흐름
압력 보정 오리피스
온도 보정 나이프 오리피스
유량 조정 스풀
온도를 나타냄

그림 2-10 압력 온도 보정 유량 조정 밸브의 구조와 기호

(3) 디셀러레이션 유량 조정 밸브

체크 밸브 부착 유량 조정 밸브와 감속 밸브를 내장한 것으로 유압 실린더의 속도를 스트로크 도중 부터 감속 혹은 증속시키고 싶을 때 사용한다.

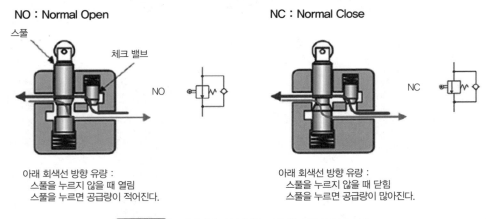

NO : Normal Open

스풀
체크 밸브
NO

아래 회색선 방향 유량 :
스풀을 누르지 않을 때 열림
스풀을 누르면 공급량이 적어진다.

NC : Normal Close

NC

아래 회색선 방향 유량 :
스풀을 누르지 않을 때 닫힘
스풀을 누르면 공급량이 많아진다.

그림 2-11 디셀러레이션 유량 조정 밸브의 구조와 기호

참고

속도 제어 방식의 종류

① 미터 인(meter in) 방식 : 액츄에이터 입구의 유입량을 조절하고 나머지 유량은 릴리프 밸브를 통하여 탱크로 되돌린다. 마이너스 부하 시에는 액츄에이터가 앞서 나가므로 미터 인으로 는 제어할 수 없어 카운터 밸런스 밸브(counter balance valve)와 같이 쓴다.

② 미터 아웃(meter out) 방식 : 액츄에이터 출구의 유출량을 조절하여 펌프로부터의 유입량을 조절하며 나머지 유량은 릴리프 밸브를 통하여 탱크로 되돌린다. 마이너스 부하일 때도 앞서 나감 없이 안정적으로 동작하므로 일반적인 속도 제어 회로로 사용되고 있다.

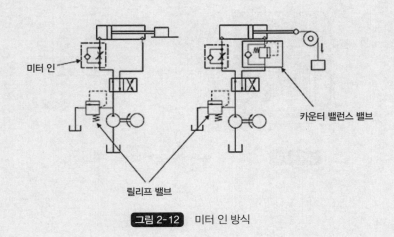

미터 인

카운터 밸런스 밸브

릴리프 밸브

그림 2-12 미터 인 방식

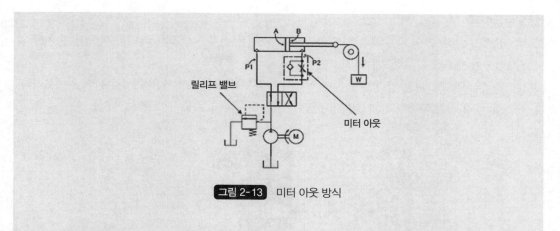

그림 2-13 미터 아웃 방식

② 블리드 오프(bleed off) 방식 : 액츄에이터로의 유입량의 일부를 탱크로 바이패스한다. 펌프 토출량이 부하에 대응하여 미터 인, 미터 아웃과 같이 릴리프 설정 압력까지 상승하지 않으므로 효율적이다. 그러나 펌프 토출량 변화의 영향을 받으므로 정확한 속도 제어를 할 수 없다.

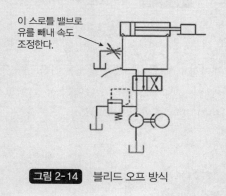

그림 2-14 블리드 오프 방식

2) 압력 제어 밸브

회로 내의 압력을 제어하며 릴리프 밸브(relief valve), 감압 밸브(reducing valve), 카운터 밸런스 밸브(counter balance valve), 언로드 밸브(unload valve), 시퀀스 밸브(sequence valve) 등이 있다.

그림 2-15 압력 제어 밸브의 외형

(1) 릴리프 밸브

회로의 압력이 일정 값 이상이 되면 회로 유량의 일부 또는 전부를 탱크로 빼내어 회로 내의 최고 압력을 제어하여 펌프를 과부하로부터 보호한다.

같은 구조의 밸브로 이상 압력 발생 시만 작동하여 과부하 방지로서 사용하는 것을 안전 밸브라 한다. 구조에 따라 직접 작동형과 파일럿 작동형이 있다.

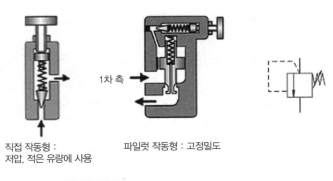

직접 작동형 :
저압, 적은 유량에 사용

파일럿 작동형 : 고정밀도

1차 측

그림 2-16 릴리프 밸브의 구조와 기호

(2) 감압 밸브

회로 내 압력을 보다 낮게 제어하고자 할 때 사용하며 릴리프 밸브와 매우 유사하지만 작용이 다르다. 릴리프 밸브가 IN 측의 압력을 제어하기 위해 나머지 유를 탱크로 되돌리지만 감압 밸브는 2차 측 압력을 제어하기 위해 나머지 유를 통과시키지 않는다.

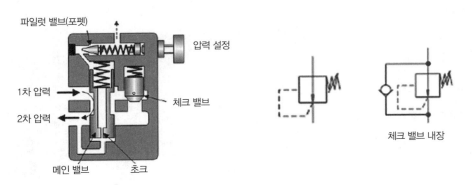

파일럿 밸브(포펫)

압력 설정

1차 압력

2차 압력

체크 밸브

메인 밸브   초크

체크 밸브 내장

그림 2-17 감압 밸브의 구조와 기호

내부 또는 외부 파일럿 압력으로 작동시키는 것이 가능한 유압 완충 직접 작동형 압력 제어 밸브는 밸브의 위치에 따라 카운터 밸런스 밸브, 언로드 밸브, 시퀀스 밸브로 나눈다.

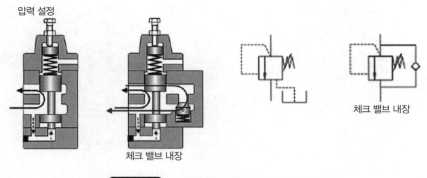

그림 2-18 카운터 밸런스 밸브의 구조와 기호

(3) 카운터 밸런스 밸브

액츄에이터가 마이너스 하중인 경우 스스로 움직이는 것을 방지하기 위해 배압을 유지하는 밸브로, 회로의 저항 밸브로 작용한다.

하중이 일정한 경우는 배압에 의해 밸브가 열리지 않도록 약간 플러스 압력으로 설정하면 하강 동작이 안정하게 된다.

밸브의 압력을 자중 W에 의한 압력 P보다 크게 설정하여 놓으면 방향 제어 밸브가 열려도 자중으로 낙하하지 않는다.

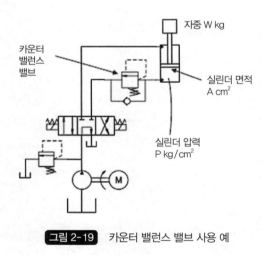

그림 2-19 카운터 밸런스 밸브 사용 예

(4) 언로드 밸브

1차 측의 압력에 관계없이 파일럿(pilot) 압력에 의해 작동하며 압력 유를 탱크로 되돌려 무부하로 만든다(모터 과부하 방지).

• 응용 : 압력이 낮을 때는 2개의 펌프로 공급하여 고속 작동, 압력이 높아지면 고압 펌프만 작동하여 실린더로 보낸다.

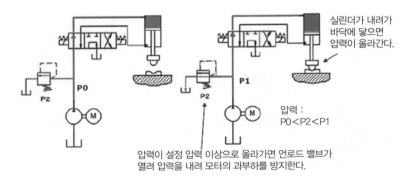

실린더가 내려가
바닥에 닿으면
압력이 올라간다.

압력 :
P0<P2<P1

압력이 설정 압력 이상으로 올라가면 언로드 밸브가
열려 압력을 내려 모터의 과부하를 방지한다.

그림 2-20 언로드 밸브의 사용 예 1

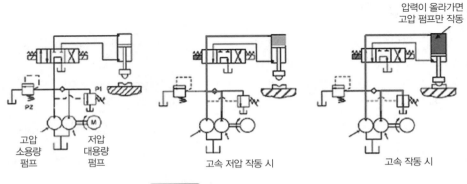

압력이 올라가면
고압 펌프만 작동

고압
소용량
펌프

저압
대용량
펌프

고속 저압 작동 시

고속 작동 시

그림 2-21 언로드 밸브의 사용 예 2

(5) 시퀀스 밸브

하나의 작동이 완료되었음을 확인하고, 다음 동작을 시키는 밸브를 말한다. 클램프 실린더가 전진하여 A라인의 압력이 상승하면 시퀀스 밸브를 열어 가압 실린더를 전진시킨다.

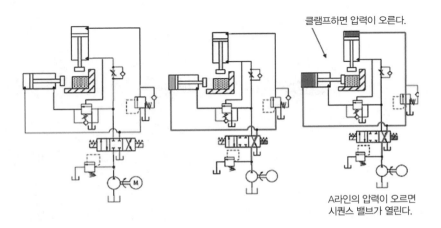

클램프하면 압력이 오른다.

A라인의 압력이 오르면
시퀀스 밸브가 열린다.

그림 2-22 시퀀스 밸브 사용 예

3) 방향 제어 밸브

유가 흐르는 방향을 제어하는 밸브로 체크 밸브, 파일럿 작동 체크 밸브 및 방향 전환 밸브가 있다.

(1) 체크 밸브

유를 한쪽 방향으로만 흐르게 하며 역류시키지 않는 밸브를 말하며 형상에 따라 두 가지로 분류한다.

① 인라인 체크 밸브(inline check valve) : 축 방향으로 부착하여 사용한다.
② 앵글 체크 밸브(angle check valve) : 직각 방향으로 부착하여 사용한다.

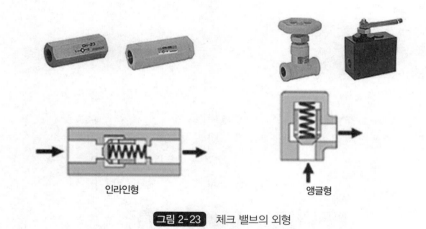

인라인형   앵글형

그림 2-23   체크 밸브의 외형

(2) 파일럿 작동 체크 밸브

파일럿 압력에 의해 포펫(poppet)을 눌러 올려 역류를 가능하게 한다.

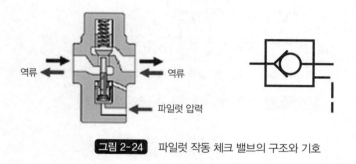

역류   역류
파일럿 압력

그림 2-24   파일럿 작동 체크 밸브의 구조와 기호

(3) 방향 전환 밸브

방향 전환 밸브는 작동 유가 흐르는 방향을 바꿔 유압 모터의 회전 방향이나 유압 실린더의 운동 방향을 바꿀 수 있으며 밸브의 종류는 다음과 같이 분류하고 있다.

그림 2- 25 방향 전환 밸브의 외형

① 밸브 구성 요소에 의한 분류
- 포트 수 : 3, 4, 5
- 정지 위치 수 : 2, 3
- 스풀 형식(중립 위치의 기능)

② 스풀 작동 방식에 의한 분류
- 외부 작동 방식 : 수동식, 기계식, 전자식(솔레노이드식), 파일럿식, 전자 파일럿식
- 리턴 방식 : 스프링 센터형, 무스프링형, 스프링 옵셋형

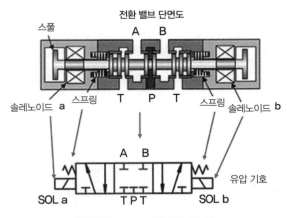

P : 압력 입구   A, B : 압력 출구   T : 탱크

그림 2- 26 방향 전환 밸브의 기본 구조와 기호

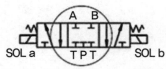
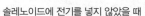

SOL a — 솔레노이드에 전기를 넣지 않았을 때 — SOL b

SOL a — 솔레노이드 a에 전기를 넣었을 때 — SOL b

SOL a — 솔레노이드 b에 전기를 넣었을 때 — SOL b

그림 2-27 방향 전환 밸브의 솔레노이드 작동에 따른 유의 흐름 방향의 변화

■ 방향 전환 밸브의 여러 가지 분류 방식에 따른 유압 기호

• 포트 수에 따른 분류

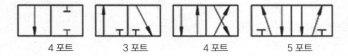

4 포트   3 포트   4 포트   5 포트

• 정지 위치 수에 따른 분류

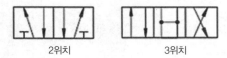

2위치   3위치

• 스풀 형식(중립 위치 기능)에 따른 분류

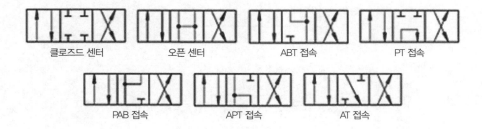

클로즈드 센터   오픈 센터   ABT 접속   PT 접속

PAB 접속   APT 접속   AT 접속

■ 스풀 작동 방식

• 수동식 : 손으로 작동되는 밸브

• 기계식 : 캠이나 롤러에 의해 작동

• 솔레노이드식 : 전자력에 의해 작동

• 파일럿식 : 파일럿의 유압력에 의해 작동

 내부 파일럿    외부 파일럿

• 전자 파일럿식 : 전자력에 의해 작동되는 파일럿 밸브에서의 유압에 의해 메인 스풀이 작동되는 밸브. 전력 소비를 낮추기 위해 사용한다.

• 스풀 리턴 방식 : 전기가 끊어지거나 수동 버튼을 떼었을 때 스풀의 위치가 어떻게 되는가를 말한다.

• 스프링 센터형 : 스풀은 중앙 위치로 돌아온다.

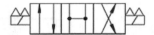

• 스프링 옵셋형 : 스풀은 스프링에 의해 왼쪽으로 기운다.

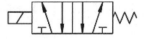

• 노 스프링형 : 스틸 볼로 동작 위치를 로크한다.

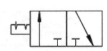 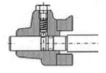

일반적으로는 싱글 솔레노이드, 스프링 리턴, 2위치 방향 전환 밸브가 많이 사용된다. 2위치 더블 솔레노이드 밸브는 전환에 필요한 시간만 통전하고 이후는 통전하지 않아도 그 상태를 유지하므로 에너지를 절약할 수 있으며 정전 시에 방향 전환이 되면 곤란한 경우에 주로 쓰인다. 그러나 이 형은 통전 시간이 지나치게 짧으면 오동작이 일어나므로 최저 0.1초 이상 통전이 되어야 한다. 또 2차 측의 부하 조건에 따라서는 실린더가 오동작할 수 있으므로 실린더의 동작이 끝난 것을 확인하고 솔레노이드 통전을 오프해야 한다.

4. 액츄에이터

유체의 에너지가 기계적 에너지로 변환되는 직접적인 유압 부품으로 유압 실린더와 유압 모터가 있다.

1) 유압 실린더

유체에 의해 피스톤을 왕복으로 움직여 필요한 일을 할 수 있는 장치를 말하며 형태와 작동 방식에 따라 아래와 같이 분류하고 있다.

(1) 단동 실린더/ 복동 실린더

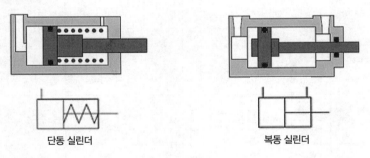

단동 실린더   복동 실린더

(2) 편 로드형/양 로드형

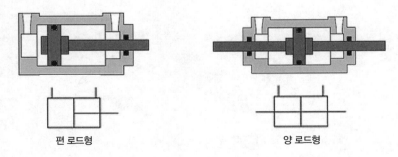

편 로드형   양 로드형

(3) 텔레스코프형

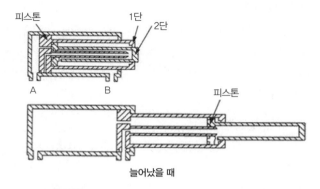

피스톤　　1단
　　　　　2단

A　　　　　B

피스톤

늘어났을 때

그림 2-28 유압 실린더의 작동 방식에 따른 분류

(4) 고정 방식

기호	명칭	약도		기호	명칭	약도	
LA	축 직각 방향 풋(foot)형			FD	헤드 측 직사각형 플랜지형		
LB	축 직각 방향 풋(foot)형			CA	분리 아이(eye)형 (1 크레비스)		
FA FE	로드 측 직사각형 플랜지형			CB	분리 크레비스형 (2 크레비스)		
FB FF	헤드 측 직사각형 플랜지형			TA	로드 커버 일체 트러니온형		
PC	로드 측 정사각형 플랜지형			TC	중간 고정 트러니온형		

그림 2-29 여러 가지 실린더

참고

실린더가 할 수 있는 일의 크기

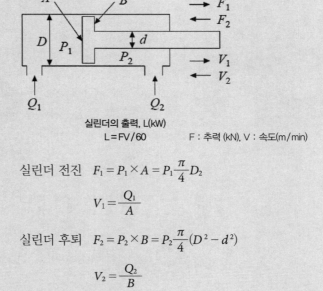

실린더의 출력, L(kW)
L＝FV/60   F : 추력 (kN), V : 속도(m/min)

실린더 전진 $F_1 = P_1 \times A = P_1 \dfrac{\pi}{4} D_2$

$$V_1 = \frac{Q_1}{A}$$

실린더 후퇴 $F_2 = P_2 \times B = P_2 \dfrac{\pi}{4}(D^2 - d^2)$

$$V_2 = \frac{Q_2}{B}$$

2) 유압 모터

유압 모터의 구조는 유압 펌프와 거의 같지만 반대로 작동된다. 즉 유압 펌프에서 만들어진 고압의 유체를 받아, 모터 축을 회전시켜 유체 에너지를 기계 에너지로 변환시킨다. 기어 모터, 베인 모터, 플런저 모터 세 종류가 있다.

유압 모터의 토크와 출력은 아래와 같이 구할 수 있다.

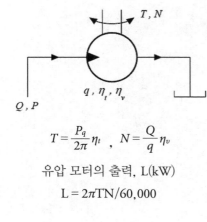

$$T = \frac{P_q}{2\pi}\eta_t \quad , \quad N = \frac{Q}{q}\eta_v$$

유압 모터의 출력, L(kW)
$L = 2\pi TN / 60,000$

기호	의미	단위
T	출력 토크	$N \cdot m(kgf \cdot cm)$
q	모터 용적	cm^3/rev
Q	공급 유량	cm^3/min
η_v	용적 효율	
P	압력	$MPa(kgf/cm^2)$
N	회전수	rpm
η_t	토크 효율	

3) 요동 액츄에이터

일정한 각도를 주기적으로 반복하는 유압기기를 말한다.

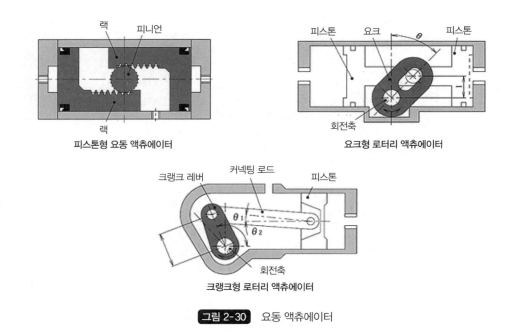

피스톤형 요동 액츄에이터

요크형 로터리 액츄에이터

크랭크형 로터리 액츄에이터

그림 2-30 요동 액츄에이터

5. 부속 장치

1) 유압 탱크

유압 탱크란 유를 저장하는 통으로 기본 요건은 다음과 같다.

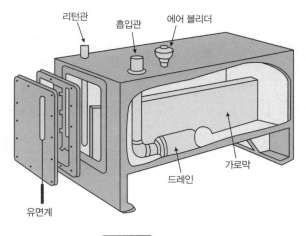

그림 2-31 유압 탱크

- 돌아오는 관과 흡입관 사이에 가로막(bubble plate)이 설치되어야 함
- 적당한 크기의 주유구가 있고 여과 가능한 그물망이 있을 것
- 탱크 내를 청소하기 쉽게 충분한 크기의 청소창이 있을 것
- 유를 빼기 위한 배유구(drain)가 있을 것
- 탱크 내의 유면을 알 수 있게 보기 쉬운 곳에 유면계가 있을 것
- 펌프 흡입구에는 유를 여과하는 여과기(inlet strainer)가 있을 것

2) 필터

실린더의 슬라이딩 부 등에 먼지가 끼지 않도록 유 중의 이물질을 제거하기 위해 사용되며 인렛 스트레이너(inlet strainer)와 리턴 라인 필터(return line filter) 두 가지가 있다.

(1) 인렛 스트레이너

그림 2-32

(2) 리턴 라인 필터

그림 2-33

3) 공기 배출 밸브

공기 배출 밸브(air bleed valve)는 회로 중에 들어간 공기를 빼내는 데 이용되고, 회로 중 가장 높은

회로 중 가장 높은 위치에
세로로 부착한다.

아웃 인

회로

유면 아래까지 배관

그림 2-34

곳에 설치하여 사용하며, 회로 압력이 0.14 MPa 이상이 되면 밸브가 닫힌다.

4) 게이지 콕

게이지 콕(gauge cock)은 압력계의 보수, 점검, 수리를 위해 흐르고 있는 유체를 차단하기 위한 기기
이다.

그림 2-35

5) 압력계

압력계(manometer, pressure gauge)는 용기 내 또는 관로
내의 액체나 기체의 압력을 측정하여 압력을 표시하는 기
기이다. 표시 단위로는 MPa나 kgf/cm²이 있다. 종류에는
U-튜브 압력계, 벨형 압력계, 피스톤 게이지, 탄성 압력계
(elastic manometer) 등이 있다.

그림 2-36

6) 유량계

관로 내를 흐르는 액체나 기체의 양을 측정하여 표시하는 기기이다.
종류에는 체적 유량계, 질량 유량계, 차압식 유량계 등이 있다.

그림 2-37

7) 유면계

액체가 들어 있는 용기 내의 액체 표면을 밖에서도 알 수 있도록 하는 기기이다.

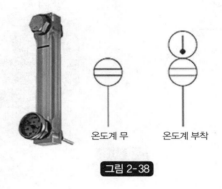

온도계 무   온도계 부착

그림 2-38

8) 축압기

기체가 유압에 의해 압축되는 성질을 이용한 것으로, 밀폐된 쉘(shell) 내를 질소 가스로 채운 실과 유실의 둘로 나눠져 있으며, 가스실에 질소 가스를 채워 질소 가스의 압축성을 이용하여 압력유를 저장한다.

압력 유는 필요에 따라 질소 가스의 압축 압력에 의해 방출되며 목적은 유압 충격 완화 및 흡수, 유체의 맥동 방지, 에너지 보조 등에 있다.

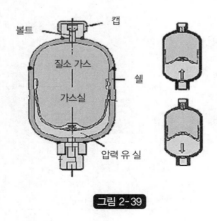

볼트   캡
질소 가스
쉘
가스실
압력 유 실

그림 2-39

9) 각종 센서

리밋 스위치(limit switch), 압력 센서, 유량 센서, 온도 센서 등이 쓰이고 있다.

10) 유압 유닛

유압 탱크에 전기 모터, 유압 펌프, 릴리프 밸브 및 필요한 보조 기기를 일체로 조립한 유닛이다.

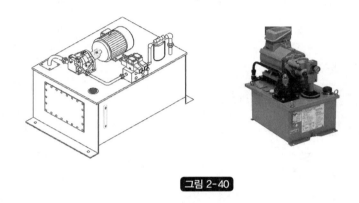

그림 2-40

11) 배관

액체나 기체를 목표하는 곳까지 유도하기 위해 사용되는 것으로 종류에는 강관, 동관, 스테인리스강관, 고무 호스 등이 있는데, 동관은 석유계 작동유의 산화를 촉진시키므로 주의가 필요하며 스테인리스강관은 화학설비, 선박 등과 같이 내식성이 필요한 곳에 쓰인다.

12) 배관용 이음쇠

배관이 꺾어지거나 분기할 때 및 길이가 너무 길어질 때는 배관이음쇠를 사용하며 배관용 이음쇠(fitting for hydraulic piping)의 종류는 아래 그림과 같다. 재질로는 기계구조용 탄소강 및 합금강, 스테인리스강, 저온용강 등이 쓰인다.

90° 엘보(elbow)	
45° 엘보	

티(tee)	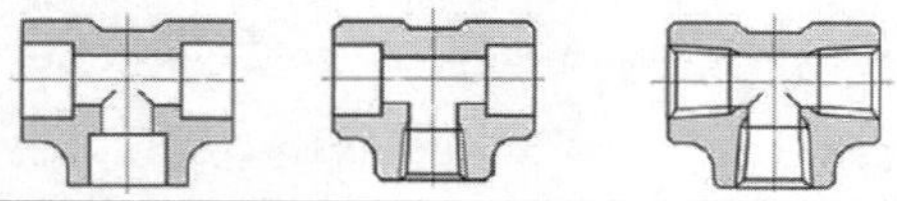
크로스(cross)	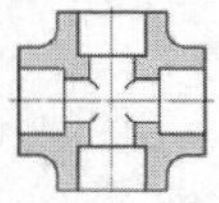
커플링(coupling)	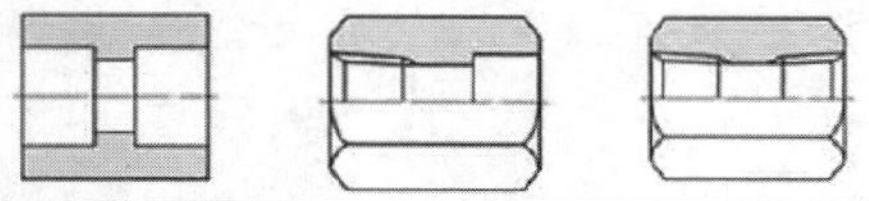
리듀서(reducer)	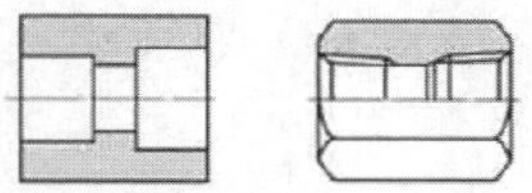
부싱(bushing)	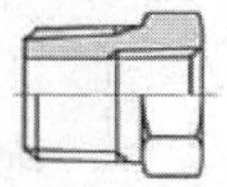
니플(nipple)	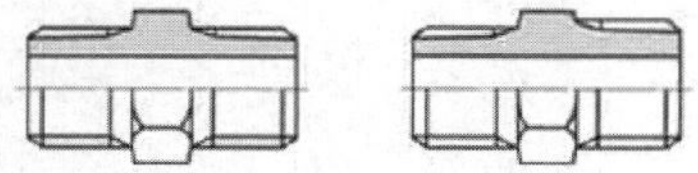
소켓(socket)	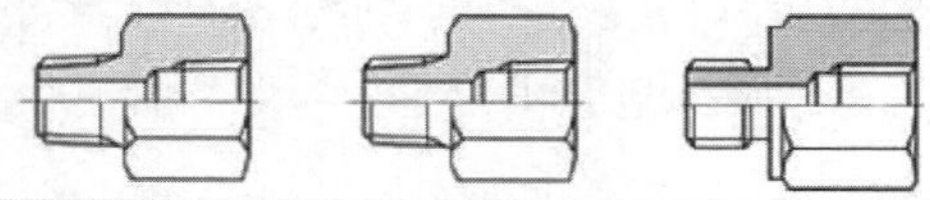
플러그(plug)	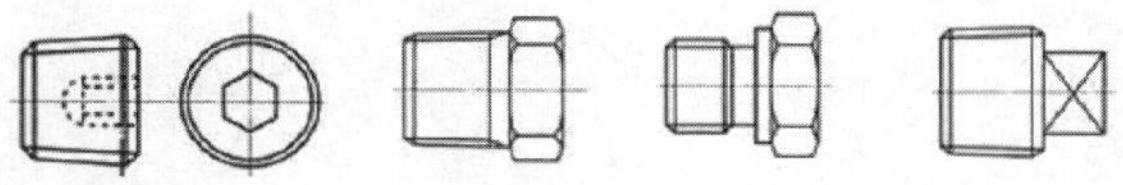
유니언(union)	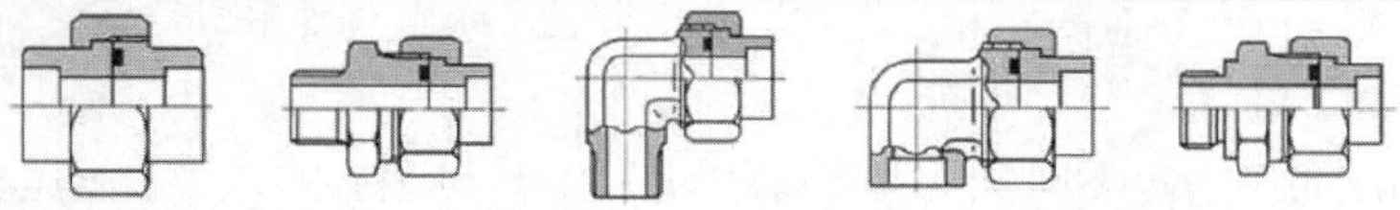
어댑터(adapter)	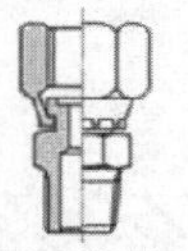
캡(cap)	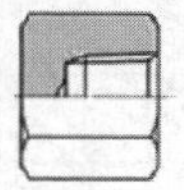

그림 2-41 배관 이음쇠

6. 기타

1) 유압 회로의 주의점

(1) 작동유

이물질을 충분히 제거해야 한다(현미경으로 검사).

- 일반 작동유 : NAS 10-11급
- 서보 밸브 사용 : NAS 6-7급

온도가 너무 올라가지 않도록 한다. 수분의 혼입이 없도록 한다. 특히 유 탱크의 결로 등에 주의해야 한다.

(2) 공기가 관로 안에 들어가지 않도록 한다.

2) 크래킹 압력

체크 밸브, 릴리프 밸브 등에서 밸브 입구 측의 압력이 낮아져 밸브가 닫히기 시작하여 밸브의 누출량이 어떤 규정량까지 감소했을 때의 압력을 말한다.

3) 오리피스와 초크

- 오리피스(orifice) : 유로의 단면적을 변화시키는 것에 의해 유량을 조절하며 점도(온도)에 영향을 받지 않는다.
- 초크(choke) : 단면적에 비해 유로의 길이가 길며, 이 가늘고 긴 유로로 유량을 조절하며 점도의 영향을 받는다.

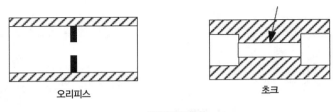

오리피스   초크

그림 2-42

오리피스를 통과하는 유량, Q(l/min)는 다음과 같이 구한다.

$$Q = CA \sqrt{\frac{2\Delta P}{\rho} \times 10^6 \times 6}$$

ρ : kg/m³,   C : 유량계수 0.6~0.9 정도, ΔP : MPa

2 공기압 구동 시스템

대기를 컴프레서로 가압하여 압축(압축 공기)하고 그 압력 및 팽창력을 에너지원으로 하여 기기를 움직이는 시스템을 **공기압 구동 시스템**(pneumatic drive system)이라 한다.

사용 압력은 저압인 경우는 7~10기압(0.7~1.0MPa), 중압인 경우는 10~15기압(다단계 압축 필요), 고압인 경우는 15기압(다단계 압축 필요) 이상이다.

공기압 시스템의 장점과 단점은 아래와 같다.

(1) 장점

- 동력원이 컴프레서로 설비가 싸고 사용하기 쉽다.
- 압축 공기 탱크에 의해 에너지 저장이 쉽다.
- 구동에 쓰는 유체가 가볍고 비교적 저압이므로 배관 및 호스 류가 간편하다.
- 장치의 속도 및 출력 조정이 쉽다.
- 유체의 점도가 낮으므로 고속 운동이 가능하다(치과용 드릴 30만 rpm).
- 유압 시스템과 같은 유체를 회수하는 배관이 필요없다.
- 유출되어도 주위를 오염시킬 우려가 없다.
- 화재 위험성이 없다.
- 유체의 보수 유지가 필요없다.

(2) 단점

- 고부하가 요구되는 경우에는 부적당하다.
- 유체가 압축, 팽창하므로 미묘한 속도 제어 및 동기 운전은 곤란하다.
- 유압은 실린더로 위치 제어가 가능하지만 공기압에서는 곤란하다.
- 사용 후 공기 방출 시 소리가 크다.
- 압축성이 있으므로 컴프레서가 정지해도 오동작에 의한 사고 가능성이 있다.

그림 2-43 공기압 구동 시스템 기본 구성도

1. 에어 컴프레서

대기를 흡입하여 연속적으로 압축 공기를 만드는 기계 장치이며, 공기압 기기를 움직이려면 고압인 공기가 필요하다. 에어 컴프레서에서 고압공기를 발생시키는데, 종류는 다음과 같다.

컴프레서의 크기는 일반적으로 출력에 따라 소형, 중형, 대형으로 구분하고 있다.

	출력
소형	0.2~14kW(0.25~20HP)
중형	15~75kW(20~100HP)
대형	76kW 이상(101HP)

1) 왕복동식 컴프레서

 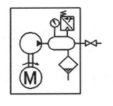

그림 2-44

(1) 피스톤식

실린더 내에서 피스톤이 왕복 운동을 하여 압축 공기를 만드는 것으로 오래전부터 널리 사용되고 있지만 소형을 제외하고 진동, 소음이 크고 효율이 나쁘다. 단동식과 복동식이 있다.

(2) 다이어프램식

다이어프램이 왕복 운동을 하면 배기구에서 공기가 토출된다. 소형 전자석에 의해 다이어프램(diaphragm)이 진동하는 것부터 대형까지 제조되고 있다. 구조가 간단하고 슬라이딩 부가 없으므로 오일 프리(oil-free) 컴프레서로 사용된다.

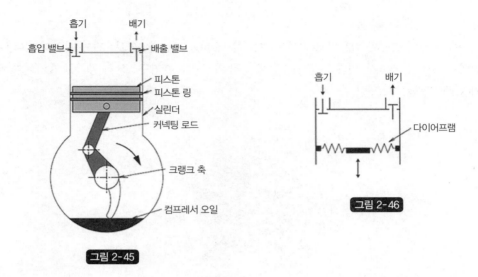

그림 2-45

그림 2-46

2) 회전식 컴프레서

(1) 스크루식

스크루 모양의 오목, 볼록 2개의 로터(rotor)를 맞물리면서 회전시켜 케이싱과 스크루 사이의 공기를 압축하여 토출한다. 왕복 기구가 없어 연속적으로 압축 공기가 토출되므로 진동과 배기에 따른 소음이 적고 효율도 좋으므로 중형 이상인 컴프레서에서는 대표적이다.

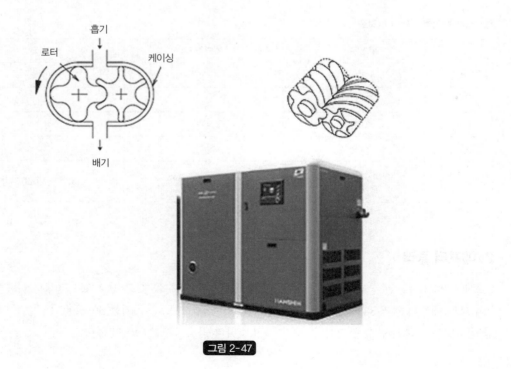

그림 2-47

(2) 베인식

케이싱 중에 편심된 로터가 있으며 로터의 슬릿 속에 베인(vane)이라 불리는 판이 끼워져 있다. 로터가 회전하면 케이싱, 로터, 베인으로 둘러싸인 용적이 바뀌므로 흡기구로부터 공기가 흡입되며, 압축된 공기는 배기구에서 토출된다.

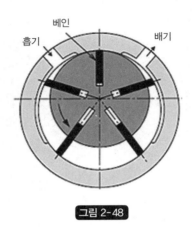

그림 2-48

(3) 터보식

터빈 블레이드(turbine blade)를 회전시켜 공기에 압력 에너지를 준다. 축류식과 원심식이 있다. 대형이며 저압력에 주로 사용한다.

컴프레서 형식별 장단점 비교표

	왕복동식	스크루식	터보식
비용	싸다.	비싸다.	비싸다.
맥동	크다.	작다.	작다.
진동	크다.	작다.	비교적 작다.
소음	크다.	작다.	크다.
보수	3,000~5,000시간에 오버 홀	10,000~20,000시간	8,000~12,000시간

2. 애프터 쿨러

컴프레서에서 토출된 상태의 고압 공기는 열과 대기 중의 수분을 갖고 있으므로 그대로 사용하기 어려우므로 애프터 쿨러(after cooler)를 써서 고온(100~200℃) 압축 공기를 30~40℃까지 냉각하여 포함되어 있는 수분을 응축 분리한다. 냉각 방식에 따라 공냉식과 수냉식이 있다.

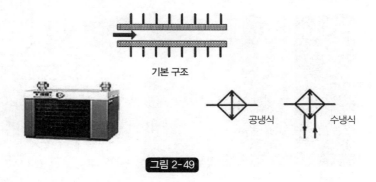

기본 구조

공냉식   수냉식

그림 2-49

3. 에어 탱크

컴프레서에서 송출된 압축 공기의 맥동을 흡수하여 부하에 맥동의 영향이 적게 미치도록 하기 위해
애프터 쿨러 뒤에 설치한다. 서지 탱크(surge tank)라고도 한다. 또 공기압 회로 내의 압력 변동을 억
제하기 위한 보조 구동원으로도 쓰인다. 평균 값으로서의 송출 공기량을 만족해도 어떤 짧은 시간만
공기를 많이 소비하면 압력 저하를 일으키므로 이를 막기 위해 에어 탱크(accumulator)가 필요하다.

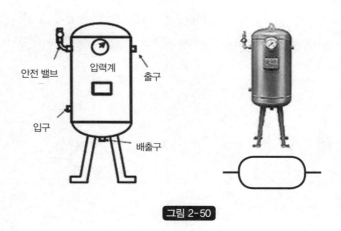

안전 밸브   압력계   출구

입구

배출구

그림 2-50

■ 에어 탱크의 부속품
  • 배출 장치 : 압축 공기는 열 방출에 의해 냉각되어 바닥이나 벽면에서 결로되어 수분이 쌓이므
    로 배출 수단이 필요하다.
  • 안전 밸브 : 탱크 내의 압력이 설정값보다 상승할 때 내압을 밖으로 방출하여 위험을 피한다.
  • 압력 스위치 : 공기 압력을 일정하게 하기 위해 컴프레서를 제어하는 데 사용한다.
  • 압력계

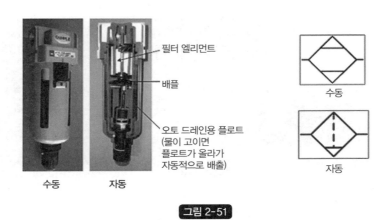

필터 엘리먼트

배플

오토 드레인용 플로트
(물이 고이면
플로트가 올라가
자동적으로 배출)

수동　　자동

수동

자동

그림 2-51

4. 에어 드라이어와 필터

에어 드라이어에서 10℃ 정도 더 냉각하고 건조시킨다. 에어 드라이어를 쓰지 않고 그대로 사용하면 에어 중의 수분에 의해 공기압 기기에 녹이 생기거나 물기에 의해 악영향을 주므로 문제 발생 및 수명 저하의 원인이 된다.

소규모 공장에서는 애프터 쿨러, 에어 드라이어 같은 고가 장치를 쓰지 않고 간단히 메인 라인 필터(main line filter)와 미스트 세퍼레이터(mist separator)만으로 대신하는 경우도 있지만 추천할 것은 아니다. 냉동식, 흡착식, 투과식이 있다.

그림 2-52

1) 냉동식

압축 공기를 냉동기로 강제 냉각하여 수분을 응축시켜서 분리 제거하는 방식이다.

2) 흡착식

냉동식으로도 제거가 충분치 않은 경우 약품으로 수분을 흡착시켜 제거하는 방식을 사용한다.

3) 투과식

중공 형태의 가는 실막을 이용한 것으로 수분만 막 밖으로 투과시켜 제거하는 방식이다. 냉동식에서 얻을 수 있는 것 이상의 건조 공기가 쉽게 얻어지는 제습 방식으로, 소모품도 전기 배선도 필요없으나 민감한 중공 실막을 쓰므로 입구에 먼지, 유분 등을 없애는 필터를 두어 가는 관 속으로 이물질이 들어가지 않도록 해야 한다.

5. 기타 기기

고압 공기에 포함되어 있는 유, 물, 이물질 등 불순물을 제거하기 위해 메인 파인 필터를 추가하거나 미스트 세퍼레이터, 마이크로 미스트 세퍼레이터 등을 추가하는 경우도 있다.

이상은 공기 공급원 측에 필요한 공기압 기기들이며, 이하에서 장치 측에 필요한 공기압 기기에 대해 설명한다.

6. FRL 유닛

장치 쪽에 필요한 기기로 FRL 유닛(3점 세트)이 있다. 즉 필터(Filter, 먼지 등 제거), 레귤레이터(Regulator, 공급원 측의 고압을 장치에 맞는 적정 압력으로 낮춤), 루브리케이션 유닛(Lubrication unit, 에어 중에 윤활유를 미량 혼합하여 공기압 기기의 윤활을 좋게 한다. 루브리케이터 오일러라고도 함)의 약어이다. 최근에는 무급유형 에어 실린더가 많이 나와 루브리케이션 유닛이 없는 FR 유닛 및 루브리케이션 유닛 대신에 마이크로 미스트 세퍼레이터를 넣는 것도 있다. 용도에 맞게 선정하면 된다.

유닛의 최대 유량은 여유 있게 하는 것이 중요하다.

3점 세트의 공급 측에는 수 에어 커플러(male air coupler)를 연결해 놓고 여기에 연결할 에어 호스의 끝은 암 에어 커플러(female air coupler)로 한다. 이것을 거꾸로 하면 호스를 뺄 때 에어가 분출해 버리며 장치 측에서 잔여압을 빼기가 곤란하게 된다.

 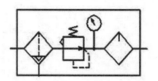

그림 2-53

수 커플러   암 커플러

그림 2-54

7. 공기압 제어 밸브

공기압에 의해 기계 장치를 작동시키고자 할 때 속도, 힘의 강도 및 방향을 정하여 제어하기 위해 사용되는 요소이다.

1) 유량 제어 밸브

압축 공기의 유량을 제어하여 에어 실린더의 동작 속도를 제어한다. 압축 공기의 압력 변동이 있어도 통과하는 유량을 일정하게 유지하는 기능을 가진 일정 유량 밸브도 있으나 고가이므로 실린더의 속도 제어에는 사용하지 않는다.

(1) 스피드 컨트롤러

스피드 컨트롤러(speed controller)라 함은 그림 2-55와 같이 니들 밸브(needle valve)와 체크 밸브(check valve)를 병렬로 조립한 복합 밸브이다.

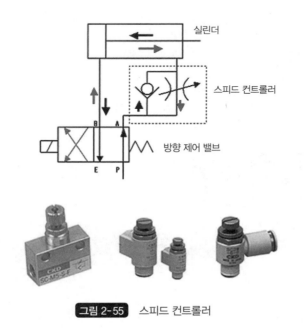

그림 2-55 스피드 컨트롤러

(2) 스로틀 밸브

유량의 미세 조정을 위한 니들 밸브이다.

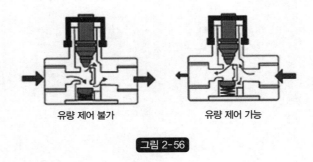

유량 제어 불가   유량 제어 가능

그림 2-56

(3) 배기 스로틀 밸브

스로틀 밸브에 사이렌서(silencer)를 붙인 밸브이다.

2) 압력 제어 밸브

(1) 감압 밸브(정압 밸브)

공급 압력과 부하 유량이 변동해도 항상 일정 압력을 부하 측에 보내기 위한 밸브이다. 컴프레서에서 보낸 압축 공기의 압력에 변동이 있거나 부하에서 소모되는 유량에 큰 변동이 있으면 정확한 동작이 요구되는 공기압 기기는 정상적으로 동작할 수 없게 된다. 이것을 피하기 위해 각 장치의 입구에는 정압 밸브를 붙여 쓴다.

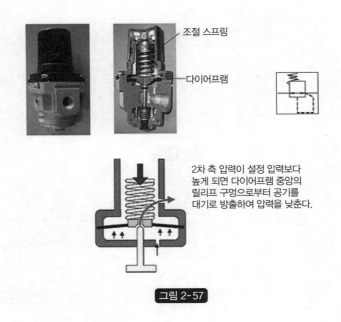

조절 스프링

다이어프램

2차 측 압력이 설정 압력보다
높게 되면 다이어프램 중앙의
릴리프 구멍으로부터 공기를
대기로 방출하여 압력을 낮춘다.

그림 2-57

(2) 릴리프 밸브

공기압 회로 내의 압력을 설정값 이상으로 상승하지 않도록 하기 위한 제어 밸브이다. 압력 설정을 조정 스프링으로 하는 직접 작동형과 외부로부터 설정 압력을 공급하여 동작시키는 파일럿 작동형이 있다.

(3) 프레셔 컨트롤러

릴리프 밸브와 체크 밸브를 조합한 밸브이다.

3) 방향 제어 밸브

(1) 체크 밸브

그림 2-58

(2) 급속 배기 밸브

에어 실린더의 배기를 전자 밸브를 경유하지 않고 직접 대기로 방출하여 실린더의 복귀를 신속하게 하기 위한 밸브이다.

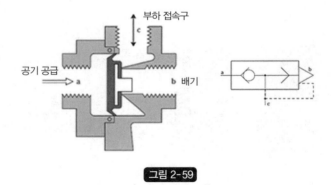

그림 2-59

(3) 셔틀 밸브

2개의 유입 통로 중 어느 한쪽의 입구에서 유입된 유체만 출구로 유도하는 밸브이다.

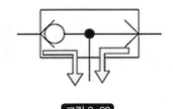

그림 2-60

(4) 방향 전환 밸브

유압용 방향 전환 밸브와 거의 같으므로(표시 기호 중에서 솔레노이드 표시 안의 삼각형이 ▶는 유압, ▷는 공기압용이다) 앞의 설명을 참조하기 바라며, 공기압 시스템에서 유의해야 할 부분만 부가 설명한다.

　3위치 방향 제어 밸브의 중립 위치에는 네 가지가 주로 사용되는데, 비통전 시에 스프링 리턴에 의해 중립 위치로 돌아온다. 그러나 3위치 밸브는 공기압 시스템에서는 수요가 적은 편이다.

① 클로즈드 센터

　A, B 포트가 닫혀 실린더가 움직이지 않게 된다. 중간 정지 또는 비상 정지하고 싶을 때 사용한다. 단, 에어의 누출과 탄성은 무시할 수 없으므로 정확한 위치 결정에는 부적합하다.

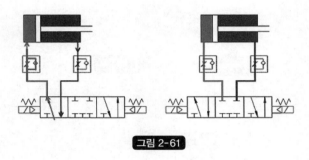

그림 2-61

② 이그조스트 센터

　A, B 포트가 배기 측에 연결되어 있으므로 자유롭게 실린더를 손으로 움직일 수 있다. 긴급 정지시킨 후 물건을 손으로 빼고 싶을 때 사용하나 중력에 의한 영향을 받기 쉬우므로 실린더는 수평 자세만 가능하다.

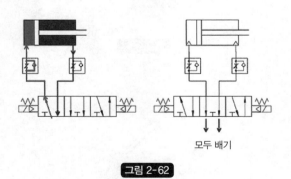

모두 배기

그림 2-62

③ 프레셔 센터

　압축 공기 공급 측에 A, B 포트가 연결되어 있으므로 한쪽만 로드가 있는 일반 복동 실린더에서는 수압 면적의 차이에 의해 에어 실린더는 로드 측으로 움직인다.

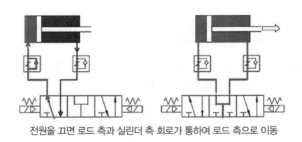

전원을 끄면 로드 측과 실린더 측 회로가 통하여 로드 측으로 이동

그림 2-63

④ 퍼펙트 센터

밸브 구조는 이그조스트 센터의 일종이지만 동작은 클로즈드 센터와 같다. 특징은 배기 쪽에 체크 밸브가 들어 있어 에어 누출이 적으므로 장기간 정지시키는 경우에 유효하다.

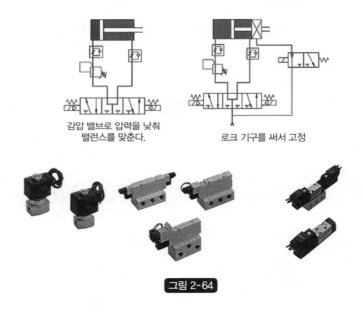

감압 밸브로 압력을 낮춰
밸런스를 맞춘다.

로크 기구를 써서 고정

그림 2-64

(5) 수동 절환 밸브

그림 2-65

8. 공기압 액츄에이터

1) 실린더

(1) 단동형

가압 포트가 1개인 것으로 피스톤이 항상 스프링에 의해 한쪽으로 밀어 붙여져 있으며 공기압이 가해져야 피스톤이 동작한다.

단동 실린더는 배관 작업도 적고 편리하지만 조심하지 않으면 트러블의 원인이 된다. 분진이 많은 곳에서는 쓰지 않는 것이 좋다. 배기 구멍에서 먼지를 빨아들여 움직이지 않게 되는 일도 있으며, 거꾸로 실린더 내의 먼지가 배출되기도 하므로 클린 룸에서 사용 불가하다.

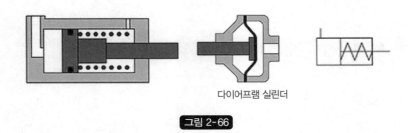

다이어프램 실린더

그림 2-66

(2) 복동형

가압 포트가 2개 있으며 피스톤이 어디로 움직이는가는 가압 포트의 선택에 의해 정해진다.

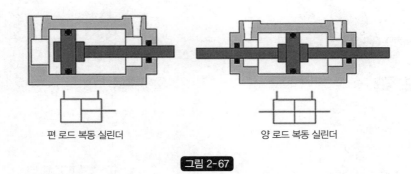

편 로드 복동 실린더   양 로드 복동 실린더

그림 2-67

2) 연속 회전형 액츄에이터

에어 모터라고도 하며 연속으로 회전 출력을 얻는 액츄에이터이다.

(1) 로터리 베인형

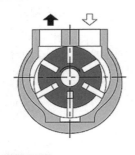

그림 2-68   로터리 베인 모터

(2) 피스톤형

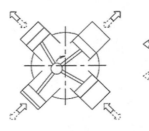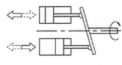

그림 2-69   피스톤 모터

3) 요동형 액츄에이터

(1) 실린더 형식

• 요크형

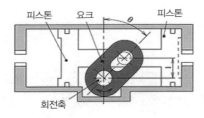

그림 2-70   요크형 로터리 액츄에이터

• 크랭크형

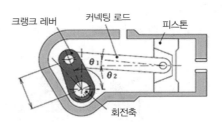

그림 2-71   크랭크형 로터리 액츄에이터

• 랙 & 피니언형

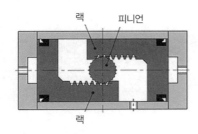

그림 2-72   피스톤 형식 요동형 액츄에이터
(평행 랙 피니언)

• 베인형

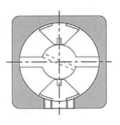

그림 2-73   베인형 요동형 액츄에이터(더블 베인)

9. 공기압 액세서리

1) 유량 센서

관내에 흐르는 공기의 양을 측정하기 위한 센서이다.

그림 2-74

2) 소음기와 이그조스트 클리너

액츄에이터에서 배출된 유가 유압 탱크로 되돌아오는 유압 시스템과 달리 공기압 시스템에서는 공기를 대기로 배출한다. 이때 굉장히 큰 소리가 나는데, 이 소리를 줄이기 위해 배기구에 소음기를 사용한다.

그림 2-75

10. 압축 공기의 배관

1) 강관

강관은 내압력, 내열성이 뛰어나므로 공장 배관 및 대형 장치의 고정 부분에 사용된다. 강관 배관은 관의 양끝에 수나사를 가공하고 피팅(fitting)에 의해 차례차례 접속하여 배관 작업을 한다.

    강관용 피팅에는 엘보, T, 크로스, Y, 소켓, 부싱, 니플, 캡, 유니온, 조립 플랜지, 플러그 등이 있다. 관과 피팅을 연결할 때는 반드시 실 테이프(seal tape) 등으로 누출 방지 처리를 해야 한다. 배관용 탄소 강관, 배관용 스테인리스 강관 등이 있다.

2) 비철 금속관

자유롭게 굽히는 것이 어려운 강관에 대해 작은 지름인 경우에는 동관, 알루미늄 관이 사용되어 왔다. 관의 접속은 지름이 큰 동관에 대해서는 용접, 브레이징이, 작은 지름 관에는 피팅이 사용되고 있다.

3) 플라스틱 튜브

솔리드형의 플라스틱 튜브(나일론, 우레탄 등)를 관으로 하고, 접속하고자 하는 기기에 미리 튜브 피팅을 나사 고정하여 놓고 연결에 필요한 길이로 자른 관을 압입하는 것만으로 배관 작업이 완료된다.

배관 작업이 빠르며 배관 비용이 싸고 공기 누출이 적으며 관의 외경에 비해 유량을 크게 할 수 있다. 튜브에 유연성이 있으므로 움직이는 기계 부분의 배관에도 사용 가능하다. 나일론 튜브, 폴리우레탄 튜브, 폴리에틸렌 튜브, 비닐 튜브, 테프론 튜브 등이 있다.

4) 호스

섬유질 보강재로 피복된 호스이며 내압력, 굴곡 강도, 기계적 강도, 내열성 등에 뛰어나므로 작업 공구, 옥외용 이동 배관에 사용되고 있다. 접속, 취급이 어려우므로 강도가 부족하지만 플라스틱 튜브를 일부러 쓰는 경우가 늘고 있다.

5) 배관 이음쇠

(1) 원터치 방식

튜브를 이음쇠의 구멍에 넣고 꾹 눌러 주면 배관 연결이 완성되어 간편하지만, 자주 사용하면 헐거워져 공기가 샐 수 있다.

수 커넥터   수 엘보   유니온 스트레이트   유니온 T   유니온 Y

그림 2-76

(2) 인서트 방식(체결형)

튜브를 끼운 후 너트로 잠그는 형으로 매우 견고한 연결이 가능하다.

엘보 커넥터　　소켓　　일체형 스트레이트

니플　　나일론 슬리브　　슬리브　　T

그림 2-77

참고

공기압 회로에서 주의할 점

- 공기압이 완전히 빠진 상태에서 솔레노이드에 통전하면 (특히 스피드 컨트롤러가 미터 아웃인 경우) 스피드 컨트롤러가 작용하지 않으므로 실린더가 고속으로 튀어 나온다. 이그조스트 센터를 써서 정지 후 재기동할 때도 마찬가지이다. 최악의 경우 작업자가 다치거나 기계가 파괴되기도 한다. 방지용 스피드 컨트롤러도 있지만 그다지 효과는 없다.
- 그 대책으로 양 로드형 에어 실린더를 프레셔 센터로 쓰는 것도 방법이다.
- 제어 회로, 프로그램을 만들 때 주의 사항이지만 더블 솔레노이드의 양쪽에 동시에 통전하지 않도록 하는 것이 중요하다. 직접 작동형인 경우는 최악의 경우 솔레노이드가 타 버린다. 특히 현장에서 시퀀스를(debug) 할 때 유의해서 살핀다.
- 배관 설계 시 주의해야 할 것은 매니폴드(내부에 공기용 배관로가 만들어진 블록)에 많은 밸브를 붙이면 배압이 올라가며 오작동의 원인이 되는 경우가 있다. 특히 매니폴드 중에 단동 실린더를 구동하는 3위치 이그조스트 센터형 밸브를 연결할 때 마음대로 움직이거나 돌아오지 않거나 하는 일이 있다. 배압에 의한 오동작 대책으로는 개별 배기형 매니폴드를 사용한다.
- 압력 변동이 큰 곳이나 대경 실린더를 고속으로 사용할 때는 배관계에 큰 에어 탱크를 설치할 것을 추천한다.
- 스피드 컨트롤러 사용 시는 복동 에어 실린더의 속도 제어에는 미터 아웃을 쓰고, 단동 실린더의 속도 제어에는 미터 인을 쓰는 것이 원칙이다.
- 공기압 기기를 쓰는 자동 기계의 비상 정지 시퀀스는 잘 생각해서 설계한다. 모든 밸브를 동시에 오프하는 단순 설계는 어딘가 끼거나 작업자가 다칠 수 있다.
- 큰 지름의 배기 밸브를 써서 비상 시에는 모든 압력을 순식간에 빼는 것이 필요하며, 거꾸로 브레이크 있는 실린더를 써서 낙하 방지를 고려할 필요도 있다.

11. 공기압의 이론

1) 베르누이의 정리

유체의 일정한 흐름에 대한 에너지 보존 법칙에 의해

$$\frac{1}{2}\rho v^2 + P + \rho gh = \text{constant}$$

ρ : 유체의 밀도(kg/m³), v : 속도(m/sec), P : 압력(Pa), g : 중력 가속도, h : 유체의 높이(m)

2) 이상적인 기체의 상태 방정식

$$PV = mRT$$

P : 압력(Pa), V : 기체의 체적(m³), m : 질량
R : 가스 정수(건조 공기는 287 J/kg.K), T : 절대온도(K)

3) 보일-샤를의 법칙

위 식의 우변의 값은 컴프레서가 흡입한 공기와 출구의 고압 공기에서는 같은 값이므로 정수로 생각하여 문제 없다.

$$P_1V_1 = P_2V_2 \quad \longrightarrow \quad V_1 = (P_2/P_1)V_2 \qquad \text{보일의 법칙}$$
$$P_1V_1/T_1 = P_2V_2/T_2 \qquad\qquad\qquad\qquad\quad \text{보일-샤를의 법칙}$$

계산 예) 내경 50mm, 스트로크 100mm인 복동형 에어 실린더를 공기압 0.4MPa로 1분에 10번 왕복시키는 경우 필요한 토출 공기량을 계산하여 보자.

$$V_2 = (\pi \times 0.05 \times 0.05/4) \times 0.1 \times 2 \times 10 = 4 \times 10^{-3}(\text{m}^3)$$

여기에 압력비를 곱하면 $4 \times 4 \times 10^{-3} = 16 \times 10^{-3}$

12. 공기압 회로도

1) 배압 회로

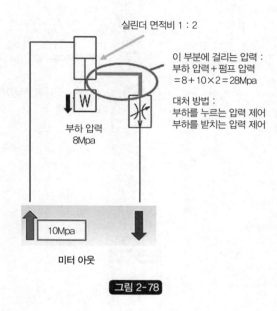

실린더 면적비 1 : 2

이 부분에 걸리는 압력 :
부하 압력 + 펌프 압력
= 8 + 10 × 2 = 28Mpa

대처 방법 :
부하를 누르는 압력 제어
부하를 받치는 압력 제어

부하 압력
8Mpa

10Mpa

미터 아웃

그림 2-78

2) 감압 밸브를 쓴 배압 제어 회로

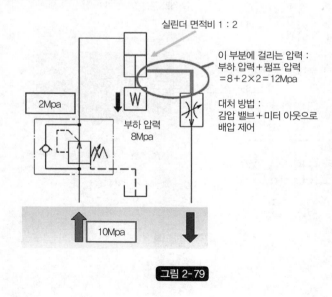

실린더 면적비 1 : 2

이 부분에 걸리는 압력 :
부하 압력 + 펌프 압력
= 8 + 2 × 2 = 12Mpa

대처 방법 :
감압 밸브 + 미터 아웃으로
배압 제어

2Mpa

부하 압력
8Mpa

10Mpa

그림 2-79

3) 카운터 밸런스 밸브로 배압 제어

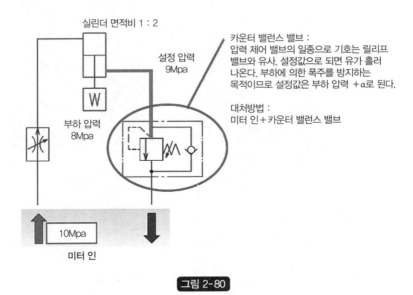

실린더 면적비 1 : 2

설정 압력
9Mpa

부하 압력
8Mpa

카운터 밸런스 밸브 :
압력 제어 밸브의 일종으로 기호는 릴리프
밸브와 유사. 설정값으로 되면 유가 흘러
나온다. 부하에 의한 폭주를 방지하는
목적이므로 설정값은 부하 압력 +α로 된다.

대처방법 :
미터 인＋카운터 밸런스 밸브

10Mpa

미터 인

그림 2-80

4) 자중 낙하 방지 회로

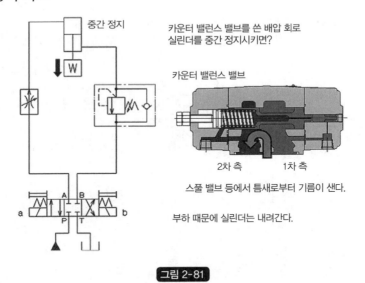

중간 정지

카운터 밸런스 밸브를 쓴 배압 회로
실린더를 중간 정지시키면?

카운터 밸런스 밸브

2차 측   1차 측

스풀 밸브 등에서 틈새로부터 기름이 샌다.

부하 때문에 실린더는 내려간다.

그림 2-81

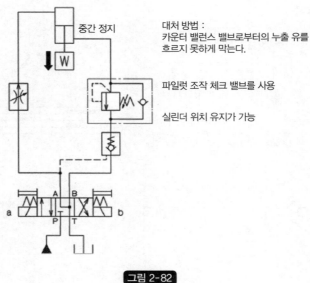

중간 정지

대처 방법 :
카운터 밸런스 밸브로부터의 누출 유를
흐르지 못하게 막는다.

파일럿 조작 체크 밸브를 사용

실린더 위치 유지가 가능

그림 2-82

5) 복수 실린더의 압력 제어

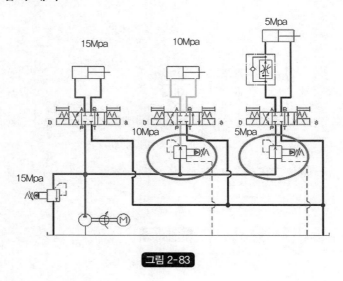

그림 2-83

6) 두 가지 속도 제어

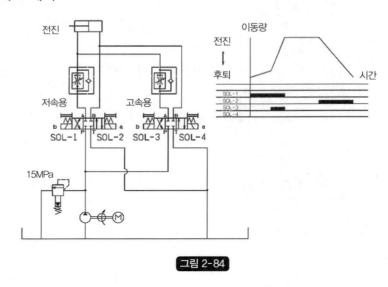

그림 2-84

7) 고속 저속 전환 밸브

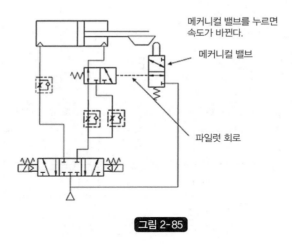

그림 2-85

참고

동력원별 구동 방식 비교

	전기	유압	공기압
조작력	그리 크지 않다.	크다(수십 톤도 가능).	약간 크다(수톤 정도).
배선, 배관	비교적 간단	복잡	약간 복잡
위치 제어 정밀도	최적	양호	약간 양호
구조	약간 복잡	약간 복잡	간단
보수	전문 지식 필요	약간 간단	간단
가격	약간 높다.	약간 높다.	보통

전동축

전동축이란 주로 비틀림 모멘트를 받으면서 회전에 의해 원동기로부터 동력을 받아 주어진 일을 하는 부분에 이 동력을 전달하는 축을 말한다. 대부분 비틀림 응력에 의해 축의 굵기가 결정된다. 감속기 내의 축, 터빈축, 모터축, 배의 추진축, 공작기계의 주축, 송풍기의 축 등이 전동축이다.

1 ▶ 축에 걸리는 토크와 힘

1. 축에 걸리는 토크(부하 토크)

전동축에 걸리는 비틀림 모멘트는 $T = F \times R$에 의해 구할 수 있는데, 선반에서 선삭 가공 시 주축에 걸리는 비틀림 모멘트가 이 경우에 해당한다.

그러나 대부분의 기계에서는 위와 같이 일정한 힘이 지속적으로 걸리는 경우는 드물며, 가속·정속·감속 과정을 반복하는 경우가 대부분이며, 특히 가속 시간과 감속 시간이 일정 범위 내에 들도록 요구되고 있다. 예를 들어 자동차의 경우 출발해서 시속 100km에 도달하는 시간이 10초 이내여야 한다든지 반도체 검사 장비처럼 가감속이 무수히 반복되는 경우 가감속 시간을 얼마나 짧게 하는가가 장비 선택의 매우 중요한 요소가 된다. 그러나 가속 시간이 짧으면 짧을수록 가속 시에 필요한 가속 토크는 매우 크며, 이 가속 토크가 전동축에 걸리는 최대 토크, 즉 최대 비틀림 모멘트가 된다.

1) 최대 토크

가속시간이 짧은 경우에는 일반적으로 가속 또는 감속(강제적인 브레이크를 사용하지 않을 때) 시에 필요하게 되며, 가속시간이 긴 경우에는 부하의 힘이 최대일 때 필요하게 된다.

구동부의 가속 토크는 다음과 같이 구한다.

• SI 단위계

$$T = J\alpha = J\frac{d\omega}{dt} = J \times \frac{2\pi n}{60t}(N \cdot m)$$

J : 관성 모멘트(kgm.m^2) $= \frac{1}{2}mR^2 = \frac{1}{8}mD^2 = \frac{\pi}{32}\rho LD^4$,

α : 각 가속도 $= 2\pi n/60t$, n : 축의 회전수(rpm),

t : 가속 시간, ρ : 재료의 밀도

• 중력 단위계

$$T = \frac{GD^2}{4} \times \frac{2\pi n}{60t} \times \frac{1}{9.8}(kgf \cdot m)$$

ω : 각 가속도, n : 회전수(rpm), t : 가속시간(sec), GD^2 : 플라이 휠 효과(kgf·m^2)

2) 관성 모멘트 J

회전체의 관성 모멘트 J는 다음 식으로 구할 수 있다.

$$J = \frac{1}{2}mR^2 = \frac{1}{8}mD^2 = \frac{\pi}{32}\rho LD^4$$

$$J = \Sigma\frac{1}{2}mR^2 = m_1 r_1^2 + m_1 r_2^2 + \cdots + \cdots = \frac{1}{2}mR^2$$

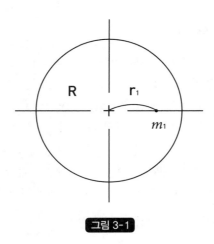

그림 3-1

이 식을 여러 가지 회전 형태에 대해 정리하면 표 3-1과 같다.

표 3-1 여러 가지 관성 모멘트

회전체의 형태	SI 단위계	중력 단위계
	J	GD^2
	$J = \dfrac{1}{8}mD^2$ $m :$ 질량 $= \dfrac{\pi\rho LD^2}{4}$ $D :$ 외경	$GD^2 = \dfrac{1}{2}WD^2$ $W :$ 중량 $D :$ 외경
	$J = \dfrac{1}{8}m(D^2 + d^2)$	$GD^2 = \dfrac{1}{2}W(D^2 + d^2)$
	$J = \dfrac{1}{10}mD^2$	$GD^2 = \dfrac{2}{5}WD^2$
	$J = \dfrac{1}{12}m(a^2 + b^2)$	$GD^2 = \dfrac{1}{3}W(a^2 + b^2)$
	$J = \dfrac{1}{48}m(3D^2 + 4L^2)$	$GD^2 = \dfrac{1}{12}W(3D^2 + 4L^2)$
	$J = \dfrac{1}{8}mD^2 + mS^2$	$GD^2 = \dfrac{1}{2}WD^2 + 4WS^2$
	$J = \dfrac{1}{4}mD^2 + \dfrac{1}{4}m_2D^2$ $\quad + \dfrac{1}{8}m_1D^2 + \dfrac{1}{8}m_3D^2$ $m_2 :$ 컨베이어 벨트 질량	$GD^2 = WD^2 + W_2D^2$ $\quad + \dfrac{1}{2}W_1D^2 + \dfrac{1}{2}W_3D^2$
	$J = \dfrac{1}{4}m_bD_b{}^2 + \dfrac{m}{4}\left(\dfrac{p}{\pi}\right)^2$ $p :$ 스크루의 피치 수직인 경우도 J는 동일 상승 시 : $a+g$ 하강 시 : $a-g$	$GD^2 = \dfrac{1}{2}W_bD_b{}^2 + W\left(\dfrac{p}{\pi}\right)^2$

(계속)

표 3-1 여러 가지 관성 모멘트(계속)

회전체의 형태	SI 단위계	중력 단위계
	J	GD^2
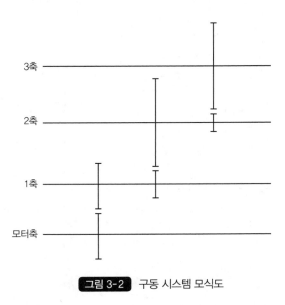	$J = \dfrac{1}{8}m_1 D^2 + \dfrac{1}{4}mD^2$	$GD^2 = WD^2 + \dfrac{1}{2}W_1 D^2$

한편 구동 시스템은 부하와 부하를 돌려주기 위한 여러 개의 축 및 기어, 풀리 등의 전동 요소, 구동원인 모터로 구성되어 있는데, 부하와 모든 구성 요소의 관성 모멘트가 모터에 미치는 영향을 고려한 모터축 환산 관성 모멘트 J_T는 감속 단계별 회전축의 모든 부품의 관성 모멘트를 기본축(대부분의 경우 모터축임)에 있어서의 영향을 고려한 다음 식으로 구할 수 있다.

$$J_T = J_M + J_1 \times \left(\frac{n_1}{n_M}\right)^2 + J_2 \times \left(\frac{n_2}{n_M}\right)^2 + J_3 \times \left(\frac{n_3}{n_M}\right)^2 + \cdots$$

그림 3-2 구동 시스템 모식도

3) 모터 자체의 관성 모멘트 J_M

모터는 구동부 전체를 회전시키는 역할을 함과 동시에 모터 자체도 회전하므로 자체 관성 모멘트를 가진다. 모터 자체의 관성 모멘트 J_M은 다음과 같은 조건을 만족시키는 것을 선정하는 것이 바람직하다.

$$J_M \geq J/C$$

J_M : 제품 사양서에 나와 있음, J : 부하의 관성 모멘트, C : 모터와 드라이버에 따라 정해지는 계수로 일반적으로 3~10 정도인데 제품 사양서 확인 필요

2. 모터 출력 P

구동부를 회전시키기 위해 필요한 모터 출력은 다음 식으로 구할 수 있다.

$$P(watt) = T(N \cdot m) \times \frac{2\pi n}{60}$$

T : 모터 축 환산 관성 모멘트에 의해 구해진 토크

---

2   전동축의 강도 및 강성 계산

전동축에 필요한 지름을 구하기 위해서는 축에 걸리는 비틀림 모멘트와 굽힘 모멘트에 의한 각각의 강도 및 강성 계산이 필요하다.

강도 계산은 축이 파괴되지 않기 위해 필요한 축의 지름을 구하는 계산이며 강성 계산은 허용되는 진동이나 소음 수준 및 정밀도 등을 만족시키기 위해 필요한 축의 지름을 구하는 계산이다. 따라서 강성 기준은 제품마다 다르며 같은 제품이라도 사용되는 환경에 따라 다르다. 예를 들어 조용한 곳에서 가동되는 기계의 강성 기준은 시끄러운 곳에서 가동되는 기계의 강성 기준보다 훨씬 엄격하다.

1. 비틀림 모멘트에 의한 계산

1) 강도 기준 계산

축에 걸리는 비틀림 응력은 다음 식으로 구할 수 있다.

$$\tau = \frac{T}{Z_p}(\frac{N}{mm^2}, MPa) = \frac{T}{\frac{\pi d^3}{16}} = \frac{16T}{\pi d^3}$$

T : 축에 걸리는 비틀림 모멘트

$Z_p = \frac{\pi d^3}{16}$: 축의 극단면 계수(표 3-7 참조)

비틀림 응력은 재료의 허용 비틀림 응력보다 작아야 하므로($\tau \leq \tau_a$) 필요한 최소 축 지름은 다음 식으로 구할 수 있다.

$$축 지름 d = 3\sqrt{\frac{16T \cdot f_s}{\pi \tau_a}}$$

τ_a : 축 재료의 허용 전단 응력(표 3-5 참조)

적절한 축의 재료와 열처리 종류를 선택하고, 이때의 인장 응력을 기준으로 허용 전단 응력값을 취한다.

f_s : 안전계수. 사용 환경에 따라 주는 안전율로 축이 파괴되었을 때 피해가 크거나 사용 환경이 열악하여 외부 충격이 크거나 부하의 변동이 심하여 파괴될 확률이 높을수록 큰 값을 채택한다.

2) 강성 기준 계산

축의 강성은 비틀림 모멘트가 걸렸을 때 단위 길이에 대한 비틀림각 θ로 나타내는데, 다음 식으로 구할 수 있다.

$$\theta = \frac{T}{GI_p}(\text{radian}) = \frac{T}{GI_p} \cdot \frac{360}{2\pi}(\text{degree})$$

T : 축에 걸리는 비틀림 모멘트

G : 축 재료의 횡탄성 계수

$I_p = \frac{\pi d^4}{32}$: 단면 2차 극 모멘트(표 3-7 참조)

이 비틀림각의 허용값은 축이 사용되는 기계의 종류와 정밀도 기준, 소음 및 진동 기준, 하중의 종류에 따라 다르며, 제품에 따라서는 기업마다 고유 기준이 있다.

일반적인 전동축의 비틀림각 허용값은 아래와 같다.

표 3-2 비틀림각 허용값

일반 정하중	< 0.33 deg. / m
변동하중	< 0.25
급격한 반복하중	< 0.17
긴 이송축	

강성 유지에 필요한 최소 축 지름은 다음 식으로 구한다.

$$\text{축 지름 } d = \sqrt[4]{\frac{32T \cdot f_s}{\pi G\theta} \cdot \frac{360}{2\pi}} \text{ mm}$$

f_s : 안전계수. 강성에 대한 안전율은 강도에 대한 안전율과는 개념이 다르므로 같은 값을 취할 필요는 없다. 진동 소음이 일시적으로 커지거나 정밀도가 일시적으로 나빠져도 감당하기 어려운 큰 피해를 입는 것은 아니므로 안전율을 크게 잡을 필요가 없다.

마지막으로 강도 계산에 의한 축 지름과 강성 계산에 의한 축 지름을 비교하여 큰 값을 최소 축 지름으로 정하면 된다.

참고로 토크, 즉 비틀림 모멘트가 $10^5 - 10^6$ N·m 보다 작은 경우는 강성 기준 축 지름이 크고, 큰 경우에는 강도 기준 축 지름이 크게 된다.

2. 굽힘 모멘트에 의한 계산

실제 설계에 있어서 굽힘 모멘트에 의한 축의 강도 및 강성 계산은 기어나 풀리에 의해 축에 걸리는 하중의 크기 및 위치, 축을 지지하고 있는 베어링의 위치 등이 어느 정도 정해져야 가능하므로 설계가 상세 설계 초기 단계에 이르러야 계산할 수 있다.

대부분의 전동축에서는 굽힘 모멘트에 의해 계산된 축 지름이 비틀림 모멘트에 의한 축 지름보다 작으므로 전동 풀리가 축의 끝에 달려 있는 외팔보 형태의 전동축의 경우만 굽힘 모멘트에 의한 강도 및 강성 계산을 해보는 것이 실용적이다.

1) 강도 기준 계산

굽힘 모멘트에 의해 축에 걸리는 굽힘 응력은 다음 식으로 구한다.

$$\text{굽힘 응력 } \sigma = \frac{M}{Z}$$

$$M : \text{축에 걸리는 굽힘 모멘트}(N \cdot mm)$$

$$Z = \frac{\pi d^3}{32} : \text{축의 단면계수(표 3-7 참조)}$$

이 굽힘 응력은 재료의 허용 굽힘 응력보다 작아야 하므로 필요한 축의 최소 지름은 다음 식으로 구할 수 있다.

$$\text{최소 축 지름 } d = \sqrt[3]{\frac{32M \cdot f_s}{\pi \sigma_a}}(mm)$$

σ_a : 축 재료의 허용 굽힘 응력(표 3-5 참조)

f_s : 안전계수. 사용 환경에 따라 주는 안전율로 축이 파괴되었을 때 피해가 크거나 사용 환경이 열악하여 외부 충격이 크거나 부하의 변동이 심하여 파괴될 확률이 높을수록 큰 값을 채택한다.

2) 강성 기준 계산

굽힘 모멘트에 의한 축의 처짐량 δ는 다음 식으로 구한다.

$$\delta = \frac{Fl^3}{kEI}(mm)$$

F : 축에 걸리는 하중, l : 축의 길이

k : 축의 양끝 지지 방식에 따른 정수

① 고정 – 고정 : k = 192   ② 고정 – 지지 : k = 91.6

③ 고정 – 자유 : k = 3   ④ 지지 – 지지 : k = 48

E : 축 재료의 종탄성 계수, I : 단면 2차 모멘트 $= \frac{\pi d^4}{64}$

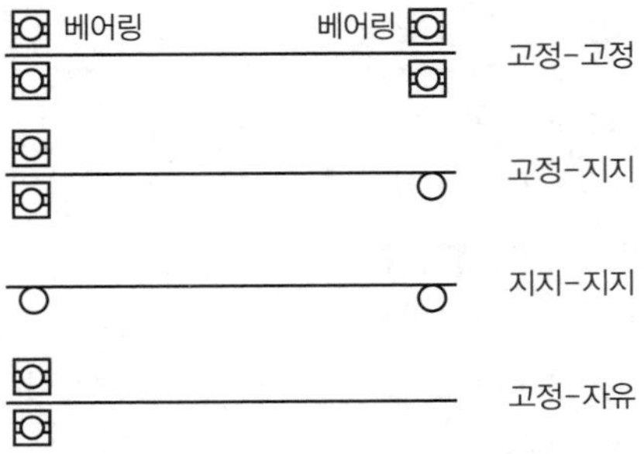

그림 3-3 축의 지지 방식

이 처짐량의 허용값은 축이 사용되는 기계의 종류와 정밀도 기준, 소음 및 진동 기준, 하중의 종류에 따라 다르며 제품에 따라서는 기업마다의 고유 기준이 있다.

전동축의 처짐량 허용값은 아래와 같다.

표 3-4 처짐량 허용값

일반 전동축	균등 분포 하중	$\delta \leq 0.3mm$
	중앙 집중 하중	$\delta \leq 0.33mm$
터빈축	원통형	$\delta \leq 0.026 \sim 0.128mm$
	원판형	$\delta \leq 0.128 \sim 0.165mm$
기어 있는 전동축		$\theta \leq 0.001$ rad./m

따라서 필요한 최소 축 지름은 다음 식으로 구할 수 있다.

$$축 지름\ d = \sqrt[4]{\frac{64F \cdot f_s \cdot l^3}{\pi k E \delta_a}}(mm)$$

δ_a : 처짐량 허용값

f_s : 안전계수. 강성에 대한 안전율은 강도에 대한 안전율과는 개념이 다르므로 같은 값을 취할 필요는 없다. 진동 소음이 일시적으로 커지거나 정밀도가 일시적으로 나빠져도 감당하기 어려운 큰 피해를 입는 것은 아니므로 안전율을 크게 잡을 필요가 없다.

축의 허용 처짐량이 처짐 각도로 규정되어 있는 경우는 다음 식으로 구한다.

$$축 지름\ d = \sqrt[4]{\frac{64F \cdot f_s \cdot l^2}{\pi k E \theta}}(mm)$$

한편 축에 비틀림 모멘트와 굽힘 모멘트가 동시에 걸리는 경우에는 아래와 같이 상당 모멘트를 구해 위의 공식에 적용한다.

- 상당 굽힘 모멘트

$$M_e = \frac{M + \sqrt{M^2 + T^2}}{2}$$

- 상당 비틀림 모멘트

$$T_e = \sqrt{M^2 + T^2}$$

3. 좌굴에 의한 계산

축 방향 하중을 받으면서 회전하는 가늘고 긴 축은 좌굴(buckling)이 일어날 가능성이 크므로 반드시 좌굴 강도에 의한 축 지름 계산이 필요하다.

좌굴을 일으키기 시작하는 축 방향 하중은 오일러(Euler)의 공식에 의해 다음과 같이 구한다.

$$F_{cr} = \frac{n\pi^2 EI}{l^2} N$$

n : 축의 고정 방법에 따른 계수

① 고정-고정 : n = 4   ② 고정-지지 : n = 2.046

③ 고정-자유 : n = 0.25   ④ 지지-지지 : n = 1

(단 여기서의 고정, 지지의 의미는 굽힘 강성에서와는 다름)

l : 축의 길이

E : 종탄성 계수(강의 경우 206GPa)

I : 최소 단면 2차 모멘트

N : 축의 회전수(rpm)

	지지-지지	고정-고정	고정-지지	고정-자유
n	1.0	4.0	2.046	0.25
좌굴 형태				

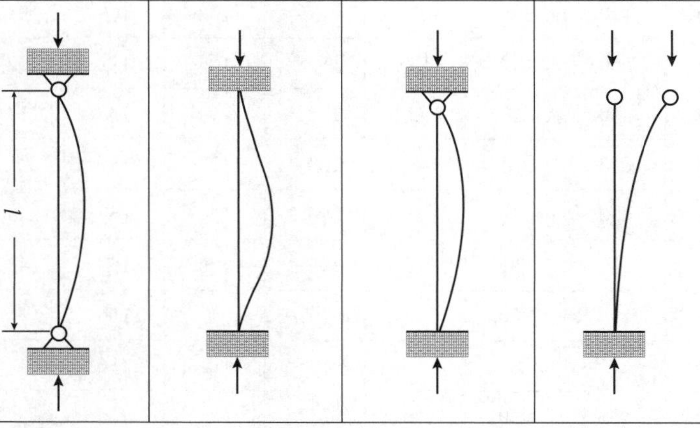

그림 3-4 축의 고정 방법

따라서 축 방향 하중 F가 걸리는 경우 좌굴을 피하기 위한 축의 최소 지름 d는 다음 식으로 구할 수 있다.

$$d = \sqrt[4]{\frac{64F \cdot f_s \cdot l^2}{n\pi^3 E}}$$

한편 전동축에 주로 사용되는 재료에는 기계구조용 탄소강(SMxxC)과 기계구조용 합금강(SCr, SCM, SNC, SNCM)이 있다. 이들 재료의 열처리 종류에 따른 최대 인장 강도 및 허용 응력을 표 3-5에 보인다.

전동축용 재료는 필요한 강도와 인성을 얻기 위해 담금과 뜨임을 해서 사용하는데, 이때 중요한 요소가 담금 직경이다. 표 3-5 중 임의의 재료(예 : SCr440)를 하나 선택한 후 이 재료의 허용 전단응력(185MPa)이나 허용 굽힘 응력(348MPa)을 강도 계산식에 넣어 계산한 직경 d 값이 그 재료의 담금 직경(66mm)보다 크게 나오면(예 : 85mm) SCr440을 사용할 수 없으며 담금 직경이 107mm인 SCM440을 선택해야 한다. 반대로 21.6m보다 작게 나오면(예 : 15mm) SM40C의 값을 넣어 다시 계산해 본다.

참고로 재료의 가격은 SMxxC, SCrxxx, SCMxxx, SNCxxx, SNCMxxx의 순서로 비싸지므로 인장 강도와 담금 직경이 큰 것을 무조건 선택하면 안 된다.

표 3-5 주요 축 재료의 허용 응력

재료		최대 인장 강도(MPa)		허용 인장/ 압축 응력 (인장 강도×0.25)		허용 전단 응력 (허용 인장 응력 ×0.8)		허용 굽힘 응력 (허용 인장 응력 ×1.5)		담금 직경 (mm)
		불림	QT							
SM	10C	310		77.5		62		116		21.6
	25C	440		110		88		165		
	30C	470	540	117.5	135	94	108	176.2	202.5	
	35C	510	540	127.5	135	102	108	191.2	202.5	
	40C	540	610	135	152.5	108	122	202.5	228.7	
	45C	570	690	142.5	172.5	114	138	213.7	258.7	
	50C	610	735	152.5	183.7	122	147	228.7	275.6	
	55C	650	785	162.5	196.2	130	157	243.7	294.4	
	58C	650	785	162.5	196.2	130	157	243.7	294.4	
SCr	415		780		195		156		292	66
	430		780		195		156		292	
	440		930		232		185		348	
	445		980		245		196		367	

표 3-5 주요 축 재료의 허용 응력(계속)

재료		최대 인장 강도(MPa)		허용 인장/ 압축 응력 (인장 강도×0.25)		허용 전단 응력 (허용 인장 응력 ×0.8)		허용 굽힘 응력 (허용 인장 응력 ×1.5)		담금 직경 (mm)
		불림	QT							
SCM	415		830	207		165		310		107
	430		830	207		165		310		
	440		980	245		196		367		
	445		1,030	257		205		385		
SNC	236		740	185		148		277		120
	415		780	195		156		292		
	631		830	207		165		310		
	815		980	245		196		367		
	836		930	233		186		349		
SNCM	220		830	207		165		310		224
	415		880	220		176		330		
	431		830	207		165		310		
	447		1,030	257		205		385		
	630		1,080	270		216		405		
	646		1,180	295		236		442		
	815		1,080	270		216		405		
SACM	645		830	207		165		310		

QT : Quenching & Tempering(담금과 뜨임)

4. 위험 속도에 의한 계산

회전하는 축이 어떤 속도에 도달하면 진동이 급격히 커지는 일이 생긴다. 비틀림 변형이나 굽힘 변형이 발생하면 탄성축의 복원력이 생기고, 이것이 운동에너지로 되며 서로 변형을 반복하는 진동 현상으로 된다. 축의 회전 속도가 축의 고유 진동수에 가까워지면 진폭이 증가하며 고유 진동수와 일치하면 진폭이 탄성 한계를 벗어나 파손된다. 이때의 속도를 **위험 속도**라 한다. 비틀림 위험 속도와 굽힘 위험 속도가 있다.

한편 이러한 변형의 원인으로는 질량의 불균형, 축의 히스테리시스 감쇠, 회전력의 변동 등을 들 수 있다.

① 고유진동 : 외부로부터 힘을 받지 않아도 진동을 일으키는 현상
② 공진 : 물체가 가진 고유 진동수와 같은 진동을 외부로부터 받으면 크게 진동하는 현상. 부품의
　고유 진동수는 다음 식으로 구한다.

$$\text{고유 진동수(Hz)} \ f_m = \frac{1}{2\pi}\sqrt{\frac{k}{m}}$$

　k : 스프링 정수(N/m), m : 질량(kg)

따라서 고유 진동수를 올리려면 부품의 강성을 크게 하고 질량을 낮춰야 한다.
　그림 3-5와 같은 형태로 회전하고 있는 축의 위험 속도는 다음과 같이 구할 수 있다.

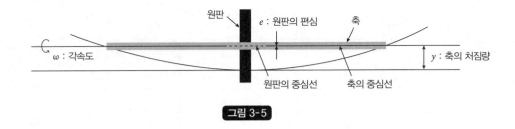

그림 3-5

　그림 3-5에서 원심력 $F = m\omega^2(y + e) = ky$라 놓으면

$$y = \frac{m\omega^2 e}{k} - m\omega^2 = \frac{e}{\frac{k}{m\omega^2}-1} \text{로 되며}$$

$$e \neq 0, \ k = m\omega^2 \text{일 때, } y = \infty \text{이므로 파괴된다.}$$

그러므로 위험 각속도는 $k = m\omega^2$로부터

$$\omega_c = \sqrt{\frac{k}{m}} \text{ 로 된다.}$$

원판의 자중 $W = mg$, W에 의한 처짐량을 y라 하면

$$W = ky \text{이므로 } m = W/g = ky/g$$

$$\omega_c = \sqrt{\frac{k}{ky/g}} = \sqrt{\frac{g}{y}} \text{ 로 된다.}$$

축의 처짐량 $y = \dfrac{Wl^3}{\lambda EI}$ 이므로

$$\omega_c = \sqrt{\frac{g\lambda EI}{Wl^3}} = \sqrt{\frac{\lambda EI}{ml^3}} \text{ 로 된다.}$$

따라서 위험 속도 $N_{cr} = \dfrac{60}{2\pi}\omega_c = \dfrac{60}{2\pi}\sqrt{\dfrac{\lambda EI}{ml^3}}$ 로 된다.

하지만 실제 설계에 있어서 축의 허용 회전수는 위험 속도의 80% 정도로 하는 것이 좋다.

E : 종탄성 계수, I : 단면 2차 모멘트 $= \dfrac{\pi d^4}{64}$

m : 질량(kg), l : 축의 길이, g : 중력 가속도

λ : 축의 양끝 지지 방식에 따른 정수

표 3-6　지지 방식에 따른 λ값

	집중하중	분포하중
지지－지지	48	97.4
고정－고정	192	501
고정－지지	91.6	238
고정－자유	3	12.4

볼 스크루(ballscrew)의 위험 속도는 분포하중으로 해석한다. 베어링에 의한 지지는 고정으로 본다.

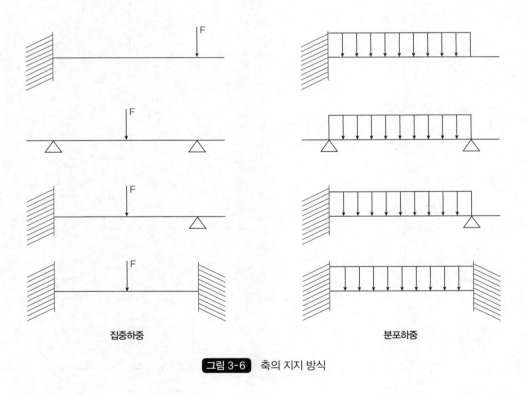

집중하중　　　　　　　　　　　분포하중

그림 3-6　축의 지지 방식

표 3-7 단면 형상별 단면 2차 모멘트와 단면계수

단면 형상	단면적 A	중심거리 e	단면 2차 모멘트(I)	단면계수 $Z = \dfrac{I}{e}$
	a^2	a	$\dfrac{a^4}{3}$	$\dfrac{a^3}{3}$
	$a^2 - b^2$	$\dfrac{a}{2}$	$\dfrac{a^4 - b^4}{12}$	$\dfrac{a^4 - b^4}{6a}$
	bd	$\dfrac{d}{2}$	$\dfrac{bd^3}{12}$	$\dfrac{bd^2}{6}$
	$bd - hk$	$\dfrac{d}{2}$	$\dfrac{bd^3 - hk^3}{12}$	$\dfrac{bd^3 - hk^3}{6d}$
	$\dfrac{bd}{2}$	$\dfrac{2d}{3}$	$\dfrac{bd^3}{36}$	$\dfrac{bd^2}{24}$
	$\dfrac{bd}{2}$	d	$\dfrac{bd^3}{12}$	$\dfrac{bd^2}{12}$
	$\dfrac{3}{2}d^2 \tan 30°$	$\dfrac{d}{2}$	$0.6d^4$	$1.2d^3$
	$\dfrac{3}{2}d^2 \tan 30°$	$0.577d$	$0.6d^4$	$0.104d^3$
	$\dfrac{\pi d^2}{4}$	$\dfrac{d}{2}$	$\dfrac{\pi d^4}{64}$	$\dfrac{\pi d^3}{32}$
	$\dfrac{\pi(D^2 - d^2)}{4}$	$\dfrac{D}{2}$	$\dfrac{\pi(D^4 - d^4)}{64}$	$\dfrac{\pi(D^4 - d^4)}{32D}$

표 3-7 단면 형상별 단면 2차 모멘트와 단면계수(계속)

단면 형상	단면적 A	중심거리 e	단면 2모멘트(I)	단면계수 $Z = \dfrac{I}{e}$
	πab	a	$\dfrac{\pi a^3 b}{4}$	$\dfrac{\pi a^2 b}{4}$
	$dt + 2a(s+n)$	$\dfrac{d}{2}$	$\dfrac{1}{12}[bd^3 - \dfrac{1}{4g}(h^4 - I^4)]$	$\dfrac{1}{6d}[bd^3 - \dfrac{1}{4g}(h^4 - I^4)]$

단면극 2차 모멘트 $I_p = 2I$, 극단면 계수 $Z_p = 2Z$

5. 키 홈 있는 축의 보정 지름

축에 키 홈이 있는 경우 키 홈에 의한 집중 응력 등을 고려하여 다음 식과 같이 위에서 정해진 축의 지름을 보정해야 한다.

$$\text{보정 지름 } d_c = d \times e$$

e : 비틀림 강도 비 $e = 1 - 0.2\dfrac{b}{d} - 1.1\dfrac{d}{t}$

b : 키 홈의 폭, d : 키 홈 없는 축 지름, t : 키 홈의 깊이

6. 동하중 계수

하중의 종류에 따라 하중값을 보정하는 계수로 일종의 안전계수로 볼 수 있다.

Cm : 굽힘 계수, Ct : 비틀림 계수

표 3-8 동하중 계수

	회전축		정지축	
	Cm	Ct	Cm	Ct
정하중 또는 적은 변동하중	1.5	1.0	1.0	1.0
변동하중 또는 가벼운 충격하중	1.5~2.0	1.0~1.5	1.5~2.0	1.5~2.0
심한 충격하중	2~3	1.5~3.0	1.5~2.0	1.5~2.0

7. 피로한도

축이 반복 응력을 받는 경우 재료의 피로에 의해 허용 응력보다도 낮은 응력에서 파손된다. 축의 형상, 치수, 표면 조도 등을 고려하여 정해진다.

$$\tau_\omega = \xi_1 \cdot \xi_2 \cdot \tau_{\omega o} / \beta_t$$

$$\sigma_\omega = \frac{1}{f_m f_s} \cdot \frac{\xi_1 \cdot \xi_2}{\beta_b} \sigma_{\omega o}$$

$\tau_\omega, \sigma_\omega$: 피로한도 $\qquad\qquad$ $\tau_{\omega o}, \sigma_{\omega o}$: 허용 응력

ξ_1 : 치수 효과계수 $\qquad\qquad$ ξ_2 : 표면 효과계수

β_t, β_b : 노치계수 $\qquad\qquad$ f_m : 재료의 피로한도에 대한 안전율

f_s : 사용 응력에 대한 안전율

1) 치수 효과계수

대형 축에서는 $0.86 \sim 0.89$ 정도로 하며 축이 굵을수록 표면 응력이 커져 피로한도가 낮아진다.

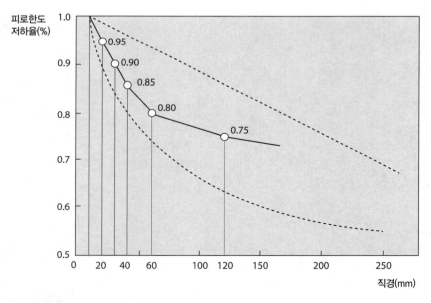

그림 3-7 직경 10mm인 표준 시험편과 실제 설계 치수의 비율에 따른 피로한도 저하율

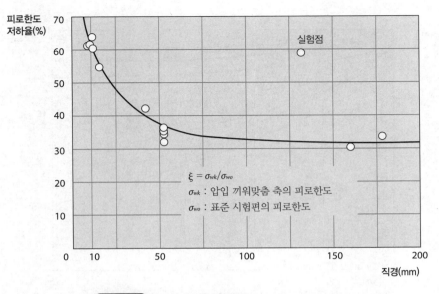

그림 3-8 압입 끼워맞춤에 따른 축의 피로한도 저하율

2) 표면 효과계수

재료의 피로에 의한 크랙의 진전은 표면에 존재하는 미세 크랙에서 시작되므로 축의 피로한도는 표면의 마무리 및 가공상황, 부식 작용 등에 의해 영향을 받는다. 이런 점을 고려하여 표면 가공 방법에 따른 표면 효과계수를 아래와 같이 채택한다.

연삭 가공 : 0.87~0.95

절삭 가공 : 0.7~0.88

흑피 상태(단조, 주강, 주철) : 0.34~0.85

> **참고**
>
> 롤링(rolling), 전조, 숏 피닝(shot peening) 등의 표면 가공 및 표면 경화처리(침탄, 질화, 고주파, 화염 경화)를 하면 재료의 표면이 안정되어 피로 강도가 강해지므로 표면 효과계수를 1로 놓아도 된다.

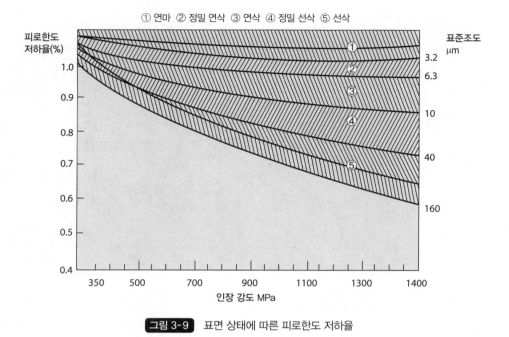

그림 3-9 표면 상태에 따른 피로한도 저하율

3) 노치계수

턱이 있는 축의 코너부, 원주 방향 홈, 나사 이음부, 차축의 보스, 키 홈 등 노치(notch)에 의해 응력 집중이 발생한다.

$$\alpha = \alpha_{max}/\alpha_m$$

α_m : 응력 집중이 없을 때의 평균 응력

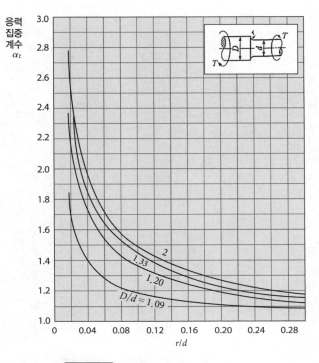

그림 3-10 비틀림에 의한 응력 집중계수

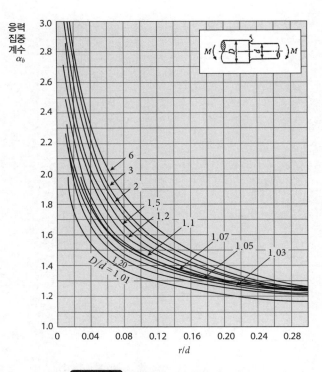

그림 3-11 굽힘에 의한 응력 집중계수

chapter **04**

동력 전달 요소

1 기어

기어(gear)란 순서대로 맞물리는 이(tooth)에 의해 운동을 전달하는 기계 요소를 말한다. 기어에 의한 동력 전달의 특징은 다음과 같다.

1. 특징

① 확실하게 미끄럼 없이 속도비와 동력을 전달할 수 있다.
② 저속에서 고속까지 사용 가능하다.
③ 시계, 다이얼 게이지용 기어부터 선박용 기어까지 전달 동력의 범위가 넓다.
④ 축간거리가 크지 않다.
⑤ 백래시(backlash)가 있다.
⑥ 진동 소음이 나기 쉽다. 특히 고속에서 문제가 된다.
⑦ 장치가 복잡하고 고정밀 가공 및 조립이 필요하고 윤활이 필요하다.
⑧ 가공이 어렵다 : 전용기를 사용하므로 가격이 비싸다.
⑨ 강도 계산이 확립되어 있지 않은 것이 많다.

참고

기어는 대부분 같은 경도의 재료로 만들어진 기어끼리의 맞물림이므로 오래 사용하면 손상이 일어나는데, 기어 손상의 종류는 다음과 같다.
- 마모
- 파괴
- 피팅(pitting) : 치면에서 작은 조각 박리
- 스카핑(scarfing) : 고속 고하중에서 마찰열에 의한 온도 상승으로 유막이 파괴되어 접촉면이 융착되는 현상

2. 기어의 종류와 특징

1) 평행축

기어가 조립된 축끼리 평행을 이룬 상태에서 동력을 전달하는 기어의 종류이며 다음과 같은 것들이 있다. 일반적으로 기어의 전동 효율은 98~99.5% 정도이다.

(1) 평 기어

이의 치근 방향이 축에 평행한 직선인 원통 기어로 축 방향 힘이 걸리지 않는다. 제작이 쉬우므로 정밀도가 높은 기어를 가공할 수 있으며 동력 전달용으로 가장 많이 사용되고 있다.

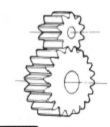

그림 4-1 평 기어(spur gear)*

(2) 헬리컬 기어

치근이 축 방향에 대해 비스듬히 기울어져 있는 원통 기어로 맞물림률이 향상되어 맞물림이 원활하므로 평 기어에 비해 진동 및 소음이 작으며 강도가 강하다. 전동 효율은 조금 떨어지며 비틀림각도에 의해 축 방향으로도 힘이 걸린다. 한 쌍의 기어는 비틀림각은 같지만 비틀림 방향은 반대이다.

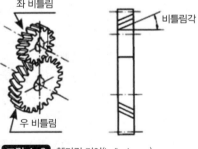

좌 비틀림

비틀림각

우 비틀림

그림 4-2 헬리컬 기어(helical gear)

(3) 더블 헬리컬 기어

축 방향 힘을 상쇄시키기 위해 헬리컬 기어를 좌우 대칭으로 합친 기어를 말한다.

* 기어 관련 모든 그림 자료는 KHK Gear Co.의 자료를 참조함

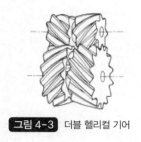

그림 4-3 더블 헬리컬 기어

(4) 랙과 헬리컬 랙

평 기어 또는 헬리컬 기어와 맞물리며 치근이 직선 또는 비스듬한 기어로 기어의 피치원지름이 무한대인 기어로 회전 운동을 직선 운동으로 바꾸거나 그 반대의 경우에 사용한다.

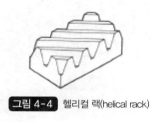

그림 4-4 헬리컬 랙(helical rack)

(5) 내측 기어

평 기어와 맞물리며 원통 내측에 이가 만들어진 기어이며 주로 유성 기어 장치와 기어 커플링, 클러치 등에 쓰인다. 원뿔형 내측 기어인 경우 상대 기어는 베벨 기어이다. 외측 기어 물림에서는 회전 방향이 반대이지만 내측 기어에서는 같으며 작은 기어로 큰 기어를 돌리는 것이 일반적이다. 큰 기어와 작은 기어의 잇수 차이에 제한이 있다. 보다 적은 공간으로도 큰 감속이 가능하다.

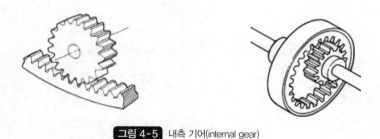

그림 4-5 내측 기어(internal gear)

2) 한 점 교차축

두 전동축의 중심이 어느 한 점에서 만나는 경우에 사용되는 기어의 종류이며 다음과 같은 것들이 있다. 기어 전동 효율은 98~99% 정도가 일반적이다.

(1) 스트레이트 베벨 기어

만나는 2축 사이의 운동을 전달하는 원추형 기어로 원추면을 피치면으로 하여 원추에 맞추어 이를 가공한 것으로 치근의 형태에 따라 스트레이트, 스파이럴, 제롤 베벨의 세 가지가 있다.

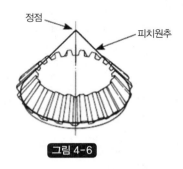

정점   피치원추

그림 4-6

2축의 각도는 자유롭게 설정 가능하지만, 직각이 보통이며 치근이 원추의 정점을 향하여 직선인 베벨 기어로 비교적 제작이 쉬워 동력 전달용 베벨 기어로 가장 많이 사용되고 있다. 1 : 5 정도까지 감속할 수 있으며 자동차 차동 장치에 많이 쓰인다.

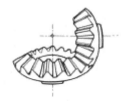

그림 4-7 스트레이트 베벨 기어(straight bevel gear)

(2) 스파이럴 베벨 기어

치근이 곡선이며 비틀림각을 가진 베벨 기어로 제작이 어렵지만 이끼리 닿는 면적이 크므로 강하고 조용하며 전동 효율도 좋은 기어이다. 고부하 고속 운전에 알맞아 자동차, 트랙터, 선박 등의 최종 감속 장치에 잘 쓰인다.

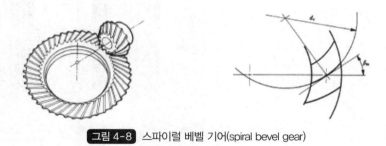

그림 4-8 스파이럴 베벨 기어(spiral bevel gear)

(3) 제롤 베벨 기어

비틀림각이 0인 스파이럴 베벨 기어로 그 특징은 스트레이트 베벨 기어와 스파이럴 베벨 기어의 중간이다.

그림 4-9 제롤 베벨 기어(zerol bevel gear)

참고

베벨 기어 종류별로 위에서 본 그림

| 스트레이트 베벨 기어 | 제롤 베벨 기어 | 스파이럴 베벨 기어 |

(4) 마이터 기어

직교하고 있는 2축의 기어 잇수가 같은 베벨 기어를 마이터(miter) 기어라 한다. 전달 방향만 바꾸고자 할 때 잘 쓰인다.

그림 4-10 마이터 기어(miter gear)

베벨 기어의 맞물림 형상은 다음 그림과 같이 그려진다.

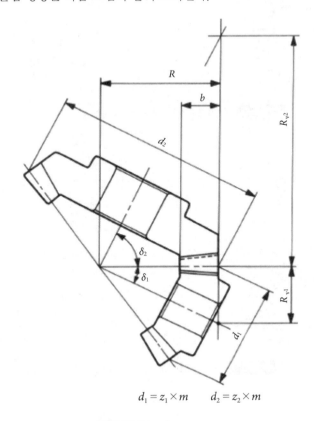

$$d_1 = z_1 \times m \qquad d_2 = z_2 \times m$$

그림 4-11 베벨 기어의 맞물림

(5) 페이스 기어

평 기어나 헬리컬 기어와 맞물리는 원반형 기어를 말하며
직교축 또는 엇갈리는 축에 사용된다.

그림 4-12 페이스 기어(face gear)

3) 엇갈림 축 : 만나지 않고 교차하는 축

두 전동축의 중심이 만나지 않으며 교차하는 경우에 쓰이는 기어의 종류이며, 다음과 같은 것들이 있
다. 기어 전동 효율은 30~95% 정도로 낮은 편이다.

(1) 크로스드 헬리컬 기어(스크루 기어)

헬리컬 기어를 교차하지 않는 엇갈린 축에 사용한 것으로 조용하지만 점 접촉으로 치면 사이의 미끄러짐이 많아 마모되기 쉬우므로 가벼운 부하에 사용되고 있다. 전동 효율은 일반적으로 70~95% 정도이다.

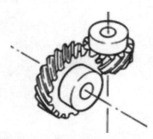

그림 4-13 크로스드 헬리컬 기어(crossed helical gear)

(2) 스큐 베벨 기어

두 축이 만나지 않고 엇갈리는 제롤 베벨 기어와 같다. 치근은 위에서 보면 직선이지만 그 직선은 정점을 지나지 않는다.

그림 4-14 스큐 베벨 기어(skew bevel gear)

(3) 하이포이드 기어

두 축이 만나지 않고 엇갈리는 스파이럴 베벨 기어와 같으며, 하이포이드 기어(hypoid gear)와 하이포이드 피니언(hypoid pinion)으로 구성되어 있으며, 동력 전달은 피니언에서 기어로 전달된다. Gleason Corp.의 상표명이며 Gleason 스파이럴 베벨 기어라고도 불린다.

저소음이며 치근 방향으로 미끄러짐이 많아 발열량이 많으며 효율이 베벨 기어보다 낮지만 웜(worm) 기어와 같이 큰 감속비가 얻어진다. 작은 기어는 + 전위, 큰 기어는 − 전위하여 강도의 균형을 맞춘 것으로 자동차에 주로 사용된다.

Gleason Gear Works에서 독점 생산하고 있다.

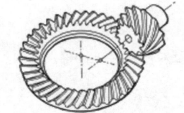

그림 4-15 하이포이드 기어(hypoid gear)

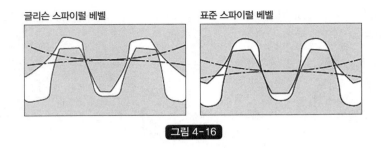

그림 4-16

(4) 웜 기어

소형으로도 큰 감속비를 얻을 수 있으며 맞물림이 원활하여 조용하지만 효율이 낮고 제작이 어려우며 종류로는 원통형과 장고형이 있으며, 장고형이 보다 큰 동력을 전달한다. 역회전할 수 없는 점을 이용하여 역회전 방지 기어장치에 사용되기도 한다.

속도비는 웜 기어의 산 수/웜 휠의 이의 개수로 구해지며 전동 효율은 30~90% 정도이다.

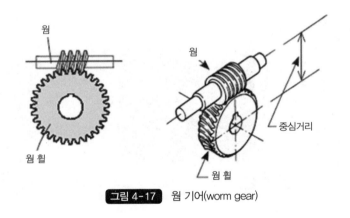

그림 4-17 웜 기어(worm gear)

3. 기어의 정밀도 등급

기어는 이의 가공 상태에 따라 정밀도 등급을 부여한다. 등급 숫자가 작을수록 정밀한 기어이며 기계의 종류에 따라 주로 사용되는 기어의 등급을 아래 표에 보인다.

표 4-1 용도에 따른 분류

	N4 급	N5	N6	N7	N8	N9	N10	N11	N12
기어 검사 기준 기어	○								
계측기용 기어	○	○	○	○	○				
고속 감속기용		○	○						

표 4-1 용도에 따른 분류(계속)

	N4 급	N5	N6	N7	N8	N9	N10	N11	N12
범용 감속기용				○	○	○	○		
증속용		○	○						
항공기용		○	○						
인쇄기계용		○	○	○	○				
철도 차량용		○	○	○	○	○			
공작기계용		○	○	○	○		○		
자동차용			○	○	○				
유공압 기어 펌프용				○	○				
변속기용				○	○	○			
압연기용				○					
기중기용				○	○	○	○		
제지기계용				○	○	○	○		
분쇄기 대형 기어용					○	○	○		
농기계용						○	○		
섬유기계용						○	○		
회전 및 선회용 대형 기어						○	○	○	
수동 기어								○	○
내측기어					○	○	○		
대형 내측기어								○	○

4. 기어 관련 기본 용어

기어의 형상은 상당히 복잡한 모양을 띠고 있으며, 기어의 크기나 형상을 나타내는 용어도 매우 많은 편이다.

1) 이의 크기를 나타내는 방법

(1) m : 모듈

모듈(module)은 기어 이(tooth)의 크기를 나타내는 상수이며 m으로 표기한다. 모듈 m은 $m = d$(기어의 피치원 지름)$/z$(잇수)로 표시되는데, $m = 1$인 기어의 피치원상의 이의 폭은 약 $\pi/2$mm이다.

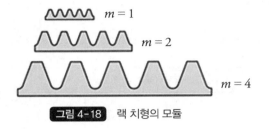

그림 4-18 랙 치형의 모듈

한편 평 기어와 달리 이가 비틀려 있는 헬리컬 기어의 모듈 종류에는 정면(축 직각) 모듈(m_t)과 치 직각 모듈(m_n)의 두 가지가 있으며 아래 그림과 같이 표시된다. 두 가지 모듈 사이의 관계는 $m_t = \dfrac{m_n}{\cos\beta}$으로 표시된다. 평 기어에서 사용되는 m과 같은 의미의 모듈은 m_t이다.

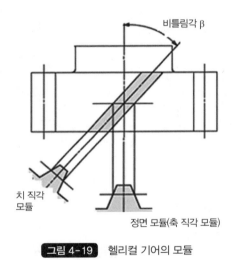

그림 4-19 헬리컬 기어의 모듈

모듈의 종류에는 아래 표와 같은 것들이 있으며 가능한 한 제1계열의 모듈을 사용한다.

표 4-2 기어의 모듈

계열	모듈 종류
1	0.1~0.6, 0.8, 1, 1.25, 1.5, 2, 2.5, 3, 4, 5, 6, 8, 10, 12, 16, 20, 25, 32, 40, 50
2	0.15~0.55, 0.7, 0.75, 0.9, 1.75, 2.25, 2.75, 3.5, 4.5, 5.5, 7, 9, 11, 14, 18, 22, 28, 36, 45
3	0.65, 3.25, 3.75, 6.5

(2) 원주 피치

원주 피치(circular pitch, CP)는 원주상의 피치로 기어의 크기를 나타내는 것으로, CP5, CP10, CP20과 같이 정수 피치로 하는 것이 가능하며, 모듈로 환산하면 CP = πm으로 된다.

(3) 직경 피치

직경 피치(diametral pitch, DP)는 미국과 영국에서 사용되고 있는 기어의 크기 표시 방법으로 직경 1인치마다 몇 개의 이가 있느냐를 의미하며, 모듈로 환산하면 DP = 25.4/m로 된다.

2) 기어 기본 형상

(1) 이의 두께

피치원상의 이의 두께는 아래 식으로 구해진다.

• 평 기어 : S = $(\pi/2 + 2x\tan\alpha) \times m$

  x : 전위계수 α : 압력각

• 랙 기어 : S = $\pi m/2$

(2) 원주 피치 : P = πm

(3) 압력각

치면의 한 점, 일반적으로 피치 점에 있어서 반경선과 치형의 접선이 이루는 각을 말한다. 현재는 20도가 일반적이지만 14.5도인 압력각도 있다.

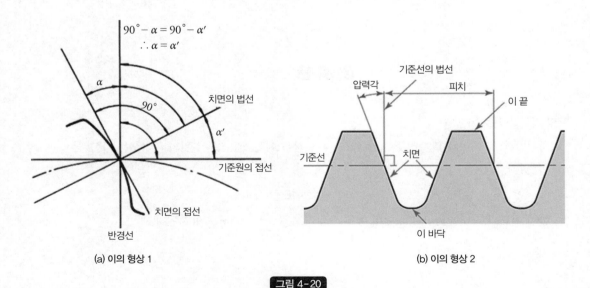

(a) 이의 형상 1   (b) 이의 형상 2

그림 4-20

(4) 인벌류트 곡선

아래 그림과 같이 원통의 외주에 실을 감고 실의 끝(A)에 연필을 붙인 다음 실을 핀으로 B에 고정한 후 실을 풀어 간다. 이때 연필이 그린 곡선이 인벌류트 곡선(involute curve)이며 기어의 치형 곡선이다.

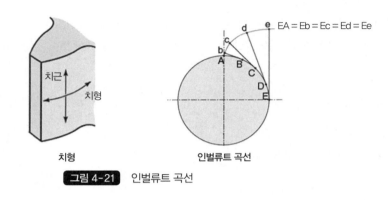

치형   인벌류트 곡선

그림 4-21 인벌류트 곡선

인벌류트 곡선의 특징은 치면이 같은 곡선이므로 중심거리가 다소 달라도 올바르게 맞물리며 치형을 만들기 쉬워 값이 싸며 이 뿌리가 굵어서 좋다. 이끼리 구르면서 맞물려 조용한 동력 전달이 가능하다. 그림 4-22는 원통을 8등분하고 거기에 연필을 붙여 8개의 인벌류트 곡선을 그린 것이다.

그림 4-22 인벌류트

(5) 피치원(기준원) 직경

피치원이란 두 기어가 맞물려 돌아갈 때 만나는 점을 이은 원이며 이 원의 직경 d는 다음 식으로 구할 수 있다.

$$d = 잇수 \times 모듈 = zm$$

한편 이끝원 직경은 $zm + 2m$이며 이뿌리원 직경은 $zm - 2.5m$로 표시된다.

(6) 전위 기어

이의 수가 작게 되면 이를 가공할 때 이뿌리 부분이 파여서 좁아진다. 이것을 언더컷(undercut)이라 한다. 이 언더 컷을 방지하기 위해 전위(profile shifted)라는 방법을 사용하는데, 이것은 중심거리를 조정할 때도 쓰인다. 전위를 해도 이의 전체 높이는 같다.

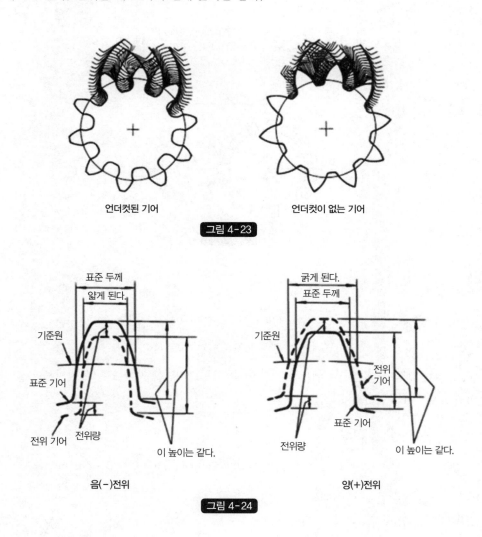

| 언더컷된 기어 | 언더컷이 없는 기어 |

그림 4-23

음(−)전위   양(+)전위

그림 4-24

[전위 기어 계산 예]

$m = 3$, $Z_1 = 10$, $Z_2 = 60$, $\alpha = 20$도

$Z_1 = 10$인 기어가 언더컷되지 않도록 $x_1 = +0.5$의 양(+)전위를 하였다.

① 맞물림 압력각 α'을 구한다.

$$inv\alpha' = 2\tan\alpha\left(\frac{x_1 + x_2}{z_1 + z_2}\right) + inv\alpha = 2\tan20(0.5/70) + 0.0149$$

$$= 0.0052 + 0.0149 = 0.0201$$

$$\alpha' = 22°01'03''$$

$$\text{inv}\alpha = \tan\alpha - \alpha(\text{radian})$$

② 중심거리(축간거리) 수정계수를 구한다.

$$y = \frac{z_1 + z_2}{2}\left(\frac{\cos\alpha}{\cos\alpha'} - 1\right) = \frac{70}{2}\left(\frac{0.93969}{0.92707} - 1\right) = 0.476447$$

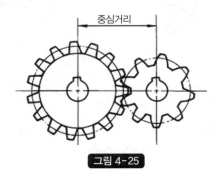

중심거리

그림 4-25

③ 바뀐 중심거리를 구한다.

$$a = \left(\frac{z_1 + z_2}{2} + y\right)m = (70/2 + 0.4764) \times 3 = 106.43\text{mm}$$

원래 중심거리 = 70/2×3 = 105mm

중심거리를 바꿀 수 없는 경우에는 작은 기어를 양(+)전위, 큰 기어를 음(−)전위하되 절댓값을 같게 하면 중심거리는 같아진다.

④ 이끝원 직경 d_a를 구한다.

$$d_a = (z_1 + 2(1 + y - x_2))m = (10 + 2(1 + 0.4764 - 0)) \times 3 = 38.86\text{mm}$$

표준 기어는 기준원끼리 접하도록 맞물리지만 전위 기어는 옆의 그림과 같이 맞물림 피치원이 접하도록 맞물린다. 맞물림 피치원상의 압력각을 맞물림 압력각이라 한다. 잇수 비가 큰 한 쌍의 기어에서는 마모가 빠른 작은 기어 쪽을 양(+)전위하여 이의 두께를 두껍게 하고 큰 기어 쪽은 음(−)전위하여 이 두께를 얇게 하면 서로의 수명을 비슷하게 할 수 있다.

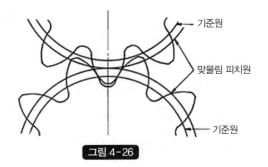

기준원

맞물림 피치원

기준원

그림 4-26

(7) 이 각부의 명칭

기어 이 각 부위의 상세한 명칭은 아래 그림과 같다.

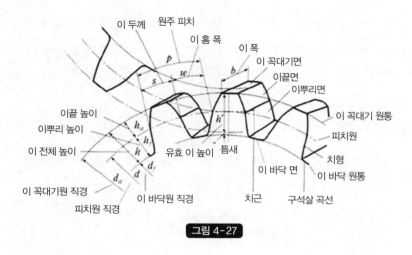

그림 4-27

3) 기어 잇수에 따른 이 형상

기어 이의 형상은 잇수에 따라 아래 그림과 같이 변한다.

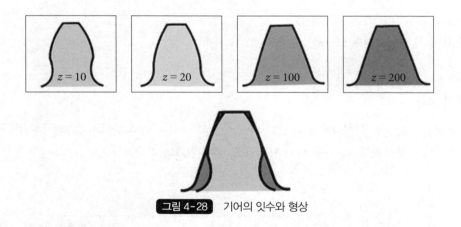

그림 4-28 기어의 잇수와 형상

잇수 10인 기어의 치형은 이의 뿌리가 파여 언더컷이 발생하며, 이를 방지하기 위해서는 작은 기어의 최소 잇수는 17개, 실용적으로는 14개 미만이면 안 된다. 한편 언더컷을 방지하기 위한 방법으로 기어를 전위시키는 방법이 있는데, 이때의 한계 전위계수 x는 다음과 같이 구할 수 있다.

$$h_a - xm \leq r - r_b \, cos\alpha$$

$$x \geq 1 - \frac{z}{2} sin^2\alpha \cong 1 - \frac{z}{17}$$

h_a : 이끝 높이, r : 피치원 반경, r_b : 이뿌리원 반경

한편 감속비에 따라 기어 잇수를 정할 때 정수 배를 피하는 것이 바람직한데, 예를 들면 14/70인 경우 14/69로 조정하여 같은 이끼리 맞물리는 횟수를 줄여 이의 편마모를 방지할 필요가 있다.

4) 이 너비(치폭)

이의 너비(폭)는 표면 상태에 따른 맞물림을 좋게 하기 위해 아래와 같은 조건을 만족시키는 범위에서 정하는 것이 좋다.

정밀 가공(연삭, 셰이빙)하는 경우 : (10 − 20)×모듈 정도
일반 가공(호빙)하는 경우 : 10×모듈 정도

5) 강도 계산

이의 강도에 관해서는 굽힘 강도와 치면 강도 두 가지를 검토하는데, 상세는 "122페이지의 6"항과 "133페이지의 7"항에서 다룬다.
   ① 굽힘 강도 : 루이스(Lewis)식 사용
   ② 면압(치면) 강도 : 허츠(Hertz)식 사용

6) 기어의 윤활

기어는 고체끼리 맞물려 돌아가므로 마찰에 의한 마모를 줄이기 위해 반드시 윤활을 해야 한다. 사용되는 윤활제와 방식 및 그에 따른 허용 원주 속도는 아래 표와 같다.

표 4-3

	평 기어, 베벨 기어 원주 속도	웜 기어의 슬라이딩 속도
그리스 윤활	<7m/s	<5m/s
유욕 윤활	2~15m/s	2~10m/s
강제 유 윤활	12m/s 이상	9m/s 이상

한편 유욕 윤활 시 적절한 유면 높이는 아래 그림과 같다.

기어의 종류	평 기어 및 헬리컬 기어		베벨 기어	웜 기어	
기어의 배치	수평축	수직축	수평축	웜이 위쪽	웜이 아래쪽
유면의 높이 레벨	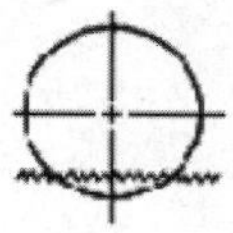 $3h$ $1h$	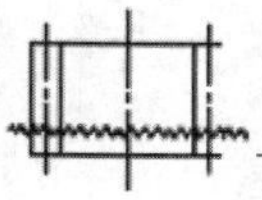 $1h$ $\frac{1}{3}h$	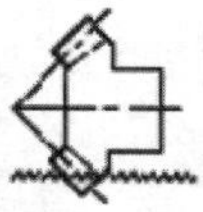 $1b$ $\frac{1}{3}b$	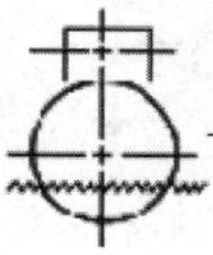 $\frac{1}{3}d_{k2}$	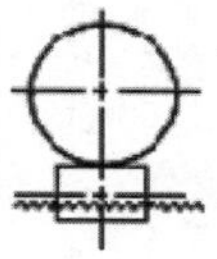 $\frac{1}{2}d_{k1}$ $\frac{1}{4}d_{k1}$

h : 이 높이, b : 이 폭, d_{k1} : 웜의 피차원 지름, d_{k2} : 웜 휠의 피치원 지름

그림 4-29 유욕의 적절한 유면 높이 기준

7) 기어의 소음

① 소음에 영향을 주는 요인
- 이의 접촉이 나쁘다.
- 피치 오차, 치형 오차가 크다.
- 기어축의 전동 토크에 맥동이 있다.
- 치면의 마무리 가공이 나쁘다.
- 중심거리가 너무 작다.
- 회전이 너무 빠르다.

② 소음 대책
- 이에 크라우닝(crowning)을 한다.
- 동시 맞물림 잇수를 많게 한다.
- 기어 박스를 진동이 없게 하거나 진동을 흡수하도록 설계한다.
- 기어 박스 형상을 원형에 가깝게 한다.
- 쇼크 업소버를 붙여 기어 박스의 진동을 흡수한다.
- 이의 모서리를 면취한다.

8) 백래시를 작게 하는 방법

한 쌍의 기어가 부드럽게 무리 없이 회전하려면 백래시(backlash)가 필요한데, 백래시란 이가 맞물릴 때 치면 사이의 틈새이다. 하지만 정역회전이 반복되는 경우에는 이 백래시를 보다 작게 할 필요가 있다.

① 기어를 2개로 분할하는 방법

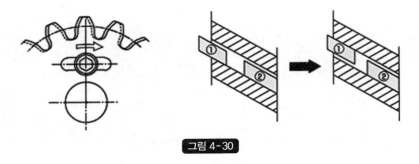

그림 4-30

② 테이퍼 기어

이(teeth)를 연속적으로 전위시켜 원추 모양으로 만든 기어로, 연속적으로 치형 및 이 두께가 변한다. 테이퍼 기어(taper gear, conical gear)를 축 방향으로 이동하면 맞물림 이 두께가 변하므로 백래시 조정 가능하며, 축 방향 이동은 심(shim)으로 한다.

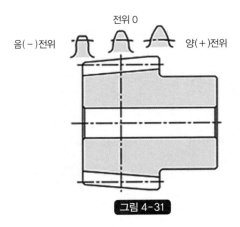

그림 4-31

③ 중심거리 조정

④ 이 두께 감소량이 작은 기어 사용

⑤ 복 리드 웜 기어

좌우 치면의 모듈 크기를 다르게 한 기어를 쓰면 웜의 좌우 치면 피치가 다르게 되므로 이 두께는 연속적으로 변하게 된다. 축 방향 이동은 심(shim)을 사용하여 할 수 있다.

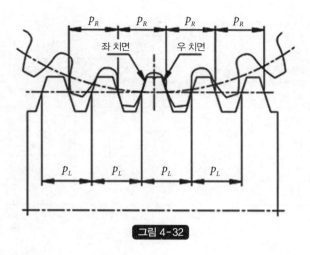

그림 4-32

9) 백래시를 0으로 할 수 있는 기어

외력에 의해 강제적으로 백래시를 0으로 하는 구조이며 유막 파괴가 되지 않도록 윤활에 주의해야 한다. 웜 기어 또는 나사 기어에는 부적합하다.

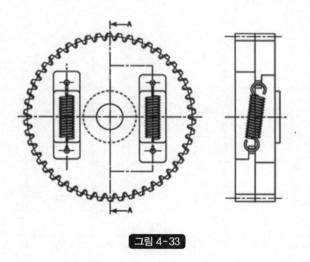

그림 4-33

10) 기어의 조립 정밀도

(1) 중심거리 오차

백래시에 영향을 주며 맞물림률에 변화를 가져온다. 기어의 정밀도 등급별 중심거리 허용 오차는 아래 표와 같다.

표 4-4   단위 : μm

중심거리(mm)		정밀도 등급			
초과	이하	N3,N4	N5,N6	N7,N8	N9,N10
5	20	6	10	16	26
20	50	8	12	20	31
50	125	12	20	32	50
125	280	16	26	40	65
280	560	22	35	55	88

(2) 축의 평행도 오차

치근 방향 이의 접촉에 영향을 주며 백래시가 작게 되거나 소음, 이의 손상 등을 발생시킨다.

표 4-5 축의 평행도 허용 오차

중심거리	이 너비	기어 정밀도 등급					
		N5	N6	N7	N8	N9	N10
5~20 이하	4~10	6	8.5	12	17	24	35
	10~20	7	9.5	14	19	28	39
20~50	4~10	6.5	9	13	18	25	36
	10~20	7	10	14	20	29	40
	20~40	8	11	16	23	32	46
	40~80	9.5	13	19	27	38	54
50~125	4~10	6.5	9.5	13	19	27	38
	10~20	7.5	11	15	21	30	42
	20~40	8.5	12	17	24	34	48
	40~80	10	14	20	28	39	56
125~280	4~10	7	10	14	20	29	40
	10~20	8	11	16	22	32	45
	20~40	9	13	18	25	36	50
	40~80	10	15	21	29	41	58
	80~160	12	17	25	35	49	69

표 4-5 축의 평행도 허용 오차(계속)

중심거리	이 너비	기어 정밀도 등급					
		N5	N6	N7	N8	N9	N10
280~560	10~20	8.5	12	17	24	34	48
	20~40	9.5	13	19	27	38	54
	40~80	11	15	22	31	44	62

5. 기어의 이에 걸리는 힘

한 쌍의 기어가 맞물려 동력을 전달할 때 기어 이에는 힘이 걸리게 된다. 작용하는 힘을 평면적으로 나타내면 아래 그림과 같이 된다.

F_t : 접선 방향 힘, F_r : 반경 방향 힘

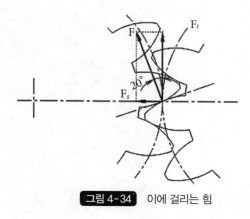

그림 4-34 이에 걸리는 힘

기어의 종류에 따라 작용하는 힘의 방향을 분석하면 아래와 같다.

1) 평 기어

접선력 $F_t = \dfrac{2000T(N \cdot m)}{d(mm)}(N)$

반경 방향력 $F_r = F_t \cdot \tan\alpha$ α : 압력각

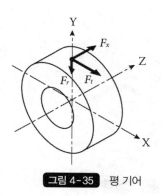

그림 4-35 평 기어

2) 헬리컬 기어

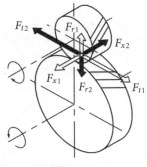

그림 4-36 헬리컬 기어

접선력 $F_t = \dfrac{2000T}{d}$

축 방향력 $F_x = F_t \cdot \tan\beta$　β : 헬릭스 앵글

반경 방향력 $F_r = F_t \dfrac{\tan\alpha_n}{\cos\beta}$　α_n : 치 직각 압력각

3) 스트레이트 베벨 기어

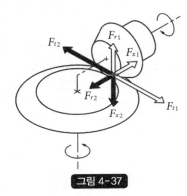

그림 4-37

접선력 $F_t = \dfrac{2000T}{d_m}$　d_m : 중앙 기준원 직경 $= d - b sin\delta$

δ : 큰 기어의 베벨 각/2

축 방향력 $F_x = F_t \cdot \tan\alpha sin\delta$

반경 방향력 $F_r = F_t \cdot \tan\alpha cos\delta$

4) 스파이럴 베벨 기어

공통 : 접선력 $F_t = \dfrac{2000T}{d_m}$

① 볼록 치면 작용 시

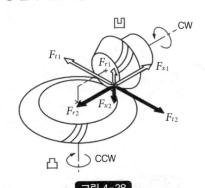

그림 4-38

축 방향력 $F_x = \dfrac{F_t}{\cos\beta_m}(\tan\alpha_n sin\delta - sin\beta_m cos\delta)$

반경 방향력 $F_r = \dfrac{F_t}{\cos\beta_m}(\tan\alpha_n cos\delta - sin\beta_m sin\delta)$

② 오목 치면 작용 시

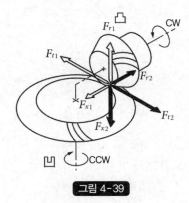

축 방향력 $F_x = \dfrac{F_t}{\cos\beta_m}(\tan\alpha_n\sin\delta + \sin\beta_m\cos\delta)$

반경 방향력 $F_r = \dfrac{F_t}{\cos\beta_m}(\tan\alpha_n\cos\delta - \sin\beta_m\sin\delta)$

그림 4-39

5) 웜 기어

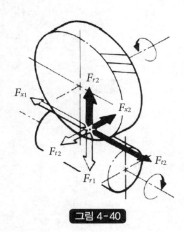

그림 4-40

① 웜

$$F_{t1} = \frac{2000T_1}{d_1}$$

$$F_{x1} = F_{t1}\frac{\cos\alpha_n\cos\upsilon - \mu\sin\upsilon}{\cos\alpha_n\sin\upsilon + \mu\cos\upsilon}$$

$$F_{r1} = F_{t1}\frac{\sin\alpha_n}{\cos\alpha_n\sin\upsilon + \mu\cos\upsilon}$$

υ : 웜의 비틀림각

② 웜 휠

$$F_{t2} = F_{x1}$$

$$F_{x2} = F_{t1}$$

$$F_{r2} = F_{r1}$$

③ 웜 기어의 셀프 로크

웜 휠이 구동 기어일 때 웜의 접선력 F_{t1}은 $F_{t1} = F_n(\cos\alpha_n \sin\gamma - \mu\cos\gamma) -$ 베어링 손실 $-$ 윤활유 교반 손실로 된다(α_n : 치 직각 압력각, γ : 비틀림각).

F_{t1}이 0보다 크게 되면 셀프 로크는 안 된다. 실제는 마찰계수를 정확히 알 수 없고 나머지 손실도 정확히 파악하기 어려우므로 셀프 로크가 되는지 안 되는지를 판단하는 것은 어렵다. γ가 작을수록 셀프 로크 기능은 향상된다.

한편 기어에 걸리는 힘, 회전수, 기대되는 수명 등에 의해 기어의 크기를 결정하게 되는데, 굽힘 강도와 치면 강도 계산을 통하여 기어의 모듈, 폭, 기어의 재료 및 표면 경화 방법 등을 결정한다.

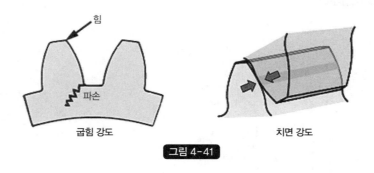

그림 4-41

6. 기어의 굽힘 강도

1) 평 기어 및 헬리컬 기어 : 내측 기어 포함

대상 기어 :
- (m) 모듈 : 1.5~25
- (d_b) 피치원 직경 : 25~3,200mm $= z \times m$ (z : 잇수, m : 모듈)
- (v) 원주 속도 : 25m/sec 이하
- (n) 회전수 : 3,600rpm

맞물림 피치원상의 원주력 F_t는 $F_t(N) = \dfrac{T}{R}$에 의해 구할 수 있다.

토크 $T(Nm) = \dfrac{60P(W)}{2\pi n}$

원주 속도 $\upsilon = \dfrac{\pi d_b n}{60 \times 10^{-3}}(m/\text{sec})$

굽힘 강도 계산에는 루이스식을 이용하고 있다.

$F_t \le F_{ta}$ (F_{ta} : 맞물림 피치원상의 허용 원주력)

$F_{ta} = \sigma_a \dfrac{m \times b}{Y_F Y_\varepsilon Y_\beta} \left(\dfrac{K_L K_{FX}}{K_V K_O} \right) \dfrac{1}{S_F}$

(1) 이 너비 : b

두 기어의 이 너비(mm)가 다른 경우

   ① $b_w - b_s \leq m$일 때는 각각의 이 너비 b_w, b_s를 사용

   ② $b_w - b_s > m$일 때는 b_w는 $b_s + m$으로 대체 사용

(2) 치형계수 : Y_F

압력각 20°, 상당 평 기어 잇수 Z_v와 전위계수 x를 활용하여 그림 4-42로부터 구한다.

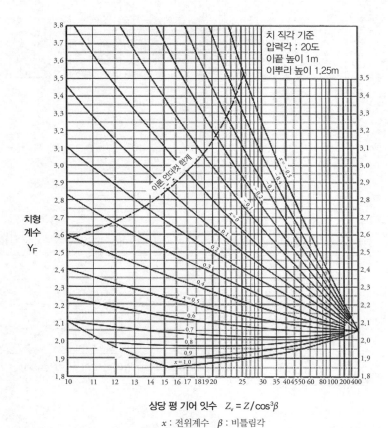

상당 평 기어 잇수 $Z_v = Z/\cos^3\beta$

x : 전위계수 β : 비틀림각

그림 4-42 치형계수

(3) 하중 분포계수 : Y_ε

$$Y_\varepsilon = \frac{1}{\varepsilon_\alpha}$$

정면 맞물림률 ε_α의 역수이며 ε_α는 표 4-6으로부터 구한다. 맞물림률(contact ratio)과 관련하여, 기어가 연속적으로 맞물림을 계속하기 위해서는 $\varepsilon = 1.0$ 이상이어야 한다. 실제로는 1.2 이상이어야 한다. 맞물림률은 일반적으로 1.4~1.8 범위에 있으며 맞물림률이 클수록 이에 걸리는 부하가 낮아지며 소음이 작아진다.

표 4-6 표준 평 기어의 정면 맞물림률 ε_a   ($\alpha_o = 20°$)

	17	20	25	30	35	40	45	50	55	60	65	70	75	80	85	90	95	100	110	120
17	1.514																			
20	1.535	1.557																		
25	1.563	1.584	1.612																	
30	1.584	1.605	1.633	1.654																
35	1.603	1.622	1.649	1.670	1.687															
40	1.614	1.635	1.663	1.684	1.700	1.714														
45	1.625	1.646	1.674	1.695	1.711	1.725	1.736													
50	1.634	1.656	1.683	1.704	1.721	1.734	1.745	1.755												
55	1.642	1.664	1.691	1.712	1.729	1.742	1.753	1.763	1.771											
60	1.649	1.671	1.698	1.719	1.736	1.749	1.760	1.770	1.778	1.785										
65	1.655	1.677	1.704	1.725	1.742	1.755	1.766	1.776	1.784	1.791	1.797									
70	1.661	1.682	1.710	1.731	1.747	1.761	1.772	1.781	1.789	1.796	1.802	1.808								
75	1.666	1.687	1.714	1.735	1.752	1.765	1.777	1.786	1.794	1.801	1.807	1.812	1.817							
80	1.670	1.691	1.719	1.740	1.756	1.770	1.781	1.790	1.798	1.805	1.811	1.817	1.821	1.826						
85	1.674	1.695	1.723	1.743	1.760	1.773	1.785	1.794	1.802	1.809	1.815	1.821	1.825	1.830	1.833					
90	1.677	1.699	1.726	1.747	1.764	1.777	1.788	1.798	1.806	1.813	1.819	1.824	1.829	1.833	1.837	1.840				
95	1.681	1.702	1.729	1.750	1.767	1.780	1.791	1.801	1.809	1.816	1.822	1.827	1.832	1.836	1.840	1.844	1.847			
100	1.683	1.705	1.732	1.753	1.770	1.783	1.794	1.804	1.812	1.819	1.825	1.830	1.835	1.839	1.843	1.846	1.850	1.853		
110	1.688	1.710	1.737	1.758	1.775	1.788	1.799	1.809	1.817	1.824	1.830	1.835	1.840	1.844	1.848	1.852	1.855	1.858	1.863	
120	1.693	1.714	1.742	1.762	1.779	1.792	1.804	1.813	1.821	1.828	1.834	1.840	1.844	1.849	1.852	1.856	1.859	1.862	1.867	1.871
RACK	1.748	1.769	1.797	1.817	1.834	1.847	1.859	1.868	1.876	1.883	1.889	1.894	1.899	1.903	1.907	1.911	1.914	1.917	1.922	1.926

$$\varepsilon_\alpha = \frac{\sqrt{r_{k1}^2 - r_{g1}^2} + \sqrt{r_{k2}^2 - r_{g2}^2} - \alpha\sin\alpha_b}{\pi m \cos\alpha_o}$$

(4) 비틀림각 계수 : Y_β

① $0 \leq \beta \leq 30°$ 일 때 : $Y_\beta = 1 - \dfrac{\beta}{120}$ ② $30° \leq \beta$ 일 때 : $Y_\beta = 0.75$ (β : 헬릭스 앵글)

(5) 수명계수 : K_L

표 4-7 수명계수

반복 횟수	경도 H_B 120~220	경도 H_B 221 이상	침탄, 질화, 기어
10,000 이하	1.4	1.5	1.5
100,000 정도	1.2	1.4	1.5
10^5 정도	1.1	1.1	1.1
10^7 이상	1.0	1.0	1.0

　　　　　　　└주강 기어　　　　　　└고주파 경화 기어의 중심부 경도를 뜻함

반복 횟수 : 부하를 받으면서 맞물린 횟수

(6) 이뿌리 응력에 대한 치수계수 = 1.0 : K_{FX}

(7) 동하중 계수 : K_v

표 4-8 동하중 계수

기어 정밀도 등급		피치원상 원주 속도(m/s)						
치형 비수정	치형 수정	≤1	1~3	3~5	5~8	8~12	12~18	18~25
	1	–	–	1.0	1.0	1.1	1.2	1.3
1	2	–	1.0	1.05	1.1	1.2	1.3	1.5
2	3	1.0	1.1	1.15	1.2	1.3	1.5	
3	4	1.0	1.2	1.3	1.4	1.5		
4	–	1.0	1.3	1.4	1.5			
5	–	1.1	1.4	1.5				
6	–	1.2	1.5					

(8) 과부하 계수 = 실제 원주력 / 호칭 원주력 : K_o

표 4-9 과부하 계수

원동기로부터의 충격	피구동부로부터의 충격		
	균일	중	격심
균일(전동기, 터빈, 유압 모터 등)	1.0	1.25	1.75
가벼운 충격(다기통 기관)	1.25	1.5	2.0
중 정도 충격(단기통 기관)	1.5	1.75	2.25

(9) 이뿌리 굽힘 파손에 대한 안전율 : S_F

여러 요인에 의해 값을 정하기 어렵지만 ≥1.2는 필요

(10) 재료의 허용 이뿌리 굽힘 응력 : σ_a(표 4-35에서 표 4-41 참조)

① 한 방향 하중인 경우 : 인장 피로한도(fatigue limit under pulsating tension) / 응력 집중계수(1.4)

② 좌우 양방향 하중인 경우에는 $\sigma_a \times \dfrac{2}{3}$로 한다. 경도는 이뿌리 중심부의 경도로 한다.

2) 베벨 기어

대상 기어 : (m) 바깥 끝 정면 모듈 : 1.5~25

(d_o) 피치원 직경 : ≤1,600mm(스트레이트 베벨 기어)

≤1,000mm(스파이럴 베벨 기어)

(v) 원주 속도 : 25m/sec 이하

(n) 회전수 : 3,600rpm 이하

허용 원주력

$$F_{tmlim} = 0.85\cos\beta_m\sigma_a mb\left(\frac{R_a - 0.5b}{R_a}\right)\frac{1}{Y_FY_EY_AY_C}\left(\frac{K_LK_{FX}}{K_MK_VK_o}\right)\frac{1}{K_R}$$

β_m : 중앙 비틀림각 m : 바깥 끝 정면 모듈

R_a : 바깥 끝 원뿔 거리 b : 이 너비–다른 경우에는 작은 쪽 사용

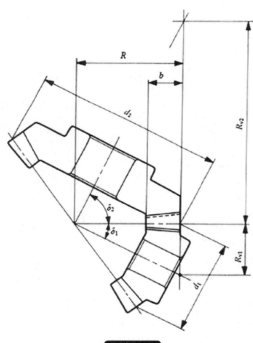

그림 4-43

$$\tan\delta_1 = \sin(\delta_1 + \delta_2)/(Z_2/Z_1 + \cos(\delta_1 + \delta_2))$$
$$\tan\delta_2 = \sin(\delta_1 + \delta_2)/(Z_1/Z_2 + \cos(\delta_1 + \delta_2))$$

(1) 치형계수 Y_F

$$Y_F = cY_{FO}$$

종 전위에 의한 치형계수 : Y_{FO}

횡 전위에 의한 보정계수 : c

Z_v : 상당 평 기어 잇수 $= \dfrac{Z}{\cos\delta_o \cos^3\beta_m}$

δ_o : 기준 원뿔각(δ_1, δ_2)

x : 전위계수 $= \dfrac{h_k - h_{ko}}{m}$

h_k : 바깥 끝 이 높이(전위한 기어)

h_{ko} : 기준 치형의 바깥 끝 이 높이

m : 바깥 끝 정면 모듈

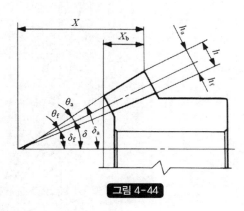

그림 4-44

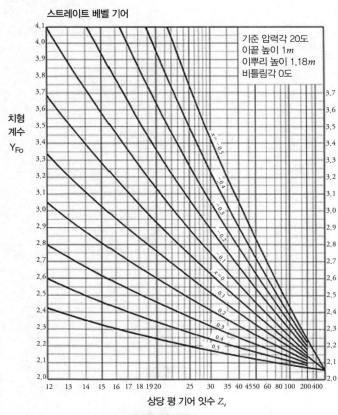

그림 4-45

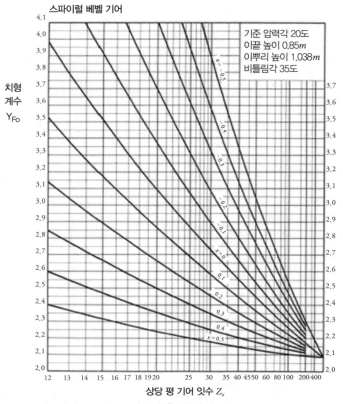

그림 4-46

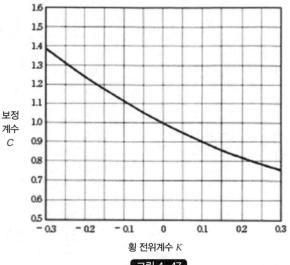

그림 4-47

K : 횡 전위 계수 $= \dfrac{1}{m}(S - 0.5\pi m - \dfrac{2(h_k - h_{ko})\tan\alpha_n}{\cos\beta_m})$

S : 바깥 끝 정면 원호 이 두께(mm)

(2) 하중 분포계수 : Y_ε

$Y_\varepsilon = \dfrac{1}{\varepsilon_\alpha}$ ε_α : 정면 맞물림률

① 스트레이트 베벨 기어 :

$$\varepsilon_\alpha = \frac{\sqrt{R^2_{Vk1} - R^2_{Vg1}} + \sqrt{R^2_{Vk2} - R^2_{Vg2}} - (R_{V1} + R_{V2})\sin\alpha_o}{\pi m \cos\alpha_o}$$

② 스파이럴 베벨 기어 :

$$\varepsilon_\alpha = \frac{\sqrt{R^2_{Vk1} - R^2_{Vg1}} + \sqrt{R^2_{Vk2} - R^2_{Vg2}} - (R_{V1} + R_{V2})\sin\alpha_s}{\pi m \cos\alpha_s}$$

위 식을 사용해서 구할 수 있으나 복잡하므로 아래 표에서 찾아 선정한다.

표 4-10 표준 스트레이트 베벨 기어 정면 맞물림률 $(\Sigma=90°, \alpha_n=20°)$

z_2＼z_1	12	15	16	18	20	25	30	36	40	45	60
12	1.514										
15	1.545	1.572									
16	1.554	1.580	1.588								
18	1.571	1.595	1.602	1.616							
20	1.585	1.608	1.615	1.628	1.640						
25	1.614	1.636	1.643	1.655	1.666	1.689					
30	1.634	1.656	1.663	1.675	1.685	1.707	1.725				
36	1.651	1.674	1.681	1.692	1.703	1.725	1.742	1.758			
40	1.659	1.683	1.689	1.702	1.712	1.734	1.751	1.767	1.775		
45	1.666	1.691	1.698	1.711	1.721	1.743	1.760	1.776	1.785	1.794	
60	1.680	1.707	1.714	1.728	1.739	1.762	1.780	1.796	1.804	1.813	1.833

표 4-11 글리슨 스파이럴 베벨 기어 정면 맞물림률 $(\Sigma=90°, \alpha_n=20°, \beta_m=35°)$

z_2＼z_1	12	15	16	18	20	25	30	36	40	45	60
12	1.221										
15	1.228	1.254									
16	1.227	1.258	1.264								
18	1.225	1.260	1.269	1.280							
20	1.221	1.259	1.269	1.284	1.293						
25	1.214	1.253	1.263	1.282	1.297	1.319					
30	1.209	1.246	1.257	1.276	1.293	1.323	1.338				
36	1.204	1.240	1.251	1.270	1.286	1.319	1.341	1.355			
40	1.202	1.238	1.248	1.266	1.283	1.316	1.340	1.358	1.364		
45	1.201	1.235	1.245	1.263	1.279	1.312	1.336	1.357	1.366	1.373	
60	1.197	1.230	1.239	1.256	1.271	1.303	1.327	1.349	1.361	1.373	1.392

(3) 비틀림각 계수 : Y_β

① $0 \leq \beta \leq 30°$일 때, $Y_\beta = 1 - \dfrac{\beta}{120}$ 　　　　② $30° \leq \beta$일 때 : $Y_\beta = 0.75$(β : 헬릭스 앵글)

(4) 공구 직경 영향계수 : Y_C

표 4-12

종류	공구 직경(치근 길이의)			
	$\propto$	6배	5배	4배
스트레이트 베벨 기어	1.15	–	–	–
스파이럴/제롤 베벨 기어	–	1.0	0.95	0.9

치근 길이 $= b / \cos\beta_m$

　단, 모를 때는 $Y_c = 1$로 한다.

(5) 수명계수 : K_L

표 4-13

반복 횟수	경도 H_B 120~220	경도 H_B 221 이상	침탄, 질화, 기어
10,000 이하	1.4	1.5	1.5
100,000 정도	1.2	1.4	1.5
10^5 정도	1.1	1.1	1.1
10^7 이상	1.0	1.0	1.0

　　　　　　　└ 주강 기어　　　　└ 고주파 경화 기어의 중심부 경도를 뜻함

반복 횟수 : 부하를 받으면서 맞물린 횟수

(6) 이뿌리 응력에 대한 치수계수 : K_{FX}

표 4-14

바깥 끝 정면 모듈 m	표면 경화하지 않은 기어	표면 경화한 기어
1.5~5 이하	1.0	1.0
5~7	0.99	0.98
7~9	0.98	0.96
9~11	0.97	0.94
11~13	0.96	0.92
13~15	0.94	0.90

표 4-14 (계속)

바깥 끝 정면 모듈 m	표면 경화하지 않은 기어	표면 경화한 기어
15~17	0.93	0.88
17~19	0.92	0.86
19~22	0.90	0.83
22~25	0.88	0.80

(7) 치근 하중 분포계수 : K_M

① 스파이럴 베벨, 제롤 베벨, 크라우닝 있는 스트레이트 베벨 기어

표 4-15

축, 기어 박스 등의 강성	모두 양측 지지	한쪽만 편 지지	모두 편 지지
매우 견고	1.2	1.35	1.5
보통	1.4	1.6	1.8
약간 약함	1.55	1.75	2.0

② 크라우닝 없는 스트레이트 베벨

표 4-16

축, 기어 박스 등의 강성	모두 양측 지지	한쪽만 편 지지	모두 편 지지
매우 견고	1.05	1.15	1.35
보통	1.6	1.8	2.1
약간 약함	2.2	2.5	2.8

(8) 동하중 계수 : K_v

표 4-17

기어 정도 등급	피치원상 원주 속도(m/s)						
	≤1	1~3	3~5	5~8	8~12	12~18	18~25
1	1.0	1.1	1.15	1.2	1.3	1.5	1.7
2	1.0	1.2	1.3	1.4	1.5	1.7	
3	1.0	1.3	1.4	1.5	1.7		
4	1.1	1.4	1.5	1.7			

표 4-17 (계속)

기어 정도 등급	피치원상 원주 속도(m/s)						
	≤1	1~3	3~5	5~8	8~12	12~18	18~25
5	1.2	1.5	1.7				
6	1.4	1.7					

(9) 과부하 계수 : K_o

표 4-18

원동기로부터의 충격	피구동부로부터의 충격		
	균일	중	격심
균일(전동기, 터빈, 유압 모터 등)	1.0	1.25	1.75
가벼운 충격(다기통 기관)	1.25	1.5	2.0
중 정도 충격(단기통 기관)	1.5	1.75	2.25

(10) 신뢰도 계수 : K_R

① 일반적인 경우 : 1.2
② 기어의 사용 조건이 명확하여 각 계수가 정확하게 정해져 있는 경우 : 1.0
③ 기어의 사용 조건이 불명한 경우 : 1.4

3) 웜 기어의 굽힘 강도

대상 기어 :

축 방향 모듈 m_a : 1~25

웜 휠의 피치원 직경 $d_{o2} \le 900mm$

미끄럼 속도 $v_s \le 30$m/s, $v_s = \dfrac{d_{o1}n_1}{19100\cos v_o}$

웜 휠 회전수 $n_2 \le 600rpm$

웜 기어에 걸리는 토크 : $T_2 = F_t d_{o2}/2000$

$$T_1 = T_2/i\eta_R$$

$$\eta_R = \frac{\tan v_o(1 - \tan v_o \dfrac{\mu}{\cos\alpha_n})}{\tan v_o + \dfrac{\mu}{\cos\alpha_n}}$$

T_2 : 웜 휠의 공칭 토크(kgf m) T_1 : 웜의 공칭 토크

F_t : 웜 휠의 피치원상의 공칭 원주력(kgf) d_o2 : 웜 휠의 피치원상 직경

i : 잇수 비 = Z_2/Z_ω η_R : 웜 기어의 전동 효율

μ : 마찰계수

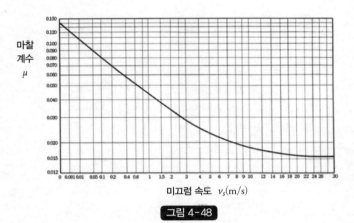

마찰
계수
μ

미끄럼 속도 v_s(m/s)

그림 4-48

① 침탄 경화 후 연삭된 웜과 인청동 웜 휠의 조합인 경우 적용
② 이 이외의 조합인 경우는 위 그림의 값에
  주철과 청동 : 1.15배, 주철과 주철 : 1.33배
  표면처리 강과 알루미늄 : 1.33배
  강과 강 : 2.0배를 곱하기 한다.

7. 기어의 치면 강도 계산

기어 표면은 반복 압축 및 충격 하중에 의한 피로 현상 때문에 표면에 작은 조각이 박리하여 구멍이 생겨 진동 소음이 커지며, 최후에는 부러지게 된다. 이를 방지하려면 필요한 치면 강도를 확보해야 한다.

1) 평 기어, 헬리컬 기어

$F_t \leq F_{tlim}$: 기준 피치원 원주력 ≤ 허용 허츠(Hertz) 응력에 의한 허용 원주력

$\sigma_H \leq \sigma_{Hlim}$: 허츠 응력 ≤ 허용 허츠 응력

치면 강도 계산에는 허츠식을 사용한다.

$$F_{tlim}(kgf) = \sigma^2_{Hlim} d_{o1} b_H \frac{i}{i \pm 1} \left(\frac{K_{HL} Z_L Z_R Z_V Z_W K_{HX}}{Z_H Z_M Z_\epsilon \, Z_\beta} \right)^2 \frac{1}{K_{H\beta} K_V K_O} \times \frac{1}{S^2_H}$$

$$\frac{i}{i \pm 1} : \begin{cases} \text{① 외측 기어 + 외측 기어} : \dfrac{i}{i+1} \\[2mm] \text{② 외측 기어 + 내측 기어} : \dfrac{i}{i-1} \\[2mm] \text{③ 외측 기어 + 랙} : 1 \end{cases}$$

i : 기어 비(Z_2/Z_1) d_{o1} : 작은 기어의 피치원 직경

(1) 유효 이 너비 : b_H

(2) 영역계수 : Z_H

$$Z_H = \sqrt{\frac{2\cos\beta_o\cos\alpha_{bs}}{\cos^2\alpha_s\sin\alpha_{bs}}} = \frac{1}{\cos\alpha_s}\sqrt{\frac{2\cos\beta_o}{\tan\alpha_{bs}}}$$

$\beta_o = \tan^{-1}(\tan\beta\cos\alpha_s)$: 기초 원통 비틀림각

α_{bs} : 정면 맞물림 압력각–인벌류트 함수표에서 구함

$\alpha_s = \tan^{-1}\left(\dfrac{\tan\alpha_n}{\cos\beta}\right)$: 정면 기준 압력각

α_n : 치 직각 압력각

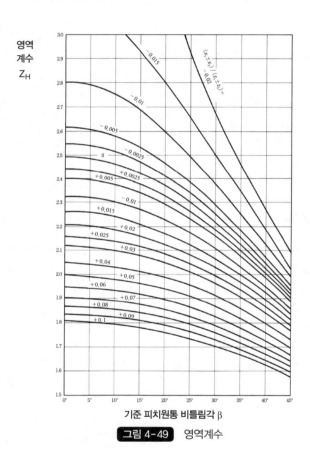

그림 4-49 영역계수

(3) 재료 정수계수 : Z_M

$$Z_M = \sqrt{\frac{1}{\pi\left(\dfrac{1-\nu_1^2}{E_1} + \dfrac{1-\nu_2^2}{E_2}\right)}}$$

ν : 포아송(poison) 비

표 4-19   E : 종탄성 계수(Young 율) (kgf/mm²)

기어 1			기어 2			재료 정수계수
재료	종탄성 계수	포아송 비	재료	종탄성 계수	포아송 비	
구조용 탄소강, 합금강	21,000	0.3	구조용 탄소강, 합금강	21,000	0.3	60.6
			주강	20,500		60.2
			구상흑연주철	17,600		57.9
			회주철	12,000		51.7
주강	20,500	0.3	주강	20,500		59.9
			구상흑연주철	17,600		57.6
			회주철	12,000		51.5
구상흑연주철	17,600	0.3	구상흑연주철	17,600		55.5
			회주철	12,000		50.5
회주철	12,000	0.3	회주철	12,000		45.8

(4) 맞물림률 계수 : Z_ε

① 평 기어 : $Z_\varepsilon = 1$

② 헬리컬 기어 : $\varepsilon_\beta \leq 1$인 경우 $Z_\varepsilon = \sqrt{1 - \varepsilon_\beta + \dfrac{\varepsilon_\beta}{\varepsilon_\alpha}}$

$\varepsilon_\beta > 1$인 경우 $Z_\varepsilon = \sqrt{\dfrac{1}{\varepsilon_\alpha}}$

ε_α : 정면 맞물림률 ε_β : 겹치기 맞물림률 $= \dfrac{b_H \sin\beta}{\pi m_N}$

(5) 치면 강도에 대한 비틀림각 계수 : Z_β

정확하게 규정하는 것이 곤란하므로 1로 한다.

(6) 수명계수 : K_{HL}

표 4-20

반복 횟수	수명계수
10,000 이하	1.5
100,000 전후	1.3
10^6 전후	1.15
10^7 이상	1.0

(7) 윤활계수 : Z_L

사용 윤활유의 50℃에서의 동점도에 기초하여 그림 4-50으로부터 구한다.

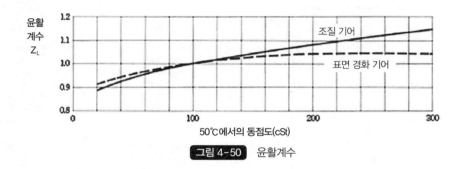

그림 4-50 윤활계수

조질 처리 기어에는 QT 처리 기어 및 불림 처리 기어가 포함된다.

(8) 조도계수 : Z_R

치면의 평균 조도 $R_{maxm}(\mu m)$에 기초하여 그림 4-51로부터 구한다.

$$R_{maxm} = \frac{R_{max1} + R_{max2}}{2} \times \sqrt[3]{\frac{100}{a}} \, \mu m$$

R_{max1} : 기어 1의 치면 조도 R_{max2} : 기어 2의 치면 조도 a : 중심거리

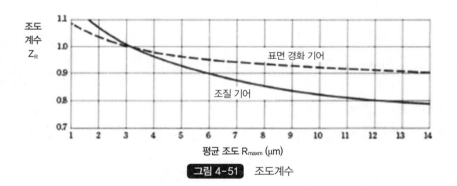

그림 4-51 조도계수

(9) 윤활 속도계수 : Z_V

기준 피치원상의 원주 속도에 기초하여 그림 4-52로부터 구한다.

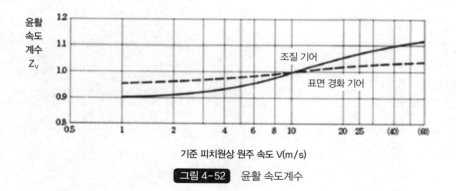

기준 피치원상 원주 속도 V(m/s)

그림 4-52 윤활 속도계수

(10) 경도비 계수 : Z_W

열처리 후 연삭된 작은 기어와 맞물리는 큰 기어에만 적용된다.

$$Z_W = 1.2 - \frac{H_{B2} - 130}{1700}$$

H_{B2} : 큰 기어의 치면 브리넬 경도

$130 \leq H_{B2} \leq 470$일 때 적용하며, 이 외에는 1.0으로 한다.

(11) 치수계수 : K_{HX}

정확히 규정하는 자료 부족으로 1.0으로 한다.

(12) 치근 하중 분포계수 : $K_{H\beta}$

① 부하 시 이의 접촉을 예측할 수 없는 경우 : 기어의 지지 방법, 이 너비와 작은 기어의 피치원 직경 d_{o1}과의 비 $\frac{b}{d_{o1}}$의 값에 의해 아래 표로부터 구한다.

표 4-21 치근 하중 분포계수

$\frac{b}{d_{o1}}$	양측 지지			편측 지지
	양쪽 베어링의 중심	한쪽 베어링에 가깝고 축 강성 대	한쪽 베어링에 가깝고 축 강성 소	
0.2	1.0	1.0	1.1	1.2
0.4	1.0	1.1	1.3	1.45
0.6	1.05	1.2	1.5	1.65
0.8	1.1	1.3	1.7	1.85
1.0	1.2	1.45	1.85	2.0
1.2	1.3	1.6	2.0	2.15
1.4	1.4	1.8	2.1	–

(계속)

표 4-21 치근 하중 분포계수(계속)

$\dfrac{b}{d_{o1}}$	양측 지지			편측 지지
	양쪽 베어링의 중심	한쪽 베어링에 가깝고 축 강성 대	한쪽 베어링에 가깝고 축 강성 소	
1.6	1.5	2.05	2.2	–
1.8	1.8	–	–	–
2.0	2.1	–	–	–

② 부하 시 치 접촉이 좋은 경우 $K_{H\beta} = 1.0 \sim 1.2$

(13) 동 하중 계수 : K_V(표 4-8 참조)

(14) 과부하 계수 : K_o(표 4-9 참조)

(15) 치면 손상에 관한 안전율 : S_H

$S_H \geq 1.15$

(16) σ_{Hlim} : 허용 허츠 응력 : σ_{Hlim}(표 4-35에서 표 4-41 참조)

2) 베벨 기어의 치면 강도

$$F_{tm} \leq F_{tmlim}$$

$$F_{tmlim} = \left(\frac{\sigma_{Hlim}}{Z_m}\right)^2 \frac{d_{o1}}{\cos\delta_{o1}} \frac{R_a - 0.5b}{R_a} b \frac{i^2}{i^2 + 1} \left(\frac{K_{HL}Z_L Z_R Z_V Z_W K_{HX}}{Z_H Z_e Z_\beta}\right)^2 \frac{1}{K_{H\beta} K_V K_o} \frac{1}{C_R^2}$$

(1) 이너비 : b

(2) 영역계수 : Z_H

$$Z_H = \sqrt{\frac{2\cos\beta_o}{\sin\alpha_s \cos\alpha_s}} \qquad \beta_o = \tan^{-1}(\tan\beta_m \cos\alpha_s)$$

β_m : 중앙 비틀림각

α_n : 치 직각 기준 압력각

α_s : 중앙 정면 압력각 $= \tan^{-1}\left(\dfrac{\tan\alpha_n}{\cos\beta_m}\right)$

치 직각 압력각이 20, 22.5 및 25도인 경우의 영역계수는 아래 그림으로 구할 수 있다.

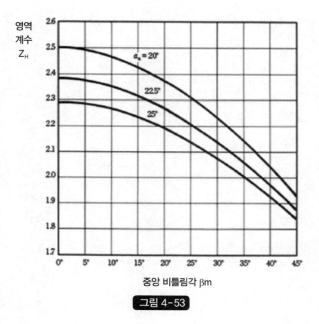

그림 4-53

(3) 재료 정수계수 : Z_m

$$Z_M = \sqrt{\dfrac{1}{\pi\left(\dfrac{1 - v^2_1}{E_1} + \dfrac{1 - v^2_2}{E_2}\right)}}$$

v : 포아송 비

표 4-22

E : 종탄성 계수(Young 율) (kgf/mm²)

기어 1			기어 2			재료 정수 계수
재료	종탄성 계수	포아송 비	재료	종탄성 계수	포아송 비	
구조용 탄소강, 합금강	21,000	0.3	구조용 탄소강, 합금강	21,000	0.3	60.6
			주강	20,500		60.2
			구상흑연주철	17,600		57.9
			회주철	12,000		51.7
주강	20,500	0.3	주강	20,500		59.9
			구상흑연주철	17,600		57.6
			회주철	12,000		51.5
구상흑연주철	17,600	0.3	구상흑연주철	17,600		55.5
			회주철	12,000		50.5
회주철	12,000	0.3	회주철	12,000		45.8

(4) 맞물림률 계수 : Z_ε

스트레이트 베벨 기어 : $Z_\varepsilon = 1$

스파이럴 베벨 기어 : $\varepsilon_\beta \leq 1$인 경우 $Z_\varepsilon = \sqrt{1 - \varepsilon_\beta + \dfrac{\varepsilon_\beta}{\varepsilon_\alpha}}$

$\quad\quad\quad\quad\quad\quad\quad\quad \varepsilon_\beta > 1$인 경우 $Z_\varepsilon = \sqrt{\dfrac{1}{\varepsilon_\alpha}}$

$\quad\quad\quad\quad\quad\quad\quad\quad \varepsilon_\alpha$: 정면 맞물림률

$\quad\quad\quad\quad\quad\quad\quad\quad \varepsilon_\beta$: 겹치기 맞물림률 $= \dfrac{R_a}{R_a - 0.5b} \dfrac{b\sin\beta_m}{\pi m}$

(5) 치면 강도에 대한 비틀림각 계수 : Z_β

정확하게 규정하는 것이 어려우므로 1.0으로 한다.

(6) 수명계수 : K_{HL}

표 4-23

반복 횟수	수명계수
10,000 이하	1.5
100,000 전후	1.3
10^6 전후	1.15
10^7 이상	1.0

(7) 윤활계수 : Z_L

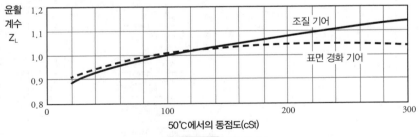

그림 4-54 윤활계수

(8) 조도계수 : Z_R

R_{maxm}에 기초하여 아래 그림으로부터 구한다.

$$R_{maxm} = \frac{R_{max1} + R_{max2}}{2} \times \sqrt[3]{\frac{100}{a}}$$

$$a = R_m(\sin\delta_{01} + \cos\delta_{01})$$

$$R_m = R_\alpha - \frac{b}{2}$$

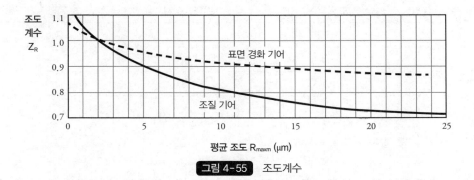

그림 4-55 조도계수

(9) 윤활 속도계수 : Z_V

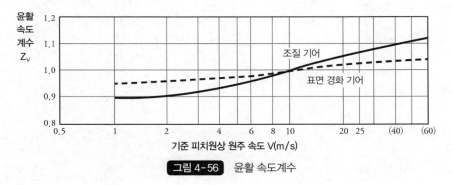

그림 4-56 윤활 속도계수

(10) 경도비 계수 : Z_W

열처리 후 연삭된 작은 기어와 맞물리는 큰 기어에만 적용한다.

$$Z_W = 1.2 - \frac{H_{B2} - 130}{1700}$$

H_{B2} : 큰 기어의 치면 브리넬 경도

$130 \leq H_{B2} \leq 470$일 때 적용하며, 이 외에는 1.0으로 한다.

(11) 치수계수 : K_{HX}

정확히 규정할 수 있는 자료 부족으로 1.0으로 한다.

(12) 치근 하중 분포계수 : $K_{H\beta}$

① 스파이럴 베벨, 제롤 베벨, 크라우닝 있는 스트레이트 베벨 기어

표 4-24

축, 기어 박스 등의 강성	모두 양측 지지	한쪽만 편 지지	모두 편 지지
매우 견고	1.2	1.35	1.5
보통	1.4	1.6	1.8
약간 약함	1.55	1.75	2.0

② 크라우닝 없는 스트레이트 베벨

표 4-25

축, 기어 박스 등의 강성	모두 양측 지지	한쪽만 편 지지	모두 편 지지
매우 견고	1.05	1.15	1.35
보통	1.6	1.8	2.1
약간 약함	2.2	2.5	2.8

(13) 동하중 계수 : K_V

표 4-26

기어 정도 등급	피치원상 원주 속도(m/s)						
	≤1	1~3	3~5	5~8	8~12	12~18	18~25
1	1.0	1.1	1.15	1.2	1.3	1.5	1.7
2	1.0	1.2	1.3	1.4	1.5	1.7	
3	1.0	1.3	1.4	1.5	1.7		
4	1.1	1.4	1.5	1.7			
5	1.2	1.5	1.7				
6	1.4	1.7					

(14) 과부하 계수 : K_O

표 4 - 27

원동기로부터의 충격	피구동부로부터의 충격		
	균일	중	격심
균일(전동기, 터빈, 유압 모터 등)	1.0	1.25	1.75
가벼운 충격(다기통 기관)	1.25	1.5	2.0
중 정도 충격(단기통 기관)	1.5	1.75	2.25

(15) 신뢰도 계수 : $C_R \geq 1.15$

3) 웜 기어의 치면 강도

• 허용 원주력

$$F_{tlim} = 3.82 K_V K_n S_{clim} Z d_{o2}^{0.8} m_a \frac{Z_L Z_M Z_R}{K_C}$$

• 허용 웜 휠 토크(kgf m)

$$T_{2lim} = 0.0019 K_V K_n S_{clim} Z d_{o2}^{1.8} m_a \frac{Z_L Z_M Z_R}{K_C}$$

이것은 충격이 없는 경우 26,000시간을 견디는 원주력 또는 토크의 한계이다. 단, 기동 시 충격 토크가 정격 토크의 2배 이하, 기동 횟수가 1시간에 2회 이하인 경우 무충격으로 본다.

정격 토크 : 원동기가 저역 부하 운전을 하고 있을 때 웜 휠의 토크

위의 조건이 아닌 경우에는 상당 부하를 구하여 기본 부하 용량과 비교한다.

상당 원주력 $F_{te} = F_t K_h K_s$

상당 웜 휠 토크 $T_{2e} = T_2 K_h K_s$

(1) 웜 휠의 이 너비 : b_2

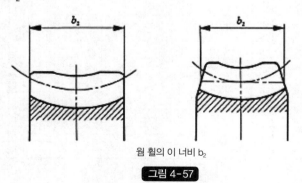

웜 휠의 이 너비 b_2

그림 4-57

$$b_2 \geq b_\omega + 1.5m_a$$

유효 이 너비 $b_\omega = 2m_a\sqrt{Q+1}$

직경계수 $Q = \dfrac{d_{o1}}{m_a}$

d_{o1} : 웜의 기준원 직경

m_a : 축 방향 모듈

m_n : 치 직각 모듈

(2) 영역계수 : Z_H

① $b_2 < 2.3m_a\sqrt{Q+1}$인 경우

$$Z = \dfrac{b_2}{2m_a\sqrt{Q+1}} \times 영역계수\ 기본\ 값$$

② $b_2 \geq 2.3m_a\sqrt{Q+1}$인 경우

$$Z = 1.15 \times 영역계수\ 기본\ 값$$

표 4-28 영역계수 기본 값

Z_w : 웜의 조수

Z_w \ Q	7	7.5	8	8.5	9	9.5	10	11	12	13	14	17	20
1	1.052	1.065	1.084	1.107	1.128	1.137	1.143	1.160	1.202	1.260	1.318	1.402	1.508
2	1.055	1.099	1.144	1.183	1.214	1.223	1.231	1.250	1.280	1.320	1.360	1.447	1.575
3	0.989	1.109	1.209	1.260	1.305	1.333	1.350	1.365	1.393	1.422	1.442	1.532	1.674
4	0.981	1.098	1.204	1.301	1.380	1.428	1.460	1.490	1.515	1.545	1.570	1.666	1.798

(3) 미끄럼 속도계수 : K_V

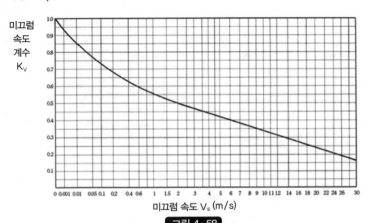

그림 4-58

(4) 회전 속도계수 : K_n

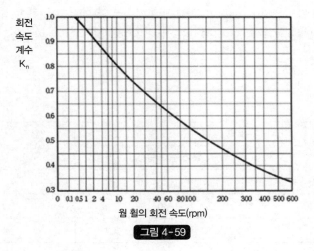

회전
속도
계수
K_n

웜 휠의 회전 속도(rpm)

그림 4-59

(5) 윤활계수 : Z_L

① 일반적인 경우 1.0
② 베어링 윤활에 맞춰 낮은 점도의 윤활유를 사용하는 경우 : <1.0

표 4-29 동점도 추천 값   단위 : cSt/37.8℃

운전 최고 유 온도	시동 시 유 온도	미끄럼 속도(m/sec)		
		2.5 미만	2.5~5 미만	5 이상
0~10도 미만	−10~0도	110~130	110~130	110~130
	≥0도	110~150	110~150	110~150
10~30		200~245	150~200	150~200
30~55		350~510	245~350	200~245
55~80	≥0도	510~780	350~510	245~350
80~100도 미만		900~1,100	510~780	350~510

(6) 윤활 방법계수 : Z_M

표 4-30

미끄럼 속도	<10	10~14	14 이상
유욕 윤활	1.0	0.85	−
강제 윤활	1.0	1.0	1.0

(7) 조도계수 : Z_R

웜 및 웜 휠의 표면 조도가 피팅(pitting) 및 마모에 영향을 주는 것을 고려하여 정해진 계수이지만 정확히 규정하는 자료 부족으로 1.0으로 한다. 단, 치면 조도는 웜 : 3S, 웜 휠 : 12S 이내로 한다.

(8) 치 접촉계수 : K_C

표 4-31

치 접촉 비율		K_c
치근 방향	이 높이 방향	
유효 치근 길이의 50% 이상	유효 이 높이의 40% 이상	1.0
35	30	1.3~1.4
20	20	1.5~1.7

(9) 기동계수 : K_S

기동 시 토크가 정격 토크의 200% 이하인 경우에 대해

표 4-32

1시간 내 기동 횟수	2회 미만	2~5	5~10	10 이상
기동계수	1.0	1.07	1.13	1.18

(10) 시간 계수 : K_h

표 4-33

원동기로부터의 충격	기대수명(시간)	시간계수		
		피동 기계로부터의 충격		
		균일 부하	중 정도	격심한 충격
균일 부하 (전동기, 터빈, 유압 모터)	1,500	0.8	0.9	1.0
	5,000	0.9	1.0	1.25
	26,000	1.0	1.25	1.5
	60,000	1.25	1.5	1.75
가벼운 충격 (다기통 엔진)	1,500	0.9	1.0	1.25
	5,000	1.0	1.25	1.5
	26,000	1.25	1.5	1.75
	60,000	1.5	1.75	2.0

표 4-33 (계속)

원동기로부터의 충격	기대수명(시간)	시간계수		
		피동 기계로부터의 충격		
		균일 부하	중 정도	격심한 충격
중 정도 충격 (단기통 엔진)	1,500	1.0	1.25	1.5
	5,000	1.25	1.5	1.75
	26,000	1.5	1.75	2.0
	60,000	1.75	2.0	2.25

(11) 허용 응력계수 : S_{clim}

표 4-34

웜 휠의 재료	웜의 재료	허용 응력계수	눌어붙음 한계 미끄럼 속도(m / sec)*
인청동 원심 주조	합금강 침탄 경화	1.55	30
	HB400	1.34	20
	HB250	1.12	10
인청동 칠 주물	합금강 침탄 경화	1.27	30
	HB400	1.05	20
	HB250	0.88	10
인청동 사형 주물 또는 단조	합금강 침탄 경화	1.05	30
	HB400	0.84	20
	HB250	0.70	10
알루미늄 청동	합금강 침탄 경화	0.84	20
	HB400	0.67	15
	HB250	0.56	10
황동	합금강 HB400	0.49	8
	HB250	0.42	5
구상흑연주철	웜 휠보다 경도가 높은 구상흑연주철	0.7	5
일반 주철	인청동 주물 또는 단조	0.63	2.5
	웜 휠보다 경도가 높은 일반 주철	0.42	2.5

* 눌어붙음 한계 미끄럼 속도 : 허용 응력계수를 적용하여 얻는 최고 미끄럼 속도를 말한다. 계산된 허용 하중 이하에서 사용하는 경우에도 이 한계를 넘으면 눌어붙을 위험이 있다.

8. 주요 기어 재료의 기계적 성질

1) 표면 경화하지 않은 기어

표 4-35

재료			경도		인장강도 하한 (MPa)	σ_a (허용 굽힘 응력) MPa	σ_{Hlim} (허용 허츠 응력) MPa
			중심부(HB)	치면(Hv)			
주강 기어	SC	37			363	102	333
		49			480	139	363
탄소강 불림 처리	SM	25C	120~180		382	135	407
		35C	150~210		470	165	431
		43C	160~230		500	172	456
		48C	180~230				
		53C	180~250		568	186	480
		58C	180~250				
탄소강 QT 처리	SM	35C	160~240		500	178	500
		43C	200~270		627	216	559
		48C	210~270		666	225	573
		53C	230~290		725	235	598
		58C	230~290				
합금강 QT 처리	SMn	443	220~300		725	255	701
	SNC	836	270~320		853	304	760
	SCM	435	270~320		853	304	760
		440	280~340		882	314	774
	SNCM	439	290~350		911	323	794

2) 고주파 경화된 기어(치면 경도 H_v 550 이상)

표 4-36

재료			경도		인장강도 하한 (MPa)	σ_a (허용 굽힘 응력) MPa	σ_{Hlim} (허용 허츠 응력) MPa
			중심부(HB)	치면(Hv)			
구조용 탄소강	불림	SM 43C	160~220	420~600		206	755

표 4-36 (계속)

재료			경도		인장강도 하한 (MPa)	σ_a (허용 굽힘 응력) MPa	σ_{Hlim} (허용 허츠 응력) MPa
			중심부(HB)	치면(Hv)			
구조용 탄소강	불림	48C	180~240			206	
	조질	SM 43C	200~250	500~680		225	941
		48C	210~250			230	
구조용 합금강	조질	SCM 435	270~320	500~680		304	1,068
		440	240~290			275	
		SMn 443	240~300			275	
		SNC 836	270~320			304	
		SNCM 439	270~310			304	

3) 침탄 경화된 기어

표 4-37

재료		경도		인장강도 하한 (MPa)	σ_a (허용 굽힘 응력) MPa	σ_{Hlim} (허용 허츠 응력) MPa
		중심부(HB)	치면(Hv)			
탄소강 불림	SM15C ~SM15CK	140~190	580~800		178	1,107
합금강 불림	SCM 415	230~320	580~800 (HRC55)		353	비교적 얕은 경우 : 1,284
	420	260~340			420	
	SNCM 420	290~370			441	
	SNC 415	230~320			353	비교적 깊은 경우 : 1,431
	815	280~370			431	

참고 침탄층이 매우 얕은 경우에는 표면 경화하지 않은 불림 또는 QT 처리된 기어의 σ_a를 사용한다.

표 4-38

모듈	1.5	2	3	4	5	6	8	10	15	20
비교적 얕은 깊이	0.2mm	0.2	0.3	0.4	0.5	0.6	0.7	0.9	1.2	1.5
비교적 깊은 깊이	0.3mm	0.3	0.5	0.7	0.8	0.9	1.1	1.4	2.0	2.5

4) 질화 기어[치면 경도 H_v 650 (HRC58) 이상]

표 4-39

재료	경도		인장강도	σ_a (허용 굽힘 응력)	σ_{Hlim} (허용 허츠 응력)
	중심부(HB)	치면(Hv)			
질화강 이외의 구조용 합금강	220~360	650 (HRC58)		294	1,176
질화강 SACM 645	220~300			314	

5) 연질화 기어

(1) 허용 굽힘 응력

연질화 등으로 질화층이 매우 얇은 경우에는 표면 경화하지 않은 기어의 σ_a를 사용한다.

(2) 허용 허츠 응력

질화 시간에 따라 다르다.

- 2시간 — 784MPa
- 4시간 — 882MPa
- 6시간 — 980MPa

참고

표 4-40 일반적인 표면 경화 깊이

방법	깊이(mm)
침탄	0.1~0.23
질화	0.25~0.55
고주파	0.3~0.55
화염	0.3~0.55
레이저	0.1 이하

6) 기타 기어 재료의 기계적 성질

표 4-41

		인장강도 (MPa)	허용 굽힘 응력 (MPa)	경도(HB)	비고
일반 구조 압연강	SS400	400	130		저강도 저가격
주철	GC200 GCD500	200 500	67 167	223 150~230	대량생산 기어 대량주조 기어
스테인리스강	STS303 304	520 520	173 173	187 187	식품 기계
	316	520	173	187	내식용
	420J2 440C	540	180	217 HRC 58	
쾌삭 황동	C3604	335	112	Hv 80	소형 기어
인청동 주물	CAC502	295	98	Hv 80	웜 휠
알루미늄 청동 주물	CAC702	540	180	Hv 120	웜 휠
폴리아미드(MC 나일론)	MC901 602ST	96 96	39	HRR 120	기계 가공 기어
폴리아세탈(듀라콘)	M90	62	21	HRR 80	사출성형 기어

2 ▶ 전동 벨트와 풀리

동력 전달에 있어서 기어 다음으로 많이 사용되는 것이 벨트(belt)인데, 이것은 일반적으로 2개의 풀리와 결합되어 동력을 전달하며 마찰에 의해 동력을 전달하는 평 벨트, V 벨트, V 리브드(ribbed) 벨트 및 맞물림에 의해 동력을 전달하는 이붙이 벨트로 분류한다.

■ 벨트 전동의 장단점
- 장점 : – 구조가 간단하며 값이 싸고 윤활 장치가 필요없다.
  - 조용하며 진동이 작다.
  - 축간거리가 길다.
  - 전동 효율이 높다(96~98%).
  - 높은 전동 능력을 가지며 과부하 시 슬립에 의해 기계를 보호한다.
- 단점 : – 마찰이 낮아지면 미끄러짐이 발생하고 미끄러짐이 발생하면 회전비가 일정하지 않게 된다(정밀 회전 불가).
  - 큰 동력의 전달은 곤란하다.

− 원심력에 의한 마찰력 저하로 속도 제한이 있다.

■ 벨트에 사용되는 재질의 종류와 특징

- 피혁 : 마찰계수가 크며 방열성
- 직물 : 소 마력 고속 전동용
- 고무 : 열 및 기름에 약함
- 강 : 정확한 회전 전달용 및 고온 환경에서 사용. 이음 부는 브레이징(brazing)

■ 풀리의 재질 및 허용 원주 속도(원심력에 의한 파괴 방지)

- 주철 : 20m/sec
- 경합금, 강, 목재 : 30m/sec
- 철심 목재 : 40m/sec
- 종이 : 40~50m/sec

1. 평 벨트

접촉면이 편평한 벨트로 오래전부터 사용되어 왔으며 특징 및 종류는 다음과 같다.

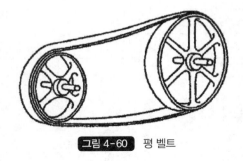

그림 4-60　평 벨트

1) 특징

단위 질량이 작으므로 원심 장력이 작아 고속 운동에 적합하다. 벨트 두께가 얇으므로 작은 풀리 직경에 사용 가능하며 굴곡 손실이 적어 전동 효율이 높다. 양면으로 동력 전달이 가능하며 V 홈 안으로 끌려 들어가지 않으므로 회전이 고르다.

그러나 과도한 미끄러짐이 생기면 벨트가 풀리(pulley)에서 이탈하기 쉽다. 평 벨트의 전동 능력은 벨트의 폭에 비례하며 사용 조건은 아래와 같다.

최대 축간거리 : 10m　　최대 속도비 : 1/6　　최대 원주 속도 : 30m/sec

2) 종류

(1) 필름 코어 평 벨트

늘어나는 양이 적고 굴곡성도 뛰어나 평 벨트 중에서는 전동 용량이 가장 크다. 벨트의 접합이 간단하고 강도도 높으며 보수하기 쉬워 벨트 길이를 자유롭게 선택할 수 있어 가장 일반적으로 사용된다.

(2) 코드 평 벨트

원통 금형을 써서 성형하므로 벨트의 길이에 제약이 많지만 벨트가 얇고 질량도 적으므로 고속 및 정밀 전동에 알맞다.

(3) 적층식 평 벨트

OA 기기 및 ATM 등에 사용되고 있다.

(4) 단일 재료 평 벨트

같은 재료로 구성된 벨트를 말하며 늘어나기 쉬워 축간거리가 고정되어 있는 곳에 팽팽하게 인장되어 쓰이며, 경부하 정밀 반송용으로 사용된다.

3) 벨트 걸기의 종류

평 벨트는 접촉면이 편평하므로 V 벨트와 달리 여러 가지 방법의 걸기가 가능하다.

(1) 평행 걸기

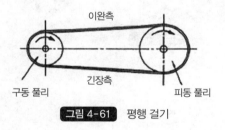

그림 4-61 평행 걸기

(2) 십자 걸기

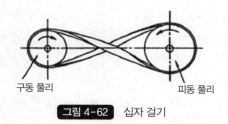

그림 4-62 십자 걸기

(3) X자 걸기

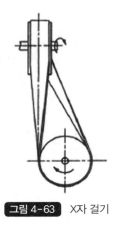

그림 4-63 X자 걸기

2. V 벨트

V 벨트는 풀리와의 접촉면이 V자형이므로 쐐기 효과가 있어 마찰 전동 중에서도 높은 전동 능력을 가지며, 과부하 시 슬립에 의해 기계를 보호한다.

그림 4-64 V 벨트와 풀리

1) V 벨트의 특징

V 벨트로 동력 전달 시 유의 사항은 다음과 같다.

① 속도비는 1 : 7 정도까지 가능하지만 비율이 클수록 큰 풀리의 관성 때문에 모터 동력 선정 시 문제가 되므로 고속 운전 시에는 1 : 2 정도를 넘지 않는 것이 바람직하다.

② 축간거리가 최대 5m까지 길지만, 큰 풀리 직경 < 축간거리 < 큰 풀리 직경 + 작은 풀리 직경 $(D < a < (D + d))$의 조건을 만족시키는 거리가 좋으며, 이 조건을 넘기면 아이들 풀리를 사용하는 것이 바람직하다.

③ 최대 원주 속도는 15m/sec 정도를 넘지 않는 것이 좋다.

④ 벨트에는 항상 장력이 필요하므로 이를 위한 아이들러(idler) 사용 또는 축간거리 조정이 가능한 기구를 설치해야 한다.

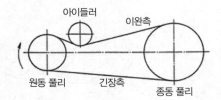

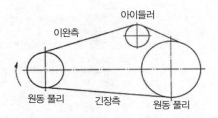

그림 4-65   아이들러 사용 방법

⑤ 벨트를 여러 가닥 거는 경우에는 각 벨트의 장력을 같게 해야 한다.

⑥ 평행축 사이의 동력 전달만 가능하다.

⑦ 무단 변속이 가능하다

⑧ 인장측 장력을 F_1, 이완측 장력을 F_2라 하면 설치 시 벨트에 걸리는 힘인 초기 장력 F_o는 $(F_1 + F_2)/2$이며, 풀리를 돌리는 힘인 유효 장력 F_e는 $F_1 - F_2$이며, 한편 $(F_1 - F_2)/(F_1 + F_2)$가 0.6보다 작으면 벨트와 풀리 사이에서 미끄럼이 발생한다.

⑨ 벨트 전동 시 축에 걸리는 힘 F_s는

$$F_s = (F_1 + F_2)cos\alpha \geq \frac{F_1 - F_2}{0.6}cos\alpha = \frac{F_e}{0.6}cos\alpha \quad F_e = \frac{T}{R}$$이므로

$$F_s = \frac{T}{0.6R}cos\alpha$$로 된다.

T : 전달 토크, R : 풀리의 피치원 반지름

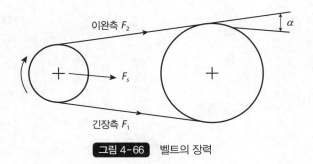

그림 4-66   벨트의 장력

2) V 벨트의 종류

표 4-42 V 벨트의 종류

랩드(wrapped) V 벨트	일반용 랩드 V 벨트
	세폭형 랩드 V 벨트
	박형 랩드 V 벨트
	특수형 랩드 V 벨트
로 엣지(low edge) V 벨트	로 엣지 플레인 V 벨트
	로 엣지 라미네이티드 V 벨트
	로 엣지 코그드(cogged) V 벨트 (자동차용/농업 기계용)
폴리우레탄 V 벨트	폴리우레탄 소형 V 벨트
	폴리우레탄 광각 V 벨트

(1) 일반용(표준형) 랩드 V 벨트

단면의 주위를 고무를 도포한 포로 감싼 구조로 크기는 K, M, A, B, C, D, E형의 일곱 가지가 있으며 E형이 가장 굵다. 단, K·M형은 한 가닥만 사용하는 것을 추천한다. OA 기기, 가전기기 등 경부하부터 공작 기계, 크러셔 등 고부하 전동까지 다양하게 사용 가능하다.

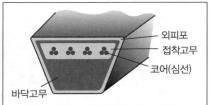

그림 4-67 형상과 구조

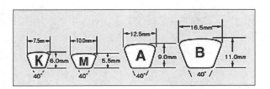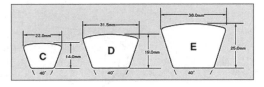

그림 4-68 표준형 랩드 V 벨트의 굵기

(2) 세폭형 랩드 V 벨트

세폭형의 크기는 3V, 5V, 8V 세 가지가 있으며 구조로는 주로 랩드 타입이지만 3VX, 5VX라는 로엣지 코그드 타입도 있다. 표준형 V 벨트의 2배 이상의 전동 용량을 갖고 있으며, 최대 40m/sec의 고속 전동도 가능하다. 따라서 필요 동력 절감 및 최적 설계가 가능하여 대형 펌프, 크러셔, 발전기, 공작 기계, 냉동기 등에 사용되고 있다.

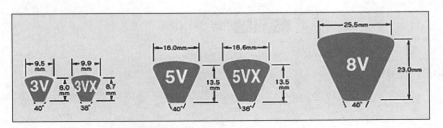

그림 4-69 세폭형 랩드 V 벨트의 굵기

표 4-43 V 벨트의 형별 인장 강도   단위 : kN

형	M	A	B	C	D	E
인장강도/가닥	>1.2 kN	2.4	3.5	5.9	10.8	14.7
형	3V	5V	8V			
인장강도/가닥	2.45	5.39	12.7			

(3) 박형 랩드 V 벨트

표준 벨트에 비해 두께가 얇고 굴곡성이 뛰어나며 배면 인장으로도 사용 가능하다. 농업 기계, 일반 산업(경부하용), 클러치 구동용에 많이 쓰이고 있다.

그림 4-70 박형 랩드 V 벨트

(4) 로 엣지 V 벨트

단면의 상하에 고무를 도포한 포로 덮은 구조로 벨트의 측면은 두꺼운 면포, 심선과 고무로 구성되어 전동 효율이 향상되었으며, 풀리와 접촉하는 고무 부분에는 벨트폭 방향으로 짧은 섬유가 매몰되어 있어 측면압에 의한 내마모에 효과가 있다. 굴곡성이 좋으며 변속 풀리 및 소경 풀리를 사용하는 경우에 선택하면 좋으며 자동차, 농업 기계, 송풍기, 발전기, 에스컬레이터 등에 주로 사용되고 있다.

(a) 로 엣지 코그드 벨트

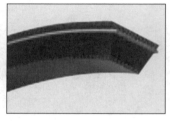

(b) 로 엣지 V 벨트

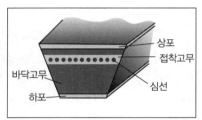

상포
접착고무
바닥고무
심선
하포

(c) 로 엣지 V 벨트 구조

그림 4-71 로 엣지 V 벨트

(5) 폴리우레탄 소형 V 벨트

내마모성이 뛰어나며 고무 분진의 비산이 없어 깨끗한 전동이 가능하여 재봉기, 가전제품 등에 주로 사용되고 있다.

그림 4-72 폴리우레탄 V 벨트

(6) 폴리우레탄 광각 V 벨트

엣지 각도를 40도에서 60도로 넓힌 것으로 쐐기 효과를 감소시켜 벨트 변형을 억제하고 벨트 마모에 의한 장력 저하를 억제한다. 작은 풀리에서도 구동이 가능하며 속도비도 크게 잡을 수 있고 높은 전동 능력을 얻을 수 있다. 공작 기계, 섬유 기계, 목공 기계, 송풍기 등에 사용된다.

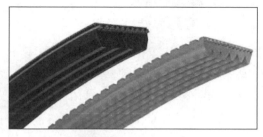

그림 4-73 V 리브드 벨트

(7) V 리브드 벨트

접촉 면적이 큰 평 벨트라고도 불리는데, V 벨트의 높은 전동성과 평 벨트의 유연성을 함께 가진 벨트로 높은 전동 효율과 소경 풀리 사용이 가능하며 고속 운전도 가능하다. PH, PJ, PK, PL, PM형의 다섯 종류가 있으며 건강 기구, 가정 및 업무용 건조기, 인쇄기, 공작 기계, 자동차 등에 사용되고 있다.

(8) 결합 V 벨트(다열 V 벨트)

2개 이상의 V 벨트 배면을 직포로 결합시킨 구조로 벨트의 흔들림을 방지할 목적으로 사용된다.

(9) 6각 벨트

2개의 V 벨트의 배면을 붙인 형태로 AA, BB, CC 형이 쓰이고 있는데, 양면을 이용한 구동이 가능하다.

(10) V 풀리

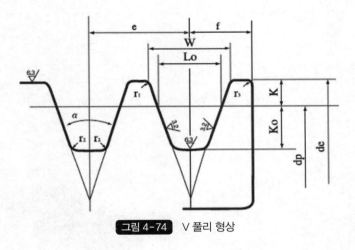

그림 4-74　V 풀리 형상

표 4-44　풀리의 주요 치수

벨트형	피치원 지름	α	W	Lo	K	Ko	e	f	r_1	r_2	r_3	벨트 두께
M	$50 \leq dp \leq 71$	34	9.65	8.0	2.7	6.3	-	9.5				5.5
	$71 < dp \leq 90$	36	9.75									
	$90 < dp$	38	9.86									
A	$71 \leq dp \leq 100$	34	11.95	9.2	4.5	8.0	15.0	10.0	0.2 ~0.5	0.5 ~1.0	1 ~2	9
	$100 < dp \leq 125$	36	12.12									
	$125 < dp$	38	12.30									
B	$125 \leq dp \leq 160$	34	15.86	12.5	5.5	9.5	19.0	12.5				11
	$160 < dp \leq 200$	36	16.07									
	$200 < dp$	38	16.29									
C	$200 \leq dp \leq 250$	34	21.18	16.9	7.0	12.0	25.5	17.0		1.0 ~1.6	2 ~3	14
	$250 < dp \leq 315$	36	21.45									

(계속)

표 4-44 풀리의 주요 치수(계속)

벨트형	피치원 지름	α	W	Lo	K	Ko	e	f	r₁	r₂	r₃	벨트 두께
C	315 < dp	38	21.72	16.9	7.0	12.0	25.5	17.0	0.2 ~0.5	1.0 ~1.6	2 ~3	14
D	355 ≤ dp ≤ 450	36	30.77	24.6	9.5	15.5	37.0	24.0		1.6 ~2.0	2 ~3	19
	450 < dp	38	31.14									
E	500 ≤ dp ≤ 630	36	36.95	28.7	12.7	19.3	44.5	29.0			4 ~5	25.5
	630 < dp	38	37.45									

3. 이붙이 벨트

평 벨트 내측에 이가 있는 이붙이(Toothed) 벨트는 타이밍 벨트(timing belt), 동기 벨트(synchronous belt), 코그드(cogged) 벨트라고도 불린다.

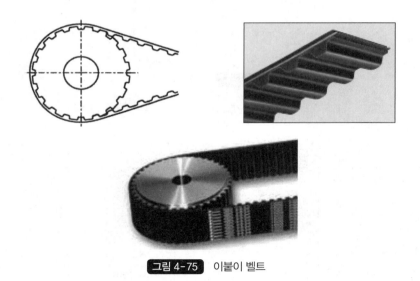

그림 4-75 이붙이 벨트

1) 특징

미끄러짐이 없어 속도비가 일정하고 소음과 진동이 작다. 큰 속도비가 가능하며 저속에서 고속까지의 운전이 가능하며 벨트 늘어남이 작다. 벨트에 거는 초기 장력이 작다. -30~80℃ 범위에서 사용 가능하다.

2) 벨트 치형의 종류

(1) 사다리꼴 치형(각도 40°)

크기는 MXL, XXL, XL, L, H, XH, XXH의 일곱 가지가 있으며, 순서대로 크며 이의 피치는 1/12.5, 1/5, 1/4, 3/8, 1/2, 7/8인치 등이 있다.

(2) 원호 치형

저소음형이며 백래시가 작아 위치 제어 정밀도가 높다.

(3) 자동차 엔진의 캠축 구동용 치형

높은 변동 부하, 고속 회전, 좁은 공간 등 특별한 환경에 맞는 전용 치형을 갖고 있다. 피치는 8mm 와 9.525mm 두 종류가 있다.

(4) 특수 치형

프린터 캐리지용, 양면 이붙이 벨트 등

그림 4-76　양면 이붙이 벨트

4. 벨트의 선정

어떤 벨트를 쓰면 좋은가는 전동 용량과 사용 조건에 따라 정해지는데 이하 벨트 선정에 대해 설명 한다.

1) 벨트 선정 시 고려 사항

(1) 전달 동력으로부터 선정

전동용 벨트는 각각 전달할 수 있는 동력(전동 용량)이 정해져 있다. 전동 용량은 평 벨트 및 타이밍 벨트에서는 폭에 따라, V 벨트에서는 1가닥마다, V 리브드 벨트에서는 1리브(rib)마다의 전동 용량 으로 표시된다. 벨트의 전동 용량은 단순히 벨트의 종류 및 형에 의해서만 정해져 있지 않으며, 사용 조건, 즉 벨트의 속도, 풀리 직경 및 벨트와 풀리의 접촉 각도에 따라 달라진다.

(2) 기능으로부터 선정

벨트는 단순히 동력을 전달할 뿐 아니라 보다 정확히 회전을 전달하고 보수 유지를 간단하게 하며 과부하가 걸렸을 때 벨트가 미끄러지게 하는 등의 여러 가지 요구도 만족시켜야 한다.

① **동기 전동이 필요한 경우**

엔진 피스톤의 움직임에 캠의 움직임을 동기시키는 캠축 구동 및 벨트의 움직임에 맞춰 물체의 이동을 정확히 하기 위한 전동용에는 타이밍 벨트가 쓰인다.

② **벨트를 미끄러지게 해야 할 경우**

산업 기계에 쓰이고 있는 클러치 텐션 메커니즘으로, 클러치가 떨어졌을 때는 벨트가 풀리 면을 미끄러지고 클러치가 들어가면 아이들러가 벨트를 눌러 장력을 만들어 벨트가 돌게 된다. 이 경우 클러치가 OFF에서 ON으로 바뀔 때 벨트에 큰 미끄럼이 생긴다. 이와 같이 사용 중에 큰 미끄럼이 필요한 경우에 확실한 미끄러짐 및 미끄러질 때의 소음을 피하기 위해 주로 랩드 V 벨트가 사용된다.

③ **벨트 주행면이 평면이 아닌 경우**

농업 기계에 자주 쓰이는 쿼터 턴 걸기는 원동 풀리 축에 대해 종동 풀리 축이 평행이 아니고 직각이거나 직각에 가까운 각도로 설치되어 있다. 또 X자 걸기 전동은 종동 풀리의 회전 방향을 바꾸기 위해 벨트를 1회 꼬아서 풀리에 건다. 이와 같은 전동에서는 주행면이 평면이 아니므로 벨트에는 큰 변형 및 심한 굴곡이 요구된다. 이 때문에 둥근 벨트 또는 얇아서 굴곡성이 좋은 평 벨트 및 비교적 신축성이 좋은 랩드 V 벨트가 쓰인다.

④ **벨트를 붙여서 사용하는 경우**

곡물 등의 반송에는 버킷을 붙인 평 벨트가 쓰이고 있는데, 이 반송 장치에 사용되는 평 벨트는 길이가 10~50m에 이른다. 그러므로 긴 벨트를 만드는 데 필요한 길이로 자른 후 버킷을 붙인 다음 접합하여 사용한다. 이 버킷을 붙이기 위한 구멍이 벨트에 뚫리므로 강도 저하가 일어난다. 이런 경우에는 복층식 평 벨트를 사용한다.

⑤ **풀리 간격 변화에 의한 변속**

벨트에 의한 무단 변속 메커니즘으로 가장 많이 이용되고 있는 방법으로 이 메커니즘에 사용되는 풀리는 풀리 폭을 조절하는 것이 가능하다. V 풀리의 폭이 넓어지면 벨트는 풀리 반경 방향으로 깊이 들어오며, 이때 다른 쪽 풀리는 폭이 좁아져 벨트가 바깥 방향으로 눌려 올라간다. 이와 같은 메커니즘에는 풀리의 반경 방향으로 이동이 가능한 로 엣지 V 벨트나 랩드 V 벨트가 사용된다.

⑥ **원추 풀리에 의한 변속**

구동, 피동 양축에 원추 풀리(cone pulley)를 테이퍼 방향을 반대로 하여 벨트를 걸면 풀리의 회전축 방향으로 벨트를 이동시킴에 의해 회전 속도비를 바꿀 수 있다. 이와 같은 변속에는 축 방향 이동이 가능한 평 벨트를 사용한다.

⑦ **여러 가닥 걸기를 피하고 싶은 경우**

대형 버스 등은 필요한 발전량이 많으며 회전비도 크게 잡을 필요가 있어 상대적으로 풀리가 작게 된다. 이런 제약 때문에 작은 벨트를 여러 가닥 거는 경우가 많다. 벨트를 여러 가닥 붙이면 하나하나의 벨트 장력이 같지 않으므로 버스와 같이 진동이 큰 경우 벨트가 불거져 나오거나 옆 벨트끼리 접촉하여 손상되곤 한다. 이것을 피하기 위해 로 엣지 결합 V 벨트가 쓰인다.

⑧ V 평 벨트 전동이 필요한 경우

구동 풀리와 피동 풀리 직경의 크기가 극단적으로 다른 경우 한쪽 작은 풀리를 구동하는 데는 전동 용량이 큰 V 벨트가 필요하며, 다른 쪽 큰 풀리에는 V 홈을 정확히 가공하기 어려워 평 풀리로 할 필요가 있다. 이와 같은 경우 V 벨트 형상을 가지면서 평 벨트 역할도 할 수 있는 V 리브드 벨트가 쓰인다. 세탁기의 건조 드럼 구동에는 구동 풀리의 직경은 약 15mm, 피동측의 건조 드럼 직경은 550~600mm 정도이다.

⑨ 보수가 어려운 경우

자동차의 보조 기기 구동에는 사용 중에 벨트의 장력 조정 보수를 하려면 공간이 좁아 작업이 어려우며 하나의 벨트 장력 조정을 위해 다른 벨트 및 풀리까지 손 대지 않으면 안 되는 불편이 있다. 이런 경우 로 엣지 V 벨트에 비해 장력 조정과 고장에 의한 교환 등의 빈도가 적은 V 리브드 벨트가 사용된다.

⑩ 축에 걸리는 하중을 작게 하고 싶은 경우

OA 및 AV 기기에는 컴팩트하고 경량인 것이 요구되며 벨트를 거는 풀리 축도 가늘고 가벼운 것을 요구한다. 이런 경우 작은 피치의 타이밍 벨트를 사용하면 축에 걸리는 부담을 줄일 수 있다.

⑪ 빠르게 기동시키고 싶은 경우

자동 도어는 앞에 사람이 왔을 때 빠르게 열릴 필요가 있으며, 산업용 로봇은 움직여야 할 때 빠르게 움직이고 멈춰야 할 때 바로 멈추지 않으면 능률이 떨어진다. 이런 경우에는 타이밍 벨트가 주로 사용된다.

2) 선정 수순

여기서는 산업용으로 많이 쓰는 V 벨트의 선정 수순에 대해 설명한다.

(1) 설계 동력 구하기

$$전동 \ 동력 \ P_t = \frac{2\pi nT}{60} (\text{W})$$

$$T : 전달 \ 토크(\text{N} \cdot \text{m}), \ n : 회전수(\text{rpm})$$

$$설계 \ 동력 \ P_d = P_t \times K_s$$

$$과부하 \ 계수 \ K_s = K_o + K_i + K_e$$

$$K_o : 부하 \ 보정계수, \ K_i : 아이들러 \ 보정계수, \ K_e : 환경 \ 보정계수$$

① 부하 보정계수 : K_o

표 4-45

	최대출력<3×정격출력			최대출력>3×정격출력		
	3~5시간/일	8~10	16~24	3~5	8~10	16~24
부하변동 미소	1.0	1.1	1.2	1.1	1.2	1.3
부하변동 소	1.1	1.2	1.3	1.2	1.3	1.4
부하변동 중	1.2	1.3	1.4	1.4	1.5	1.6
부하변동 대	1.3	1.4	1.5	1.5	1.6	1.8

- 부하변동 미소 : 유체 교반기, 송풍기(7.5kW 이하), 원심 펌프, 원심 압축기, 경하중 컨베이어
- 부하변동 소 : 벨트 컨베이어(곡물, 모래), 송풍기(7.5kW 초과), 발전기, 대형 세탁기, 공작 기계, 펀치 프레스, 전단기, 인쇄 기계, 회전 펌프, 회전 진동체
- 부하변동 중 : 버킷 엘리베이터, 익사이터, 피니언 컴프레서, 버킷 컨베이어, 스크루 컨베이어, 해머 밀, 제지용 밀 피스톤 펌프, 루츠 블로워, 분쇄기, 목공 기계, 섬유 기계
- 부하변동 대 : 크로셔, 볼 밀, 로드 밀, 호이스트, 고무 가공기

② 아이들러 보정계수 : K_i

표 4-46

아이들러 위치	보정계수
벨트 배, 이완측	0
벨트 등, 이완측	0.1
벨트 배, 긴장측	0.1
벨트 등, 긴장측	0.2

③ 환경 보정계수 : K_e

아래와 같은 환경인 경우 $K_e = 0.2$로 한다.

- 기동 정지 횟수가 많다.
- 보수 점검이 어렵다.
- 분진 등이 많고 마찰을 일으키기 쉽다.
- 열이 있거나 유분, 물안개 등이 있다.

(2) V 벨트 형식 선정

설계 동력과 작은 풀리의 회전수를 기준으로 아래 표로부터 벨트의 형식을 선정한다. 만일 교차점이 형식별 경계선 근처에 있는 경우에는 비용 등 다른 조건을 고려하여 적당한 형식을 선택한다.

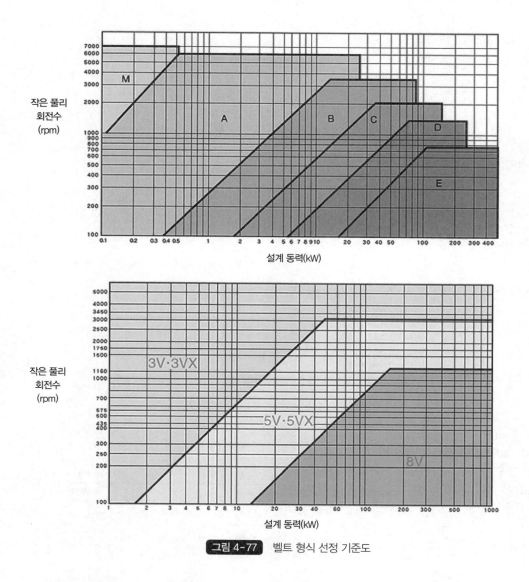

그림 4-77 벨트 형식 선정 기준도

(3) V 벨트에 맞는 풀리의 피치경 구하기

풀리경이 작게 되면 벨트 굴곡 시에 응력이 크게 되며 전동 효율이 낮아지고 내구력도 떨어진다. 벨트 형식별 추천 및 최소 허용 피치경은 아래와 같다.

표 4-47

	M	A	B	C	D	E	3V	5V	8V
추천 최소	50	95	150	224	355	560	67	180	315
허용 최소	40	67	118	180	300	450			

(4) 벨트 길이 및 축간거리 결정

① 개략적인 벨트의 피치원주 길이 계산

$$L_a = 2C_a + \frac{\pi}{2}(D + d)\,\text{mm}$$

C_a : 기준 축간거리, D : 큰 풀리 피치경, d : 작은 풀리 피치경

② 위에서 구한 길이와 가장 가까운 길이의 표준 벨트 선정 : L

③ 정확한 축간거리 C 구하기

$$C = \frac{b + \sqrt{b^2 - 8(D-d)^2}}{8}$$ 여기서 $b = 2L - \pi(D + d)$

(5) 벨트 가닥수 구하기

가닥수 N = 설계 동력(Pd)/ 벨트 1가닥의 전동 용량(Pc) 벨트 1가닥의 전동 용량은 아래 표와 같은 기준 전동 용량에 접촉각과 길이 보정계수를 곱하여 구한다.

$$P_1 = (P_s + P_a) \times K_\theta \times K_l$$

P_s : 기준 전동용량(표 4-48)

P_a : 회전비에 따른 부가 용량

K_θ : 접촉각 보정계수(표 4-49)

K_l : 벨트 길이 보정계수(제조회사의 설명서 참조)

표 4-48 벨트의 기준 전동 용량표(A형)   단위 : kW

작은 풀리 회전수 (rpm)	기준 전동 용량표(Ps)															회전비에 따른 부가 용량(Pa)			
	작은 풀리 기준 피치원 지름(dₚ : mm)															회전비			
	71	75	80	90	95	100	106	112	118	125	132	140	150	160	180	1.01 to 1.05	1.06 to 1.26	1.27 to 1.57	1.57<
700	0.51	0.61	0.73	0.96	1.08	1.20	1.34	1.48	1.62	1.78	1.94	2.12	2.34	2.56	3.00	0.01	0.08	0.12	0.15
950	0.62	0.75	0.91	1.22	1.37	1.53	1.71	1.89	2.07	2.28	2.49	2.72	3.02	3.30	3.87	0.02	0.11	0.16	0.20
1450	0.80	0.98	1.21	1.66	1.89	2.11	2.37	2.63	2.89	3.18	3.48	3.81	4.22	4.62	5.40	0.03	0.18	0.25	0.31
2850	1.04	1.36	1.75	2.52	2.90	3.27	3.70	4.12	4.53	4.99	5.44	5.93	6.51	7.06	8.04	0.05	0.34	0.49	0.60
100	0.12	0.13	0.16	0.20	0.22	0.24	0.26	0.28	0.31	0.33	0.36	0.39	0.43	0.47	0.55	0.00	0.01	0.02	0.02
200	0.20	0.24	0.27	0.35	0.39	0.43	0.47	0.52	0.56	0.61	0.66	0.72	0.80	0.87	1.01	0.00	0.02	0.03	0.04
300	0.28	0.32	0.38	0.49	0.54	0.60	0.66	0.73	0.79	0.87	0.94	1.03	1.13	1.24	1.45	0.01	0.04	0.05	0.06
400	0.34	0.40	0.47	0.62	0.69	0.76	0.85	0.93	1.01	1.11	1.21	1.32	1.45	1.59	1.86	0.01	0.05	0.07	0.08
500	0.40	0.48	0.56	0.74	0.83	0.91	1.02	1.12	1.22	1.34	1.46	1.59	1.76	1.93	2.25	0.01	0.06	0.09	0.11
600	0.46	0.54	0.65	0.86	0.96	1.06	1.18	1.30	1.42	1.56	1.70	1.86	2.06	2.25	2.63	0.01	0.07	0.10	0.13
700	0.51	0.61	0.73	0.96	1.08	1.20	1.34	1.48	1.62	1.78	1.94	2.12	2.34	2.56	3.00	0.01	0.08	0.12	0.15
800	0.56	0.67	0.80	1.07	1.20	1.33	1.49	1.65	1.80	1.98	2.16	2.37	2.62	2.87	3.36	0.01	0.10	0.14	0.17
900	0.60	0.72	0.87	1.17	1.32	1.46	1.64	1.81	1.99	2.18	2.38	2.61	2.88	3.16	3.70	0.02	0.11	0.15	0.19
1000	0.64	0.78	0.94	1.27	1.43	1.59	1.78	1.97	2.16	2.38	2.60	2.84	3.14	3.44	4.03	0.02	0.12	0.17	0.21
1100	0.68	0.83	1.01	1.36	1.54	1.71	1.92	2.13	2.33	2.57	2.80	3.07	3.40	3.72	4.36	0.02	0.13	0.19	0.23
1200	0.72	0.87	1.07	1.45	1.64	1.83	2.05	2.28	2.50	2.75	3.00	3.29	3.64	3.99	4.67	0.02	0.15	0.21	0.25
1300	0.75	0.92	1.13	1.54	1.74	1.94	2.18	2.42	2.66	2.93	3.20	3.50	3.88	4.25	4.97	0.02	0.16	0.22	0.27
1400	0.78	0.96	1.19	1.62	1.84	2.05	2.31	2.56	2.81	3.10	3.39	3.71	4.11	4.50	5.26	0.03	0.17	0.24	0.30
1500	0.81	1.00	1.24	1.70	1.93	2.16	2.43	2.70	2.96	3.27	3.57	3.91	4.33	4.74	5.54	0.03	0.18	0.26	0.32
1600	0.84	1.04	1.29	1.78	2.02	2.26	2.55	2.83	3.11	3.43	3.75	4.10	4.54	4.97	5.80	0.03	0.19	0.27	0.34
1700	0.87	1.08	1.34	1.86	2.11	2.36	2.66	2.96	3.25	3.59	3.92	4.29	4.75	5.19	6.06	0.03	0.21	0.29	0.36
1800	0.89	1.11	1.39	1.93	2.20	2.46	2.77	3.08	3.39	3.74	4.08	4.47	4.95	5.41	6.30	0.03	0.22	0.31	0.38
1900	0.91	1.15	1.43	2.00	2.28	2.55	2.88	3.20	3.52	3.88	4.24	4.64	5.14	5.61	6.53	0.04	0.23	0.33	0.40
2000	0.93	1.18	1.48	2.07	2.36	2.64	2.98	3.32	3.64	4.02	4.39	4.81	5.32	5.81	6.75	0.04	0.24	0.34	0.42

3VX

단위 : kW

작은 풀리 회전수 (rpm)	기준 전동 용량표(Ps)															회전비에 따른 부가 용량(Pa)			
	작은 풀리 기준 피치원 지름(d_p : mm)															회전비			
	56	60	63	71	80	85	90	95	100	112	125	140	160	180	200	1.01 to 1.05	1.06 to 1.26	1.27 to 1.57	1.57<
700	0.63	0.73	0.81	1.00	1.22	1.34	1.46	1.58	1.70	1.99	2.29	2.63	3.08	3.53	3.97	0.01	0.06	0.08	0.10
950	0.80	0.93	1.03	1.29	1.58	1.74	1.90	2.05	2.21	2.58	2.98	3.43	4.02	4.60	5.17	0.01	0.08	0.11	0.13
1450	1.10	1.30	1.44	1.82	2.24	2.47	2.70	2.92	3.15	3.68	4.26	4.90	5.74	6.57	7.37	0.02	0.12	0.16	0.20
2850	1.78	2.13	2.38	3.06	3.81	4.22	4.62	5.02	5.41	6.33	7.30	8.38	9.74	11.01	12.19	0.04	0.23	0.32	0.40
100	0.13	0.14	0.16	0.19	0.23	0.25	0.27	0.29	0.31	0.36	0.41	0.47	0.55	0.63	0.70	0.00	0.01	0.01	0.01
200	0.23	0.26	0.28	0.35	0.42	0.46	0.50	0.53	0.57	0.66	0.76	0.87	1.02	1.17	1.31	0.00	0.02	0.02	0.03
300	0.32	0.37	0.40	0.49	0.59	0.65	0.71	0.76	0.82	0.95	1.09	1.25	1.46	1.67	1.88	0.00	0.02	0.03	0.04
400	0.40	0.46	0.51	0.63	0.76	0.83	0.91	0.98	1.05	1.22	1.40	1.61	1.89	2.16	2.43	0.00	0.03	0.05	0.06
500	0.48	0.56	0.61	0.76	0.92	1.01	1.10	1.19	1.27	1.48	1.71	1.96	2.30	2.63	2.96	0.01	0.04	0.06	0.07
600	0.56	0.65	0.71	0.88	1.07	1.18	1.28	1.39	1.49	1.74	2.00	2.30	2.70	3.09	3.47	0.01	0.05	0.07	0.08
700	0.63	0.73	0.81	1.00	1.22	1.34	1.46	1.58	1.70	1.99	2.29	2.63	3.08	3.53	3.97	0.01	0.06	0.08	0.10
800	0.70	0.81	0.90	1.12	1.37	1.50	1.64	1.77	1.91	2.23	2.57	2.95	3.46	3.96	4.46	0.01	0.06	0.09	0.11
900	0.77	0.89	0.99	1.24	1.51	1.66	1.81	1.96	2.11	2.46	2.84	3.27	3.83	4.39	4.93	0.01	0.07	0.10	0.13
1000	0.83	0.97	1.07	1.35	1.65	1.81	1.98	2.14	2.31	2.69	3.11	3.58	4.20	4.80	5.40	0.01	0.08	0.11	0.14
1100	0.90	1.05	1.16	1.46	1.78	1.96	2.14	2.32	2.50	2.92	3.37	3.88	4.55	5.21	5.85	0.01	0.09	0.12	0.15
1200	0.96	1.12	1.24	1.56	1.92	2.11	2.31	2.50	2.69	3.14	3.63	4.18	4.90	5.61	6.30	0.01	0.10	0.14	0.17
1300	1.02	1.19	1.32	1.67	2.05	2.26	2.46	2.67	2.88	3.36	3.88	4.47	5.24	6.00	6.73	0.02	0.10	0.15	0.18
1400	1.07	1.26	1.40	1.77	2.17	2.40	2.62	2.84	3.06	3.58	4.13	4.76	5.58	6.38	7.16	0.02	0.11	0.16	0.20
1500	1.13	1.33	1.48	1.87	2.30	2.54	2.77	3.01	3.24	3.79	4.38	5.04	5.91	6.75	7.57	0.02	0.12	0.17	0.21
1600	1.19	1.40	1.55	1.97	2.42	2.67	2.92	3.17	3.42	4.00	4.62	5.32	6.23	7.12	7.98	0.02	0.13	0.18	0.22
1700	1.24	1.46	1.63	2.06	2.54	2.81	3.07	3.33	3.59	4.20	4.85	5.59	6.55	7.48	8.38	0.02	0.14	0.19	0.24
1800	1.29	1.53	1.70	2.16	2.66	2.94	3.22	3.49	3.76	4.40	5.09	5.86	6.86	7.83	8.76	0.02	0.14	0.20	0.25
1900	1.34	1.59	1.77	2.25	2.78	3.07	3.36	3.65	3.93	4.60	5.32	6.12	7.16	8.17	9.14	0.02	0.15	0.22	0.27
2000	1.39	1.65	1.84	2.34	2.90	3.20	3.50	3.80	4.10	4.80	5.54	6.38	7.46	8.50	9.51	0.02	0.16	0.23	0.28

표 4-49 접촉각 보정계수

(D-d)/C	작은 풀리의 접촉 각도	보정계수
0.00	180	1.00
0.10	174	0.99
0.20	169	0.97
0.30	163	0.96
0.40	157	0.94
0.50	151	0.93
0.60	145	0.91
0.70	139	0.89
0.80	133	0.87
0.90	127	0.85
1.00	120	0.82
1.10	113	0.80
1.20	106	0.77
1.30	99	0.73
1.40	91	0.70
1.50	83	0.65

5. 벨트에 걸리는 힘

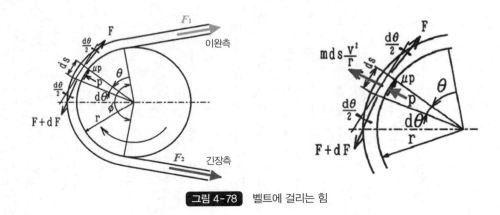

그림 4-78 벨트에 걸리는 힘

- 초기 장력 $F_o = (F_1 + F_2)/2$
- 유효 장력 $F_e = F_1 + F_2$: 동력을 전달하는 힘
- 원심력의 영향 : 벨트 속도가 10m/sec를 넘으면 원심력의 영향을 무시할 수 없게 된다.

$$원심력 = m \cdot ds \cdot \frac{v^2}{r}$$

m : 단위 길이마다 질량(kg/m), v : 속도, r : 풀리의 반경(m)

1) 반경 방향 힘의 평형식

$$p \cdot ds + m \cdot ds \frac{v^2}{r} = F \cdot d\theta \qquad ds = r \cdot d\theta 이므로$$

$$p \cdot r \cdot d\theta + m \cdot r \cdot d\theta \frac{v^2}{r} = F \cdot d\theta$$

$$pr + mv^2 = F$$

2) 원주 방향 힘의 평형식

$$dF = \mu p \cdot d_S = \mu(F - mv^2)d\theta \implies \frac{dF}{F - mv^2} = \mu \cdot d\theta$$

이것을 적분하면

$$\int_{F2}^{F_1} \frac{dF}{F - mv^2} = \mu \int_o^\phi d\theta \qquad \phi : 벨트 감긴 각도$$

$$\ln(F_1 - mv^2) - \ln(F_2 - mv^2) = \mu\phi \implies \frac{F_1 - mv^2}{F_2 - mv^2} = e^{\mu\phi}$$

이것을 초기 장력 F_o로 정리하면

긴장측 장력 : $F_1 = \dfrac{2F_o}{1 + e^{-\mu\phi}} + \dfrac{1 - e^{\mu\phi}}{1 + e^{\mu\phi}}mv^2$

이완측 장력 : $F_2 = \dfrac{2F_o}{1 + e^{\mu\phi}} + \dfrac{1 - e^{\mu\phi}}{1 + e^{\mu\phi}}mv^2$

유효 장력 F_e로 정리하면

$F_1 = \dfrac{e^{\mu\phi}}{e^{\mu\phi} - 1}F_e + mv^2$

$F_2 = \dfrac{1}{e^{\mu\phi} - 1}F_e + mv^2$

$F_e = \dfrac{2(e^{\mu\phi} - e^{-\mu\phi})}{2 + e^{\mu\phi} - e^{-\mu\phi}}(F_o - mv^2)v$

3) 전달 동력을 P, 속도를 v라 할 경우

$$F_e = \frac{P}{v}$$

원심력을 고려하지 않으면 축에 걸리는 굽힘 하중은

$$F_{SB} = (F_1 + F_2)\cos\frac{180 - \phi}{2}$$

$$= F_e\frac{1 + e^{-\mu\phi}}{1 - e^{-\mu\phi}}\cos\frac{180 - \phi}{2}$$

원심력을 고려하면 축에 걸리는 굽힘 하중은

$$F_{SB} = (F_1 + F_2)\cos\frac{180 - \phi}{2}$$

$$= (F_e\frac{e^{\mu\phi} + 1}{e^{\mu\phi} - 1} + 2mv^2)\cos\frac{180 - \phi}{2}$$

4) 축에 걸리는 힘의 간략 계산 방법

미끄러짐이 없으려면 $\dfrac{F_1 - F_2}{F_1 + F_2} \leq 0.6$을 추천한다.

$\dfrac{F_e}{F_1 + F_2} \leq 0.6$ ➡ 여유 있게 $F_e = 0.5(F_1 + F_2)$로 하면 축에 걸리는 힘은

원심력을 고려하지 않으면

$$F_{SB} = 2F_e\cos(90° - \phi/2)$$

원심력을 고려하면

$$F_{SB} = 2(F_e + mv^2)\cos(90° - \phi/2)$$

유효 장력 $F_e = \dfrac{2T}{d}$

6. 벨트의 길이 계산

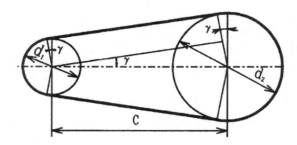

C : 축간거리, d_1 : 구동 풀리 직경, d_2 : 피동 풀리 직경, r : 풀리 수직선과 벨트 접점이 이루는 각도

그림 4-79

$$L = 2\left(\frac{d_1}{2}\left(\frac{\pi}{2} - r\right) + C \cdot \cos r + \frac{d_2}{2}\left(\frac{\pi}{2} + r\right)\right)$$

$$= d_1\left(\frac{\pi}{2} - r\right) + 2C \cdot \cos r + d_2\left(\frac{\pi}{2} + r\right)$$

$$= \frac{\pi}{2}(d_1 + d_2) + 2C \cdot \cos r + (d_2 - d_1)r$$

$$\cos r = \sqrt{1 - \sin^2 r} = \sqrt{1 - \left(\frac{d_2 - d_1}{2C}\right)^2} \fallingdotseq 1 - \frac{(d_2 - d_1)^2}{8C^2}$$

$$\sin r \fallingdotseq r = \frac{d_2 - d_1}{2C} \text{ 을 넣으면}$$

$$L = 2C + \frac{\pi}{2}(d_1 + d_2) + \frac{(d_2 - d_1)^2}{4C} \text{ 로 된다.}$$

3 ▶ 롤러 체인과 스프로켓

롤러 체인(roller chain)은 스프로켓(sprocket)과 조합하여 동력을 전달하는 기계 요소이다.

그림 4-80 롤러 체인과 스프로켓

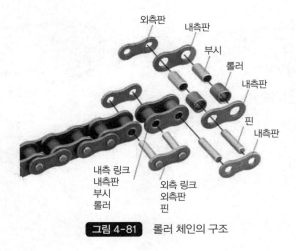

외측판　내측판

부시

롤러

내측판

핀

내측판

내측 링크
내측판
부시
롤러

외측 링크
외측판
핀

그림 4-81 　롤러 체인의 구조

1. 롤러 체인

1) 특징

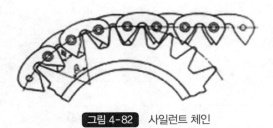

그림 4-82 　사일런트 체인

① 벨트보다 큰 동력 전달이 가능하며 소음과 진동이 발생하기 쉬워 고속에는 부적합하며, 추천 원주 속도는 롤러 체인은 4m/sec 최대 7m/sec이고, 사일런트 체인(silent chain)은 10m/sec 이하 이다.

② 회전비가 확실하며 충격 하중을 어느 정도 흡수하며 온도, 습도의 영향이 적다.

③ 윤활 필요 : 대부분 그리스 윤활을 한다.

④ 롤러 체인의 피치는 1/8인치(3.175mm)를 단위로 이의 정수배로 되어 있다.

⑤ 롤러 체인은 같은 감아 걸기 전동인 벨트와는 다른 주의가 필요하다. 벨트는 미끄럼이 생기지 않 도록 인장력을 주어 느슨함을 피하지만 체인은 적당한 느슨함이 필요하다. 지나치게 당기면 핀과 부시 사이의 유막이 파괴되어 롤러 체인 및 베어링의 손상을 앞당긴다. 반면 지나치게 느슨하면 롤러 체인이 진동하거나 스프로켓에 달라붙거나 하여 둘 다 손상된다.

⑥ 체인이 늘어난다는 것은 핀과 롤러의 마모에 의한 것으로 까딱거림의 증가 및 체인 전장의 증가 를 말한다.

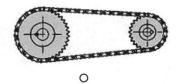 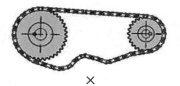

O   ×

그림 4-83   체인의 올바른 사용

표 4-49   체인의 늘어남 한계

큰 스프로켓의 잇수	체인의 늘어남 비율(%)
60개 이하	1.5
61~80	1.2
81~100	1.0
101~113	0.8

2) 크기

표 4-50   롤러 체인의 크기   단위 : mm

호칭 번호	단열 치폭	원주 피치	롤러 외경
11		3.7465	
15		4.7625	
25	2.8	6.35	3.3
35	4.3	9.525	5.08
41	5.8	12.7	7.77
40	7.2	12.7	7.95
50	8.7	15.875	10.16
60	11.7	19.05	11.91
80	14.6	25.4	15.88
100	17.6	31.75	19.05
120	23.5	38.1	22.23
140	23.5	44.45	25.4
160	29.4	50.8	28.58
200	35.3	63.5	39.68
240	44.1	76.2	47.63

한편 스프로켓의 크기는 롤러 체인의 크기에 따라 아래 그림과 같이 표기되고 있다. 표 4-51은 RS25에 대한 값이며 나머지는 제조회사의 설명서를 참고하면 된다.

스프로켓 축 사이의 최단거리는 스프로켓의 이가 부딪치지 않으면 문제없다. 가장 좋은 중심거리는 사용하는 롤러 체인 피치의 30~50배 정도이나 변동 하중이 걸릴 때는 20배 이하가 적당하다.

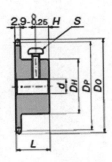

표 4-51 스프로켓의 주요 치수(RS25)

잇수	피치 직경 Dp	(외경) (Do)	축홀 직경 d(H8)	허브 지름 $Dн$	길이 L	십자 홈 부착 작은 접시 나사 위치 H	S	개략 중량 g	사상 재질
10	20.55	23.5	6 · 8	13	14	4	M3X6	13	소결합금
11	22.54	25.5	6 · 8	15	14	4	M3X8	16	
12	24.53	27.5	8 · 10	17	14	4	M4X8	20	
13	26.53	29.5	8 · 10	18	14	4	M4X8	23	
14	28.54	31.5	8 · 10	19	14	4	M4X8	26	
15	30.54	33.5	8 · 10	20	14	4	M4X10	31	
16	32.55	35.5	8 · 10	21	16	5	M4X10	38	
17	34.56	37.5	8 · 10	23	16	5	M4X10	45	
18	36.57	39.5	8 · 10	25	16	5	M4X12	52	
19	38.58	41.5	8 · 10	26	16	5	M4X12	60	
20	40.59	43.5	8 · 10	28	16	5	M4X14	68	기계 구조용 탄소강
21	42.61	45.5	8 · 10	30	18	7	M4X14	80	
22	44.62	48.0	8 · 10	30	18	7	M4X14	84	
23	46.63	50.0	8 · 10	30	18	7	M4X14	88	
24	48.65	52.0	8 · 10	30	18	7	M4X14	93	
25	50.66	54.0	8 · 10	30	18	7	M4X14	98	
26	52.68	56.0	10 · 12	30	18	7	M4X14	98	
28	56.71	60.0	10 · 12	30	18	7	M4X14	103	
30	60.75	64.0	10 · 12	30	18	7	M4X14	110	
32	64.78	68.0	10 · 12	30	18	7	M4X14	117	

2. 동력 전달

벨트가 감기는 면은 원형으로 전달이 연속적이지만, 체인이 스프로켓에 걸리는 것은 다각형으로 전달이 비연속적이며(핀으로 전달하고 핀과 핀 사이에는 간격이 있어 회전이 균일하지 않음), 체인의 동력 전달 능력은 호칭 번호가 클수록 커지지만 작은 스프로켓의 잇수가 많을수록 커지며 스프로켓의 회전 속도에 따라서는 아래 그림과 같은 경향을 보인다.

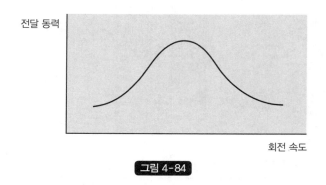

그림 4-84

아래 예시된 RS25형의 동력 전달 능력표는 온도가 −10에서 60℃까지, 부식성 가스나 높은 습도가 아닌 곳, 부하 변동이 적으며 적절하게 윤활되고 있는 조건하에서 15,000시간까지 견디는 값이다.

표 4-52 RS25-1 동력 전달 능력표(1열 체인의 동력 전달 kW)

잇수	작은 스프라켓 회전 속도 r/min																								
	50	100	300	500	700	900	1200	1500	1800	2100	2500	3000	3500	4000	4500	5000	5500	6000	6500	7000	7500	8000	8500	9000	10000
	A											B													
9	0.02	0.03	0.08	0.13	0.18	0.23	0.30	0.36	0.43	0.49	0.57	0.67	0.78	0.76	0.64	0.55	0.47	0.41	0.37	0.33	0.30	0.27	0.25	0.23	0.19
10	0.02	0.04	0.10	0.15	0.20	0.26	0.33	0.41	0.48	0.55	0.64	0.76	0.87	0.89	0.75	0.64	0.55	0.49	0.43	0.39	0.35	0.32	0.29	0.26	0.23
11	0.02	0.04	0.11	0.17	0.23	0.28	0.37	0.45	0.53	0.61	0.71	0.84	0.96	1.03	0.86	0.74	0.64	0.56	0.50	0.44	0.40	0.36	0.33	0.30	0.26
12	0.02	0.04	0.12	0.18	0.25	0.31	0.40	0.49	0.58	0.67	0.78	0.92	1.06	1.20	0.98	0.84	0.73	0.64	0.57	0.51	0.46	0.41	0.38	0.35	0.30
13	0.03	0.05	0.13	0.20	0.27	0.34	0.44	0.54	0.63	0.73	0.85	1.00	1.15	1.30	1.11	0.95	0.82	0.72	0.64	0.57	0.52	0.47	0.43	0.39	0.33
14	0.03	0.05	0.14	0.22	0.29	0.37	0.48	0.58	0.69	0.79	0.92	1.09	1.25	1.41	1.24	1.06	0.92	0.80	0.71	0.64	0.58	0.52	0.48	0.44	0.37
15	0.03	0.05	0.15	0.23	0.32	0.40	0.51	0.63	0.74	0.85	0.99	1.17	1.35	1.52	1.37	1.17	1.02	0.89	0.79	0.71	0.64	0.58	0.53	0.49	0.41
16	0.03	0.06	0.16	0.25	0.34	0.43	0.55	0.67	0.79	0.91	1.07	1.26	1.44	1.63	1.51	1.29	1.12	0.98	0.87	0.78	0.70	0.64	0.58	0.54	0.46
17	0.03	0.06	0.17	0.27	0.36	0.45	0.59	0.72	0.85	0.97	1.14	1.34	1.54	1.74	1.66	1.42	1.23	1.08	0.95	0.85	0.77	0.70	0.64	0.59	0.50
18	0.04	0.07	0.18	0.28	0.39	0.48	0.63	0.76	0.90	1.04	1.21	1.43	1.64	1.85	1.81	1.54	1.34	1.17	1.04	0.93	0.84	0.76	0.70	0.64	0.55
19	0.04	0.07	0.19	0.30	0.41	0.51	0.66	0.81	0.96	1.10	1.28	1.51	1.74	1.96	1.96	1.67	1.45	1.27	1.13	1.01	0.91	0.83	0.75	0.69	0.59
20	0.04	0.07	0.20	0.32	0.43	0.54	0.70	0.86	1.01	1.16	1.36	1.60	1.84	2.07	2.11	1.81	1.57	1.37	1.22	1.09	0.98	0.89	0.81	0.75	0.64
21	0.04	0.08	0.21	0.34	0.45	0.57	0.74	0.90	1.06	1.22	1.43	1.69	1.94	2.18	2.28	1.94	1.68	1.48	1.31	1.17	1.06	0.96	0.88	0.80	0.69
22	0.04	0.08	0.22	0.35	0.48	0.60	0.78	0.95	1.12	1.29	1.50	1.77	2.04	2.30	2.44	2.08	1.81	1.58	1.41	1.26	1.13	1.03	0.94	0.86	0.74
23	0.05	0.09	0.23	0.37	0.50	0.63	0.82	1.00	1.17	1.35	1.58	1.86	2.14	2.41	2.61	2.23	1.93	1.69	1.50	1.34	1.21	1.10	1.00	0.92	0.79
24	0.05	0.09	0.25	0.39	0.53	0.66	0.85	1.04	1.23	1.41	1.65	1.95	2.24	2.52	2.78	2.37	2.06	1.81	1.60	1.43	1.29	1.17	1.07	0.98	0.84
25	0.05	0.10	0.26	0.41	0.55	0.69	0.89	1.09	1.28	1.48	1.73	2.03	2.34	2.64	2.93	2.52	2.19	1.92	1.70	1.52	1.37	1.25	1.14	1.04	0.89
26	0.05	0.10	0.27	0.42	0.57	0.72	0.93	1.14	1.34	1.54	1.80	2.12	2.44	2.75	3.06	2.68	2.32	2.04	1.81	1.62	1.46	1.32	1.21	1.11	0.95
28	0.06	0.11	0.29	0.46	0.62	0.78	1.01	1.23	1.45	1.67	1.95	2.30	2.64	2.98	3.31	2.99	2.59	2.28	2.02	1.81	1.63	1.48	1.35	1.24	1.06
30	0.06	0.12	0.31	0.49	0.67	0.84	1.09	1.33	1.56	1.80	2.10	2.48	2.85	3.21	3.57	3.32	2.88	2.52	2.24	2.00	1.80	1.64	1.50	1.37	1.17
32	0.07	0.12	0.33	0.53	0.72	0.90	1.16	1.42	1.68	1.93	2.25	2.66	3.05	3.44	3.83	3.65	3.17	2.78	2.47	2.21	1.99	1.81	1.65	1.51	1.29
35	0.07	0.14	0.37	0.58	0.79	0.99	1.28	1.57	1.85	2.12	2.48	2.93	3.36	3.79	4.21	4.18	3.62	3.18	2.82	2.52	2.28	2.07	1.89	1.73	1.48
40	0.08	0.16	0.43	0.67	0.91	1.14	1.48	1.81	2.13	2.45	2.87	3.38	3.88	4.38	4.87	5.11	4.43	3.89	3.45	3.08	2.78	2.52	2.30	2.11	1.81
45	0.10	0.18	0.48	0.77	1.04	1.30	1.68	2.06	2.42	2.78	3.26	3.84	4.41	4.97	5.53	6.08	5.28	4.64	4.11	3.68	3.32	3.01	2.75	2.52	2.15

A : 급유기 또는 적하 급유, B : 유 탱크 또는 회전판을 이용한 급유, C : 강제 펌프 윤활
출처 : Tsubaki Chain

다열 롤러 체인의 동력 전달 능력은 1열 체인의 동력 전달 능력×열수로 되지 않는다. 전달되는 힘이 각 열에 균일하게 분할되지 않기 때문이며 표 4-53의 다열 계수를 곱하여 구한다.

표 4-53 다열 계수

롤러 체인 열수	다열 계수
2열	1.7
3열	2.5
4열	3.3
5열	3.9
6열	4.6

이 밖에 사용 조건에 따른 계수, 회전 속도에 따른 계수, 충격 정도에 따른 계수, 하중 불균형 계수 등을 고려해서 보정해야 한다.

3. 변속비와 잇수

체인의 변속비는 1/7 정도가 한도이며 저속 및 사일런트 체인인 경우는 1/10까지 가능하다. 이보다 크게 되면 작은 스프로켓에 걸리는 체인 피치 수가 작아져 1피치의 회전 유효 반경의 변화가 크게 되며, 이 때문에 체인에는 진동이, 스프로켓에는 충격을 주게 된다. 같은 이유로 작은 스프로켓의 잇수는 13개가 최소이다. 작은 스프로켓과 체인의 접촉각은 120도 이상이 필요하다.

스프로켓의 잇수가 많아지면 체인의 늘어남에 의한 오차가 누적되어 스프로켓의 이와 체인이 맞지 않게 되는데, 이 때문에 보통 잇수의 최대 한도는 113개로 하고 있다.

또한 스프로켓의 잇수는 홀수로 하는데, 이것은 짝수이면 체인과의 맞물림이 일정 주기로 반복되어 이의 마모가 한쪽으로 치우치기 때문이다.

한편 스프로켓의 상대 위치는 2축이 수평에 가까운 위치에 있을 때는 당김 측을 위로, 느슨한 측을 아래로 한다. 2축을 상하로 배치하는 것은 바람직하지 않다. 이것은 무거운 체인을 상하로 걸면 체인이 늘어나므로 아래쪽 스프로켓으로부터 체인이 이탈되기 쉽기 때문이다. 부득이한 경우에는 아래쪽에 큰 것을 배치한다.

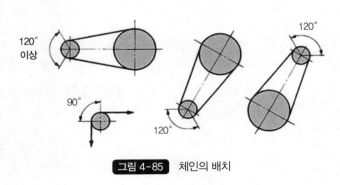

그림 4-85 체인의 배치

한편 필요한 경우 아래 그림과 같이 아이들 스프로켓을 이용한 텐셔너(tensioner)로 대응 가능하다.

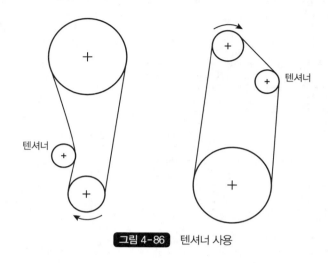

그림 4-86   텐셔너 사용

4. 체인의 속도

체인의 속도는 Vmax와 Vmin 사이에서 주기적으로 변화한다. 변동을 작게 하기 위해서는 잇수를 크게 하고 피치를 작게 한다. 피동 측 스프로켓의 원주 속도는 복잡하게 변한다.

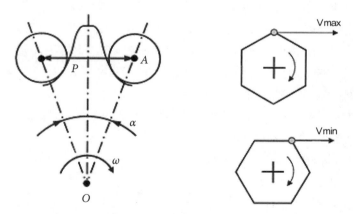

ω : 구동 스프로켓의 각 속도, p : 체인의 피치, z : 잇수, dp : 스프로켓의 피치원 직경

그림 4-87   체인의 속도

위 그림에서 $OA \times \sin(\alpha/2) = p/2 = dp/2 \times \sin(\alpha/2)$ ➡ $dp = p/\sin(\pi/z)$ $\alpha = 2\pi/z$

따라서 $Vmax = dp/2 \times \omega$

$$Vmin = dp/2 \times \omega \times \cos(\pi/z) = Vmax \times \cos(\pi/z)$$

4 마찰 전동 장치

마찰 전동(friction drive)은 직접 접촉에 의한 마찰력을 이용한 전동이며 구름 접촉에 의한 회전 전동으로 정숙성이 높다. 동력 전달을 접촉면의 마찰에 의존하므로 전동력을 크게 하기 위해서는 마찰계수가 큰 재료를 선정해야 하지만 이런 종류의 재료는 변형이 크므로 정밀한 운동의 전달은 불가능하다. 가속 감속 시 어느 정도 미끄러지는 것은 피할 수 없다. 정밀 측정기 등 경하중, 저속인 경우 사용되며, 일정한 속도가 얻어지고 작은 속도비의 변동도 없어 정밀한 동력 전달 가능이 가능하며 소음과 진동이 매우 적다.

종류에는 다음과 같은 것이 있다.

1) 회전비가 일정하지 않은 구름 접촉 : 타원형 마찰 차

2) 회전비가 일정한 구름 접촉

(1) 2축이 평행

① 외접형 : 원통 마찰 차, 홈 있는 마찰 차   ② 내접형

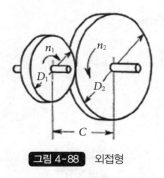

그림 4-88 외접형

그림 4-89 내접형

(2) 2축이 교차

① 외접 원추형
② 내접 원추형(링 콘)

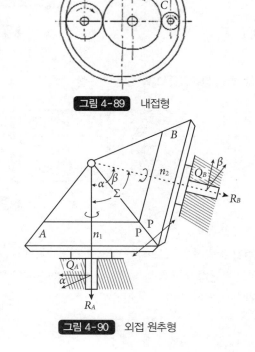

그림 4-90 외접 원추형

(3) 2축이 어긋난 축

① 쌍곡선 회전체

② 조지 서클

5 ▶ 커플링

축과 축을 직접 연결하여 동력을 전달하는 기계 요소 부품이다. 커플링은 양축의 중심이 어긋나 있는 경우에 사용하여 베어링의 편마모 및 기계의 진동 등 축 어긋남에 의해 생기는 문제를 감소시키는 역할을 한다. 커플링의 종류에 대해 이하에서 설명한다.

1. 커플링의 종류

1) 고정 커플링

(1) 키(key)식 원통형 고정 커플링

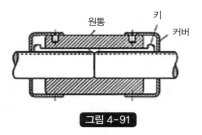

그림 4-91

(2) 합성 원통형(분리형) 고정 커플링

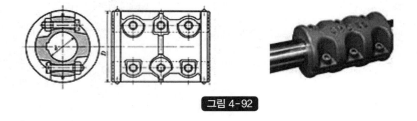

그림 4-92

주철제 원통을 둘로 나눈 형으로 원통 가운데에 축을 넣고 볼트로 체결하여 회전력을 전달하는 것으로, 축 방향으로 축을 이동시킴 없이 축을 넣고 빼기가 쉽다. 이 때문에 대형 크레인의 주행용 장축과 같은 회전이 느린 곳에 사용된다.

(3) 마찰식 원통형 고정 커플링

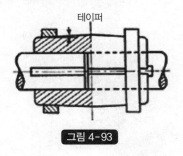

그림 4-93

(4) 원추식 고정 커플링

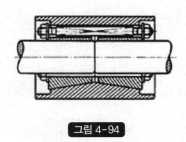

그림 4-94

(5) 테이퍼 핀식 고정 커플링

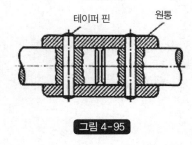

그림 4-95

(6) 플랜지형 고정 커플링

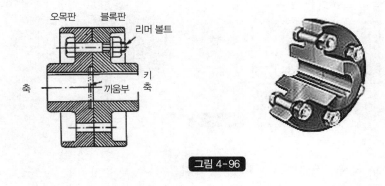

그림 4-96

두 개의 축 끝에 붙어 있는 플랜지(flange)를 리머 볼트로 연결한 것으로, 플랜지 면의 축 중심을 맞추기 위해 한쪽을 볼록부, 다른 쪽을 오목부로 가공하여 짝을 맞춘 후 리머 볼트를 체결하여 연결한다.

밸런스가 좋아 고속 회전하는 곳에 사용한다.

2) 유연 커플링

(1) 플랜지형 유연 커플링

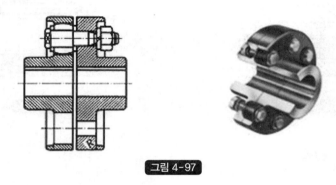

그림 4-97

플랜지의 한쪽 볼트 구멍을 크게 하여 볼트와 구멍 사이에 고무와 같은 탄력 있는 재료를 결합 부분에 끼워 넣는다. 이것에 의해 기동 및 정지 시의 충격 및 하중 변화에 의한 변동(약간의 어긋남 및 기울어짐)의 영향을 완화하여 축의 손상 및 베어링의 발열을 방지하는데, 축 중심 차이의 허용도는 그리 크지 않다. 비교적 큰 기계에 사용한다

(2) 기어형 유연 커플링

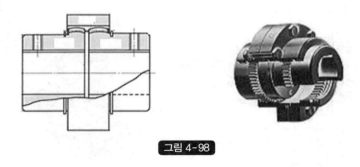

그림 4-98

높은 토크 구동이 가능하며 기어에 크라우닝 가공하여 편심, 편각, 축 방향 오차를 흡수할 수 있다.

치형 수정　　　　치면 크라우닝　　　　이 꼭대기면 크라우닝

그림 4-99

윤활유 또는 그리스를 봉입하여 사용하며 허용하는 편각은 1~3도로 다른 커플링에 비해 크다.

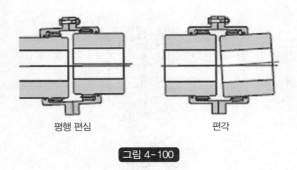

평행 편심　　　　　　편각

그림 4-100

(3) 롤러 체인형 유연 커플링

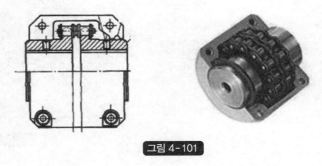

그림 4-101

2열의 롤러 체인과 2개의 스프로켓으로 이루어진 것으로, 핀을 넣고 빼는 것으로 쉽게 연결 및 분해할 수 있다.

　평행 편심은 체인 피치의 2% 이하이며 편각은 1도 이하이지만 고속인 경우는 0.5도 이하까지 가능하며 회전 속도는 250rpm 이하에서 사용 가능하다.

(4) 다이어프램형 유연 커플링

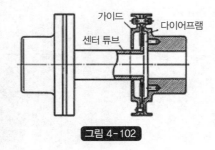

가이드
다이어프램
센터 튜브

그림 4-102

(5) 고무형 유연 커플링

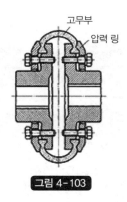

그림 4-103

(6) 디스크 커플링

① 서보 플렉스(servo flex : Miki Pulley) 커플링
   서보 모터용으로 초고강성인 금속판 스프링식
   커플링으로 비틀림 방향으로 강하고 단차 및 축
   방향으로 유연하다.

그림 4-104

② 스텝 플렉스(step flex : Miki Pulley) 커플링
   서보 스테핑 모터용으로 고감쇠 성능을 가져 진
   동을 빠르게 감쇠하여 스테핑 모터 등에서 발생
   이 우려되는 공진 현상을 억제하여 폭넓은 운전
   속도 범위에서 공진 회피가 가능하다.

그림 4-105

③ 헬리컬(helical) 커플링
   원통형 재료에 나선형 슬릿을 넣은 완전 일체 구
   조의 금속 커플링으로 백래시가 없다.

그림 4-106

④ 폼 플렉스(form flex) 커플링

백래시가 없으므로 고정밀도 전달이 가능하다. 축 방향의 도피(열 팽창 등에 의한)가 어느 정도 허용된다. 높은 비틀림 강성, 축 중심 맞추기가 매우 중요(수명 및 정밀도에 영향)하다.

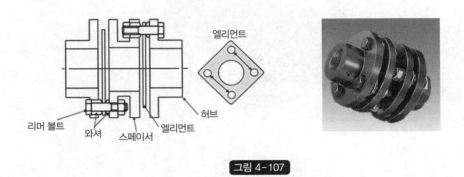

그림 4-107

2. 축 중심이 교차하는 경우 사용되는 커플링

1) 등속 커플링

(1) 등속 볼 조인트

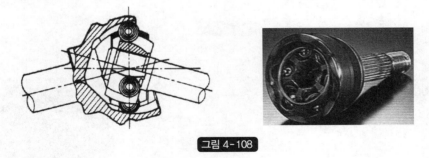

그림 4-108

유니버설 조인트와 스플라인의 기능을 모두 가진 회전 전달 요소로 외형의 크기에 비해 전달 토크, 특히 파손 토크가 크므로 장치의 소형화가 가능하다(편각과 토크가 모두 큰 사용 조건하에서도 파손이 아니라 마모 진행에 따른 수명을 고려하면 됨).

허브(hub)나 볼의 재질에 제한이 없으므로 수중, 유중, 고온, 저온, 진공 등에 대응 가능하며 소형에서 대형까지 사용 가능하다.

(2) 슬라이드형 등속 조인트

그림 4-109

(3) 하이 앵글 슬라이드 조인트

그림 4-110

2) 부등속 커플링(universal joint)

2개의 축 중심선이 일직선이 아닌 주행용 장축 등에 사용된다.

그림 4-111

(1) 십자형

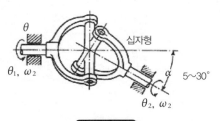

그림 4-112

(2) 클로즈형

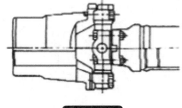

그림 4-113

3. 축 중심이 평행한 경우 사용하는 커플링

1) 올덤(Oldham) 커플링

슬라이더

허브

그림 4-114

평행 편심 허용차가 1~5mm 정도, 편각 허용차는 0.5도 정도로 크지만 고속 회전에는 부적합하다.

4. 커플링 선정의 포인트

1) 허용 전달 토크

2) 축의 고정 방법

기계의 구조 및 용도에 적합한 고정 방법을 선택한다.

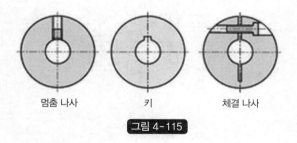

멈춤 나사   키   체결 나사

그림 4-115

3) 토크의 변동

① 충격 하중 및 토크 변동이 큰가를 판단한다.
② 엔진 출력축과 같이 토크 변동이 큰 경우 평균 토크가 아니라 최대 토크가 커플링의 허용 토크보다 작도록 해야 한다.
③ 커플링에서 충격을 흡수하고 싶은 경우는 고무 커플링을 선정한다.

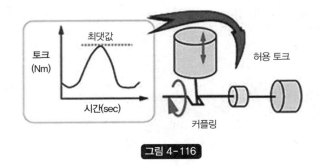

그림 4-116

4) 회전 각도의 정밀도

① 로봇 팔의 운동 등에서는 고정밀도가 필요하다.
② 축의 회전 각도에 높은 정밀도가 필요한 경우 높은 비틀림 강성이 필요하며 고무 커플링은 적합하지 않다.

5) 축의 위치 정밀도

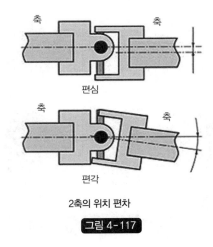

2축의 위치 편차

그림 4-117

① 두 축의 높이 차이(편심)와 각도 차이(편각) 등이 큰 경우 사용 가능한 커플링은 제한적이다.
② 허용 조립 오차 등을 확인한다.
③ 축의 지지 위치 등도 충분히 검토한다.
④ 축 중심을 맞추기 쉬운 형상 : 밀링 가공보다 선반 가공으로 동심원 위에서 맞추는 것이 쉽다.

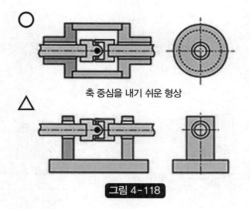

축 중심을 내기 쉬운 형상

그림 4-118

6) 크기와 형상의 제한

① 소형화가 필요한 기계는 축 방향 길이가 짧은 것을 사용한다.
② 높은 회전수가 필요한 기계 : 직경이 작은 것을 사용한다.

6 클러치

2개의 회전축 사이에서 접속을 결합하거나 분리하여 회전력을 전달하거나 끊거나 하는 기계 요소 부품이다.

1. 맞물림 클러치

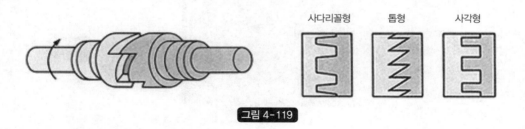

사다리꼴형   톱형   사각형

그림 4-119

맞물림 장소가 정해져 있으므로 서로 정지하고 있든가 회전 상태에서 이의 위치가 맞지 않으면 올바른 맞물림이 되지 않을 뿐 아니라 이끝의 손상이 일어난다.

2. 마찰 클러치

어떤 위치에서도 합쳐지거나 분리되며 허용 범위 내라면 미끄럼 회전이 허용된다. 형태로는 원반형, 원추형, 원심형 세 가지가 있으며 습식과 건식이 있다.

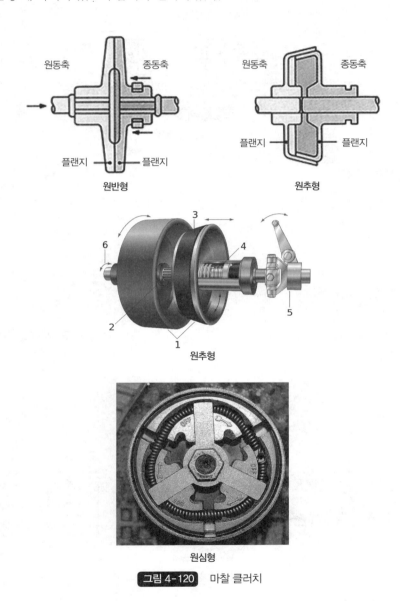

원반형

원추형

원추형

원심형

그림 4-120 마찰 클러치

원심 클러치는 마찰 저항이 큰 물질에 의해 클러치 아우터에 회전력을 전달하는데, 전달과 차단이 회전수에 따라 행해지는 단순한 조작이며 50cc 정도 소형 오토바이, 엔진식 래디콘 헬리콥터/자동차 등에 채용되고 있다.

3. 유체 클러치

유체를 매개로 하여 동력을 전달하는 클러치로 점도가 낮은 오일을 채운 밀폐된 곳에 마주 보는 2개의 날개를 하나는 입력축에, 다른 하나는 출력축에 연결시킨다. 입력축 날개를 펌프 임펠라, 출력축 날개를 터빈 러너라 하며 입력축이 회전하면 유압 펌프와 같이 오일의 흐름이 생기고, 이것이 순환로를 통하여 출력축의 날개를 회전시켜 동력을 전달한다.

유체 클러치는 부하가 크게 되면 미끄럼이 많아져 전달 효율이 떨어진다.

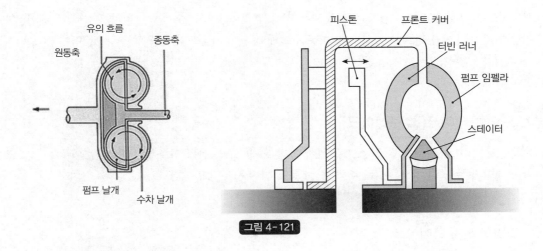

그림 4-121

토크 컨버터(torque converter)는 유체 클러치의 개량형으로 자동차의 자동 변속기에 주로 쓰이고 있다.

4. 전자 클러치

동력원과 부하 사이에 전자석을 두어 전기의 ON/OFF에 의한 자력의 ON/OFF로 동력 전달을 끊었다 이었다 하는 클러치이다.

5. 전자 분체 클러치

한 쌍의 원판 사이에 자성체 가루를 넣어 넣고 자력을 작용시켜 회전을 전달하는 클러치이다.

6. 토크 리미터

규정 이상의 회전 토크가 축에 걸리면 회전이 미끄러지도록 되어 있다.

7. 원웨이 클러치

정해진 한 방향의 회전만 출력축에 전달하며 역방향인 경우는 공회전으로 된다. 스프래그 클러치(sprag clutch)가 대표적이다.

7 ▶ 브레이크

브레이크는 운동하고 있는 물체를 정지 또는 감속시키는 장치이다. 제동 장치라고 한다. 브레이크는 정밀한 정지 제어가 필요한 크레인 및 이동식 크레인 등에 사용되며, 전원 차단 시 중력에 의해 낙하할 우려가 있는 경우에도 사용된다.

1. 드럼 브레이크(휠 브레이크)

브레이크 라이닝(brake shoe)을 스프링 힘에 의해 브레이크 드럼의 외측에 눌러붙여 제동하는 것으로 집 크레인 또는 붐의 기상, 이동, 주행, 선회 등에 널리 사용되고 있다.

1) 드럼형 전자 브레이크

전자석, 링 기구, 스프링으로 구성되며 전동기에 전류가 흐르면 전자석에 전기가 통하며 전자석이 스프링의 힘에 반하여 제동을 푼다. 전동기를 멈추려면 전자석에의 통전을 멈추면 스프링에 의해 다시 브레이크 슈가 드럼을 꽉 잡는다.

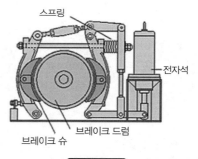

그림 4-122

2) 전동 유압식 브레이크

전자석 대신에 전동 유압력을 이용한 것으로 전동 펌프로부터의 유압력에 의해 브레이크의 제동을 푼다. 전자 브레이크에 비해 제동에 필요한 시간이 긴 반면 소리는 조용하며 제동 시 충격이 작다.

그림 4-123

2. 밴드 브레이크

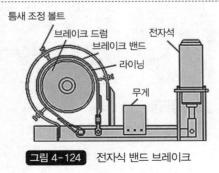

그림 4-124 전자식 밴드 브레이크

마찰에 강한 연강제 띠의 내측에 라이닝을 리벳으로 고정하여 브레이크 드럼에 감아 붙여 제동하는 것으로 발 밟기식과 전자식이 있다.

3. 디스크 브레이크

디스크의 양쪽을 브레이크 패드로 눌러붙여 제동하는 것으로 비교적 콤팩트한 장치가 가능하며 냉각 효과가 뛰어나다.

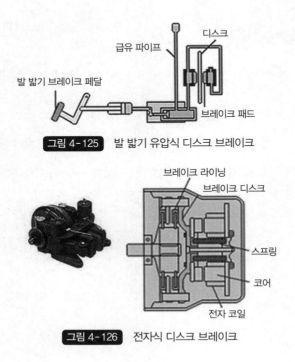

그림 4-125 발 밟기 유압식 디스크 브레이크

그림 4-126 전자식 디스크 브레이크

그림 4-127 전동 유압식 디스크 브레이크

4. 기계식 브레이크

권상 장치를 풀어 내릴 때 하중에 의해 물체의 하강 속도의 가속을 방지하기 위해 쓰이고 있는데, 구조가 복잡하고 보수가 어려워 최근에는 거의 사용하지 않고 있다.

5. 와전류 브레이크

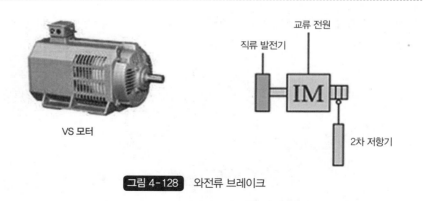

VS 모터

그림 4-128 와전류 브레이크

걸려 있는 물건의 하중이 변해도 일정한 속도를 얻을 수 있는 자동 제어와 하중에 따라 하강 속도가 바뀌는 비자동 제어가 있다. 와전류 브레이크는 마모되는 기계적 부분이 없는 제어 방식이므로 장치의 구조가 크게 되어 대용량 전동기에는 맞지 않는다.

chapter 05

감속 요소

기어 등으로 전달되는 동력의 회전 속도를 줄여 출력하는 기계 요소로, 감속비에 비례하여 큰 토크를 얻을 수 있다. 즉 회전 속도를 1/2로 줄이면 토크를 2배로 할 수 있다. 피동 기계에 필요한 토크, 회전 속도 및 회전 방향 등을 바꿀 수 있다.

1 기본 감속 요소

동력 전달 요소인 기어, 풀리, 스프로켓 등을 이용하되 한 쌍의 크기를 다르게 하여 동력 전달과 동시에 감속을 시키는 것이 가능하며 가장 많이 사용되는 감속 방법이다. 이에 대해서는 앞 장에서 충분히 설명하였으므로 상세 설명은 생략한다.

1) 기어 & 기어

① 평 기어
② 헬리컬 기어
③ 베벨 기어
④ 웜 기어
- 1단으로 큰 감속이 가능하다.
- 진동 및 소음이 작다.
- 입력축과 출력축이 직각으로 만나므로 축의 배치가 다양하다.
- 다른 기어 메커니즘보다 백래시가 작다.

- 과부하에 강하며 부하 변동이 적다.
- 평 기어에 비해 효율이 나쁘다.
- 리드 각에 따라 셀프 로크가 가능하다.

셀프 로크(self-lock)

입력축으로 출력축을 돌리는 것은 가능하지만, 거꾸로 출력축으로 입력축을 돌리려고 하면 브레이크가 걸리듯이 돌리는 것이 불가능한 것을 말한다. 일반적으로 웜의 리드 각을 3도 이하로 하면 셀프 로크 효과가 얻어지지만 완전한 셀프 로크가 필요한 경우에는 다른 제동 기구와 같이 쓰는 것이 좋다.

2) 벨트 & 풀리

3) 체인 & 스프로켓

2 ▶ 응용 감속 요소

독특한 구조의 메커니즘을 활용하여 매우 큰 감속을 시키는 장치를 말하며 특정 회사의 개발품인 경우가 많다. 여기서는 현재 판매 중인 제품에 대해 설명한다.

1. 사이클로 감속기

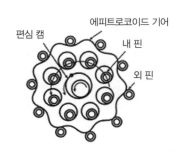

출처 : 스미토모 기계공업

그림 5-1 사이클로 감속기

큰 감속비(1/6~1/119)를 얻을 수 있으며, 고효율이고, 부품 개수가 적어 매우 콤팩트하며 충격에 강하고 수명이 길고 고장이 없다.

2. 파동 기어 장치

웨이브 제너레이터　플렉스플라인　서큘러 스플라인

그림 5-2 파동 기어 장치

금속의 탄성을 이용한 파동 기어 장치는 하모닉 드라이브(harmonic drive)로 더 잘 알려져 있으며, 세 가지 구성 부품(웨이브 제너레이터, 플렉스플라인, 서큘러 스플라인)으로 이루어져 있다. 형상에 따라서는 네 가지 기본 요소로 된 경우도 있다.

1) 하모닉 드라이브의 구성 부품

① **웨이브 제너레이터(Wave generator)** : 타원형 캠의 외주에 얇은 살 두께의 볼 베어링을 끼운 부품으로 베어링 내륜은 캠에 고정되어 있지만 외륜은 볼을 개입하여 탄성 변형한다. 일반적으로는 입력축에 조립한다.
② **플렉스플라인(flex spline)** : 얇은 살 두께의 컵 모양 금속 탄성체 부품으로 열린 부분의 외주에 이가 가공되어 있다. 컵 모양의 바닥 부분을 다이어프램이라 부르며 출력축에 조립한다.
③ **서큘러 스플라인(circular spline)** : 강체인 링 모양 부품으로 내측에 이가 가공되어 있으며 플렉스플라인보다 잇수가 2개 많다. 일반적으로 케이스에 고정된다.

2) 하모닉 드라이브의 특징

① 높은 감속비 : 1/30~1/320 가능하다.

$$\text{감속비 } i = \frac{z_c - z_f}{z_f} \qquad z_c : \text{서큘러 스플라인의 잇수, } z_f : \text{플렉스플라인의 잇수}$$

② 작은 백래시(로스트 모션) : 제어 메커니즘에서 큰 장점을 갖는다.
③ 고정밀도 : 동시에 맞물리는 잇수가 많고 180도 대칭인 2곳에서 동시에 맞물리므로 이의 피치 오차 및 누적 피치 오차가 회전 정밀도에 미치는 영향이 평균화되어 높은 위치 및 회전 정밀도를 얻

을 수 있다.

④ 부품수가 적어 조립이 간단하다.

⑤ 소형, 경량 : 다른 기어 장치에 비하면 1/3 이하의 용량과 1/2 이하의 중량으로 같은 토크와 감속
비가 얻어진다.

⑥ 큰 토크 용량 : 플렉스플라인은 피로 강도가 높은 특수강으로 만들어졌으며 동시 맞물림 잇수가
전체 잇수의 30% 정도이고 면 접촉이므로 1개의 이에 걸리는 힘은 매우 작아져 고토크 용량을 얻
는다.

⑦ 효율이 뛰어나다.

⑧ 운전은 조용하고, 진동은 작다.

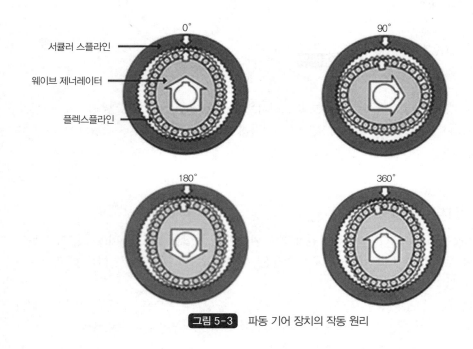

그림 5-3 파동 기어 장치의 작동 원리

3) 하모닉 드라이브의 작동 원리

① 플렉스플라인은 웨이브 제너레이터에 의해 타원 방향으로 변형된다. 이 때문에 타원의 장축 부분
에서는 서큘러 스플라인과 이가 맞물리며 단축 부분에서는 이가 완전히 떨어진 상태가 된다.

② 서큘러 스플라인을 고정하고 웨이브 제너레이터를 시계 방향으로 돌리면 플렉스플라인은 탄성
변형하며 서큘러 스플라인과 맞물리는 위치가 순차적으로 이동하게 된다.

③ 웨이브 제너레이터가 시계 방향으로 180도까지 회전하면 플렉스플라인은 이 1개만큼 반시계 방
향으로 이동한다.

④ 웨이브 제너레이터가 1회전하면 플렉스플라인은 서큘러 스플라인보다 이가 2개 적으므로 잇수
차 2개만큼만 반시계 방향으로 이동한다.

3. 트랙션 드라이브

1) 볼 감속기

100% 가까운 맞물림 전달의 백래시가 없는 기구이므로 매우 높은 반복 위치 제어 정밀도의 실현이 가능하며 볼의 구름 접촉이므로 볼 구르는 소리뿐으로 기어처럼 때리는 소리 없이 저소음이다. 감속 비는 1/10부터 1/1,600까지 표준화되어 있으며 저토크에서 고토크까지 폭넓게 제작 가능하다.

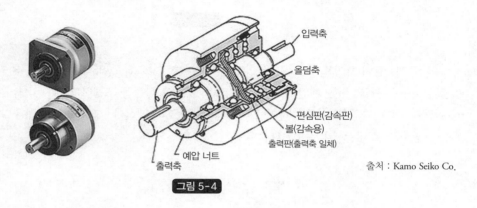

출처 : Kamo Seiko Co.

그림 5-4

볼 감속 메커니즘의 원리와 특징을 아래에 설명한다.

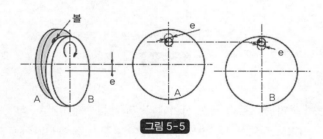

그림 5-5

그림 5-5와 같이 2장의 원판 사이에 볼을 끼우고 한쪽을 고정한 후 다른 쪽에 e만큼 편심을 주어 공전시키면 볼은 원판 위에서 직경 e인 원 궤적을 그리며 구른다.

더 나아가 그림 5-6과 같이 판 B의 공전 1회전에 대해 θ만큼 자전시키면 볼의 궤적은 고정판 A에 대해 같은 진폭의 하이포사이클로이드(hypocycloid) 곡선[혹은 트로코이드(trochoid) 곡선]을 그리게 된다.

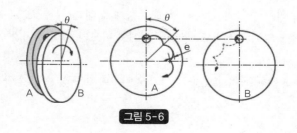

그림 5-6

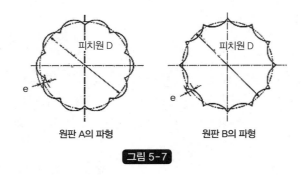

그림 5-7

그림 5-7과 같이 하이포사이클로이드 및 에피사이클로이드(epicycloid) 곡선을 중심 궤적으로 하는 볼홈을 갖는 원판을, 전동 체인 볼을 사이에 넣어 맞추고 한쪽을 고정하고 다른 쪽을 공전시키면 공전 원판에 2개 원판의 웨이브 수 차이에 비례하는 자전이 발생한다. 그리고 이 자전을 그림 5-5의 원홈을 가진 판으로 이끌어내는 메커니즘이다.

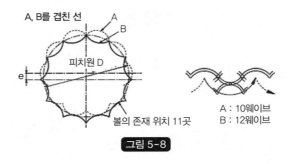

그림 5-8

맞물림은 그림 5-8에 보이듯이 각각 곡선 사이에 몇 개의 접점이 생기고, 그곳에 볼이 위치하므로 모든 볼이 홈에 의해 필연적으로 위치가 구속되며, 더 나아가 구름 접촉에 의해 토크를 전달하게 된다.

2) 롤러 기어 감속기

정밀도, 강성, 내구성이 뛰어난 롤러 기어 기구를 고정밀도 감속기에 채용한 직행형 정밀 감속기다. 스크루 모양을 한 입력축 롤러 기어 캠(roller gear cam)과 출력축에 방사 방향으로 배치된 롤러 팔로워(roller follower)가 접촉하면서 회전을 전달한다.

쐐기 모양인 입력축 리브가 롤러 팔로워에 예압 상태로 접촉하는 것으로 백래시를 완전히 0으로 하는 제로 백래시 실현에 의해 고정밀도, 고효율 외에도 마모가 없어 장기간 안정된 정밀도를 유지하는 것이 가능하다.

서브 모터와의 조합에 의해 뛰어난 운동 특성이 얻어지며 대구경 중공 출력축을 갖고 있다.

4. R/V 감속기

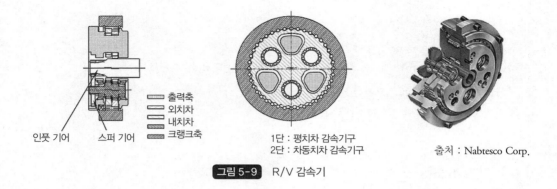

출력축
외치차
내치차
크랭크축

인풋 기어 스퍼 기어

1단 : 평치차 감속기구
2단 : 차동치차 감속기구

출처 : Nabtesco Corp.

그림 5-9 R/V 감속기

■ 특징

① 낮은 백래시 & 로스트 모션

② 높은 과부하 대응

③ 고감속, 고효율

④ 저관성, 고강성

5. 유성 기어 장치

유성 기어 장치(planetary gear train)는 자동차 자동 변속기의 변속 장치에 많이 사용되는 감속기로 고정하는 요소를 바꿈으로써 속도비 및 회전 방향을 바꿀 수 있다.

중심에 태양 기어가 있고 이 태양 기어와 외주에 있는 내측 기어인 링 기어 사이에 유성 기어가 있으며 유성 기어를 같은 간격으로 유지시켜 주는 캐리어로 구성되어 있다.

태양 기어의 회전, 유성 기어의 공전(캐리어의 회전) 및 링 기어의 회전이라는 세 가지 요소 중 하나는 고정, 하나는 입력축, 하나는 출력축에 연결되어 작동하는 구조이다.

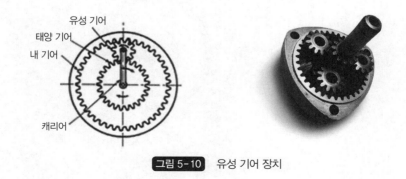

유성 기어
태양 기어
내 기어

캐리어

그림 5-10 유성 기어 장치

1) 유성 기어의 특징

① 적은 단 수로 큰 감속비를 얻을 수 있다.

② 큰 토크를 전달할 수 있다.

③ 입력축과 출력축을 동축상에 배치할 수 있다.

④ 여러 개의 유성 기어에 부하를 분산할 수 있으므로 마모가 비교적 적다.

⑤ 구조상 기구가 복잡하고 기어비 계산이 어렵다.

⑥ 치면의 조정에 높은 정밀도가 요구된다.

2) 유성 기어의 종류

① 유성형 : 태양 기어로 입력, 유성 캐리어로 출력, 링 기어로 고정한다.

② 태양형 : 태양 기어로 고정, 링 기어로 입력, 유성 캐리어가 출력이며 유성 캐리어는 링 기어와 같은 방향으로 회전하면서 감속한다.

③ 스타형 : 유성 캐리어로 고정, 태양 기어로 입력, 링 기어가 출력축이며, 링 기어는 태양 기어와 반대 방향으로 회전하면서 감속된다.

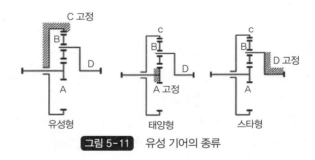

그림 5-11 유성 기어의 종류

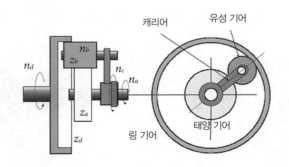

n : 각 기어의 회전수, z : 각 기어의 잇수, 태양 기어 : 입력축, 링 기어 : 출력축

그림 5-12 유성형 유성 기어

3) 작동 원리(그림 5-12 참조)

캐리어가 운동하지 않는 경우 : 자전

	태양 기어 회전	유성 기어 회전(단지 아이들 기어임)	링 기어 회전
회전수	n_a	$-(Z_a/Z_b)n_a$	$-(Z_a/Z_d)n_a$

캐리어가 운동할 때 : 공전과 자전

• 캐리어를 태양 기어에 고정하여 θ만큼 회전시키면

	태양 기어	유성 기어	캐리어	링 기어
회전각	θ	θ	θ	θ

• 캐리어를 이 상태대로 놓아 두고 태양 기어를 $-\theta$ 회전시키면

	태양 기어	유성 기어	캐리어	링 기어
회전각	$-\theta$	$(Z_a/Z_b)\theta$	0	$(Z_a/Z_d)\theta$

이 둘을 합하면

	태양 기어	유성 기어	캐리어	링 기어
회전각	0	$(1+Z_a/Z_b)\theta$	θ	$(1+Z_a/Z_d)\theta$

회전각과 회전수는 비례하므로

	태양 기어	유성 기어	캐리어	링 기어
회전수	0	$(1+Z_a/Z_b)n_c$	n_c	$(1+Z_a/Z_d)n_c$

①항과 ②항을 더하면 링 기어(출력축)의 회전수는 $n_d = -(Z_a/Z_b)n_a + (1 + Z_a/Z_d)n_c$로 된다.

참고

유성 기어가 4개인 장치를 그림 5-13에 보이는데, 이와 같은 장치에 있어서 각 기어의 잇수와 유성 기어의 수 N을 정하는 데는 다음 세 가지 조건을 만족시킬 필요가 있다.

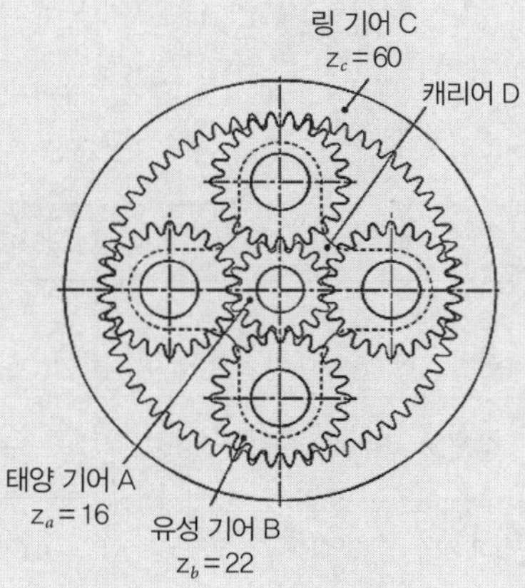

링 기어 C
$z_c = 60$
캐리어 D
태양 기어 A
$z_a = 16$
유성 기어 B
$z_b = 22$

그림 5-13 4개의 유성 기어 장치 구조

(계속)

[조건 1]　$z_c = z_a + 2z_b$

이것은 기어의 중심거리를 맞추는 데 필요한 조건이다.

[조건 2]　$\dfrac{z_a + z_c}{N}$

이것은 유성 기어 B를 등간격으로 배치하기 위해 필요한 조건이다. 유성 기어를 부등 간격으로 배치하는 경우는 $\dfrac{(z_a + z_c)\theta}{180}$ = 정수를 만족시킬 필요가 있다. 여기서 θ는 인접한 유성 기어가 만드는 각의 1/2이다.

[조건 3]　$z_b + 2 < (z_a + z_b)\sin\dfrac{180}{N}$

이것은 유성 기어끼리 충돌하여 간섭하지 않기 위해 필요한 조건이다.

이 세 가지 조건을 만족하지 않으면 유성 기어와 링 기어의 맞물림에 간섭 문제가 생긴다.

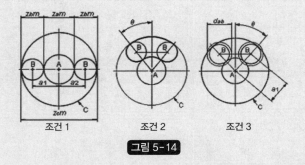

조건 1　　조건 2　　조건 3

그림 5-14

한편 유성 기어 장치의 속도 전달비와 회전 방향은 고정하는 요소를 바꿈으로써 가능한데, 고정 요소의 종류에 따라 다음과 같이 속도 전달비와 회전 방향이 바뀐다.

■ **링 기어 고정**

유성형

태양 기어 A를 입력축, 유성 캐리어 D를 출력축으로 할 때의 속도 전달비는 다음과 같이 구할 수 있다.

		태양 기어 A Z_a	유성 기어 B Z_b	링 기어 C Z_c	유성 캐리어 D
1	유성 캐리어를 고정하고 태양 기어 A를 1회전한다.	$+1$	$-\dfrac{Z_a}{Z_b}$	$-\dfrac{Z_a}{Z_b}$	0
2	전체를 묶어 $+\dfrac{Z_a}{Z_c}$ 회전한다.	$+\dfrac{Z_a}{Z_c}$	$+\dfrac{Z_a}{Z_c}$	$+\dfrac{Z_a}{Z_c}$	$+\dfrac{Z_a}{Z_c}$
3	1과 2를 합친다.	$1 + \dfrac{Z_a}{Z_c}$	$+\dfrac{Z_a}{Z_c} - \dfrac{Z_a}{Z_b}$	0	$+\dfrac{Z_a}{Z_c}$

속도 전달비는 $\dfrac{1 + \dfrac{Z_a}{Z_c}}{+\dfrac{Z_a}{Z_c}} = \dfrac{Z_a}{Z_c} + 1$ 로 되고 입력축과 출력축의 회전 방향은 같다. 예를 들어

$Z_a = 16$, $Z_b = 16$, $Z_c = 48$이면 속도 전달비는 4로 된다.

태양형

태양 기어를 고정, 링 기어를 입력축, 유성 캐리어를 출력축으로 할 때의 속도 전달비는 다음과 같이 구할 수 있다.

		태양 기어 A Z_a	유성 기어 B Z_b	링 기어 C Z_c	유성 캐리어 D
1	유성 캐리어를 고정하고 태양 기어 A를 1회전한다.	$+1$	$-\dfrac{Z_a}{Z_b}$	$-\dfrac{Z_a}{Z_c}$	0
2	전체를 묶어 $+\dfrac{Z_a}{Z_c}$ 회전한다.	-1	-1	-1	-1
3	1과 2를 합친다.	0	$-\dfrac{Z_a}{Z_b} - 1$	$-\dfrac{Z_a}{Z_c} - 1$	-1

속도 전달비는 $\dfrac{-\dfrac{Z_a}{Z_c} - 1}{-1} = \dfrac{Z_a}{Z_c} + 1$ 로 되며 입력축과 출력축의 회전 방향은 같다. 예를 들어

$Z_a = 16$, $Z_b = 16$, $Z_c = 48$이면 속도 전달비는 1.3333으로 된다.

스타형

이것은 유성 캐리어를 고정하는 형이며, 유성 기어는 자전만 하고 공전하지 않으므로 엄격히 말하면 유성 기어 장치는 아니다. 이 형에서 태양 기어를 입력축, 링 기어를 출력축으로 할 때의 속도 전달비는 $-\dfrac{Z_c}{Z_a}$ 로 되며 입력축과 출력축의 회전 방향은 반대이다. 예를 들어 $Z_a = $ 16, $Z_b = 16$, $Z_c = 48$이면 속도 전달비는 -3으로 된다.

6. 차동 기어 장치

차동 기어 장치(differential gear)는 자동차가 커브를 돌 때 내측과 외측의 바퀴에 속도차(회전수의 차)가 생기는데, 이것을 흡수하여 동력원으로부터 같은 토크를 나누어 전달하는 장치, 즉 엔진출력을 2개의 다른 회전 속도로 나누어 전달하는 장치이다. 엔진에서 온 동력이 구동축의 피니언 기어를 통해 링 기어로 전달되며 링 기어에 고정되어 있는 차동 피니언 기어로 전달된다.

차동 피니언은 링 기어와 같이 회전하는 공전 운동과 차동 피니언의 중심축을 기준으로 회전하는 자전 운동을 한다. 자동차가 직진 시(양쪽 바퀴의 속도가 같을 때)에는 차동 피니언은 자전 운동을 하지 않는다.

한편 커브를 돌 때는 양 바퀴의 속도가 다르며, 양 바퀴에 걸리는 마찰 저항도 다르다. 이 마찰 저항이 차동 피니언에 전달되고, 차동 피니언은 이 마찰 저항을 받아 자전하게 되는데, 커브의 바깥쪽 바퀴는 공전 속도 + 자전 속도로 회전하고, 안쪽 바퀴는 공전속도 − 자전속도로 회전하게 되어 미끄러지지 않고 부드럽게 커브를 돌 수 있게 된다.

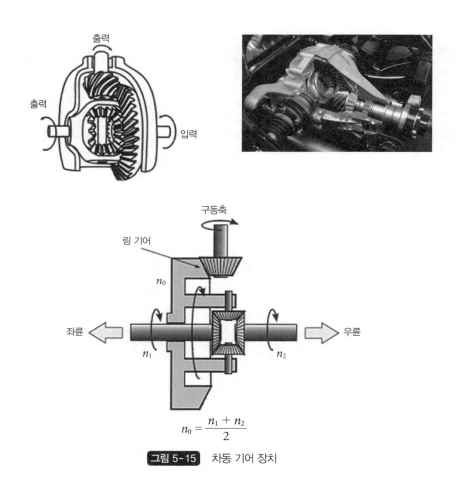

$$n_0 = \frac{n_1 + n_2}{2}$$

그림 5-15 차동 기어 장치

7. 무단 변속기

무단 변속기(continuously variable transmission, CVT)는 기어 이외의 메커니즘을 이용하여 변속비를 연속으로 바꾸는 감속기로 오토바이, 자동차를 비롯하여 공작 기계 및 발전기의 토크를 바꾸는 데 널리 쓰이고 있다.

(1) 마찰식

• 벨트식 : V 벨트와 2개의 가변 직경 풀리를 조합시킨 무단계 변속 CVT

• 체인식

• 트로이달 CVT : 마찰 전동 장치를 더욱 발전시킨 형태이다.

(2) 비마찰식

• 디젤 전기 방식

• 정유압식

• 유압기계식

체인식

벨트식

그림 5-16 무단 변속기

chapter **06**

운동 변환 요소

운동 변환 요소란 회전 운동을 직선 운동으로, 직선 운동을 회전 운동으로 바꾸는 기계 요소이며 아래에서 자세히 살펴보도록 한다.

1 리드 스크루

리드 스크루(lead scerw)란 사다리꼴 나사가 가공되어 있는 스크루 축과 너트로 구성된, 회전 운동을 직선 운동으로 변환하는 기계 요소로 오래전부터 사용되어 왔으며, 스크루는 강재, 너트는 동합금재로 만들어진다. 최대 이송 속도는 15m/min 정도이며 이송 위치 정밀도는 일반적으로 0.05mm 수준이다.

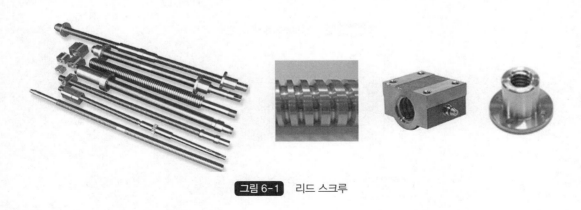

그림 6-1 리드 스크루

리드 스크루의 이송 정밀도는 가공 방법에 따라 다음과 같은 정도이다.

표 6-1

	절삭 리드 스크루	연삭 리드 스크루	전조 리드 스크루
최대 단일 피치 오차	±0.015mm	±0.005mm	±0.020mm
최대 누적 피치 오차	±0.05mm/300mm	±0.015mm/300mm	±0.05mm/300mm

리드 스크루의 선정은 우선 축 방향 하중(P)에 따른 접촉면압(p)과 미끄럼 속도(V)의 한계를 기준으로 선정하는데, 스크루가 강재, 너트가 동합금재인 리드 스크루에 대한 pV 선도는 아래 도표와 같다.

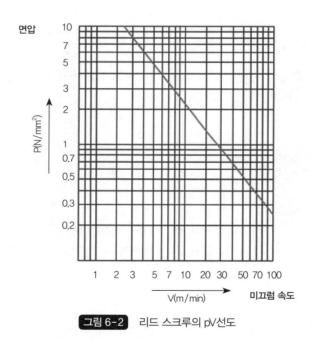

그림 6-2 리드 스크루의 pV선도

축 방향 하중에 의한 접촉면의 압력 p는 다음 식으로 구할 수 있다.

$$p \ (N/mm^2) = 9.8\frac{P}{F_o}$$

p : 나사 미끄럼면의 접촉면압

P : 축 방향 힘(N)

F_o : 동적 허용 추력(N)–리드 스크루 제조업체의 카탈로그 참조

미끄럼 속도 V는 다음 식으로 구할 수 있다.

$$V(m/min) = \frac{\pi d_e n}{\cos\theta \times 10^3}$$

d_e : 나사 유효 지름(mm), n : 축의 회전수(rpm), θ : 축의 리드각(도)

참고로 축의 이송 속도 S(m/min)는 $S = n \times l \times 10^{-3}$이다. l : 리드

다음으로 동적 허용 추력의 축 방향 하중에 대한 안전계수(f_s)를 살펴본다. 이 안전계수는 아래 표의 값 이상이면 충분하다.

표 6-2

조건	안전계수
사용 빈도가 적고 정적인 하중	1~2
일반적인 한쪽 방향 하중	2~3
충격 진동을 동반하는 하중	4 이상

스크루 너트의 온도가 상온을 벗어나면 눌어붙거나 재료의 강도가 낮아지므로 온도계수를 동적 허용 추력에 곱할 필요가 있다.

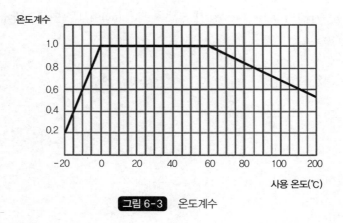

그림 6-3 온도계수

한편 축의 경도는 스크루 너트의 내마모성에 큰 영향을 주는데, 경도가 HV250 이하로 되면 마모가 심해진다. 또 표면 조도는 Ra 0.8 이하가 바람직하다.

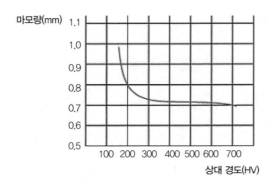

그림 6-4 표면 경도와 마모량

선정 예 : 일반적인 사용 조건하에서 축 방향 하중이 1,080N, 이송 속도가 3m/min인 경우 동적 허용 추력이 21100N, 리드가 6mm, 리드각이 3도 46분, 유효 지름이 29mm인 스크루 너트를 선정하여 계산해 보자.

[계산] 접촉면 압 $p = 9.8 \dfrac{P}{F_o} = 9.8 \dfrac{1080}{21100} = 0.5 \text{N/mm}^2$

미끄럼 속도 $V(\text{m/min}) = \dfrac{\pi d_e n}{\cos\theta \times 10^3} = \dfrac{3.14 \times 29 \times 500}{\cos 3° 46' \times 10^3} = 45.6 \text{m/min}$

여기서 축의 회전수 $n = \dfrac{S}{l \times 10^{-3}} = \dfrac{3}{6 \times 10^{-3}} = 500\text{rpm}$

pV 선도에서 p값이 0.5N/mm^2일 때 V값은 47m/min이므로 이상 마모는 발생하지 않는다고 볼 수 있다.

다음으로 안전계수를 살펴보자.

사용 조건에서 온도계수 $f_t = 1$, 작용 하중 1080N인 경우

$$f_s \leq \dfrac{f_t \cdot F_o}{P} = \dfrac{1 \times 21100}{1080} = 19.5$$

안전계수는 2 이상이면 되므로 문제없다고 판단된다.

축 방향 추력을 얻기 위해서는 적정한 토크로 축을 회전시켜야 하는데, 토크에 의한 발생 추력은 다음 식으로 구할 수 있다.

$$\text{발생 추력 } P(\text{N}) = \dfrac{2\pi\eta T}{l \times 10^{-3}}$$

T : 토크, l : 리드, η : 나사 전달 효율

나사 효율 η는 다음 식에 의해 구해지며 이것을 그래프로 그리면 그림 6-5와 같다.

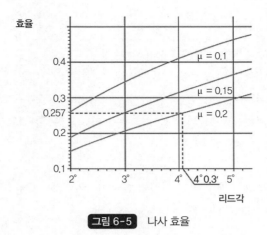

그림 6-5 나사 효율

$$\eta = \frac{1 - \mu tan\theta}{1 + \mu tan\theta}$$

μ : 마찰계수, θ : 리드각

　　스크루 너트의 윤활은 기본적으로 유 윤활을 추천하며 방법으로는 유욕(oil bath) 윤활 또는 적하 윤활이 있다. 유욕 윤활은 고속 중하중 또는 외부로부터 열을 받는 경우에 알맞으며 적하 윤활은 저중 속도, 경중 하중에 알맞다. 사용 빈도가 적고 저속인 경우에는 축에 그리스를 정기적으로 바르거나 스크루 너트의 급유구를 통하여 그리스를 공급하는 것이 가능하다.

2 　볼 스크루

볼 스크루(ball screw)란 리드 스크루의 스크루 축과 너트 사이에 볼을 넣어 미끄럼 운동을 구름 운동으로 바꿔 이송함으로써 마찰 저항을 줄여 보다 부드러운 이송을 얻을 수 있다.
　　이송 속도는 최고 50m/min 정도이며 위치 정밀도는 0.02mm 레벨이다.

그림 6-6 볼 스크루

1. 볼 스크루의 특징

① 미끄럼 스크루에 비해 구동 토크가 1/3에 불과하다.

스크루와 너트 사이에서 볼이 구름 운동을 하므로 높은 효율이 얻어지며 구동 토크가 1/3 이하로 된다. 회전 운동 ⟶ 직선 운동 변환은 물론 마찰이 적어 직선 운동 ⟶ 회전 운동 변환도 가능하므로 수직축에 사용 시에는 부하에 의해 볼 스크루가 회전할 수 있으므로 정지 시 특별한 주의가 필요하다.

② 미세 이송이 가능하다.

구름 운동이므로 기동 토크가 매우 작아 미끄럼 운동에서와 같은 스틱 슬립(stick slip)이 일어나지 않으므로 정확한 미세 이동이 가능하다.

③ 고속 이송이 가능하다.

효율이 높아 발열이 적으므로 고속 이송이 가능하다.

④ 고정밀 위치 이송이 가능하다.

⑤ 백래시가 없으며 강성이 높다.

예압을 줄 수 있으므로 예압에 의해 축 방향 틈새를 제로로 할 수 있으며, 높은 강성도 얻어진다.

⑥ 저소음, 저진동 이송이 가능하다.

2. 볼 스크루의 정밀도

연삭 볼 스크루에는 위치 정밀도 등급이 C0~C5급이 있으며, 전조 볼 스크루에는 C7~C10급이 있다. 정밀도 등급별 주요 항목의 오차는 표 6-3과 같다.

표 6-3 볼 스크루의 리드 오차   단위 : μm

정밀도 등급		정밀 연삭 볼 스크루										전조 볼 스크루		
		C0		C1		C2		C3		C5		C7	C8	C10
유효 길이		대표 이동량 오차	변동	대표 이동량 오차	변동	대표 이동량 오차	변동	대표 이동량 오차	변동	대표 이동량 오차	변동	이동량 오차		
–	100	3	3	3.5	5	5	7	8	8	18	18	± 50 / 300	± 100 / 300	± 210 / 300
100	200	3.5	3	4.5	5	7	7	10	8	20	18			
200	315	4	3.5	6	5	8	7	12	8	23	18			
315	400	5	3.5	7	5	9	7	13	10	25	20			
400	500	6	4	8	5	10	7	15	10	27	20			
500	630	6	4	9	6	11	8	16	12	30	23			

표 6-3 볼 스크루의 리드 오차(계속)　　　　　　　　　　　　　　　　　　　　　　　단위 : µm

정밀도 등급		정밀 연삭 볼 스크루										전조 볼 스크루		
		C0		C1		C2		C3		C5		C7	C8	C10
유효 길이		대표 이동량 오차	변동	대표 이동량 오차	변동	대표 이동량 오차	변동	대표 이동량 오차	변동	대표 이동량 오차	변동	이동량 오차		
630	800	7	5	10	7	13	9	18	13	35	25			
800	1000	8	6	11	8	15	10	21	15	40	27			
1000	1250	9	6	13	9	18	11	24	16	46	30			
1250	1600	11	7	15	10	21	13	29	18	54	35			
1600	2000			18	11	25	15	35	21	65	40	±50/300	±100/300	±210/300
2000	2500			22	13	30	18	41	24	77	46			
2500	3150			26	15	36	21	50	29	93	54			
3150	4000			30	18	44	25	60	35	115	65			
4000	5000					52	30	72	41	140	77			
5000	6300					65	36	90	50	170	93			
6300	8000							110	60	210	115			
8000	10000									260	140			

볼 스크루 오차의 종류에는 다음과 같은 것들이 있다.

① 실 이동량 : 실제 볼 스크루를 측정한 이동량 오차
② 기준 이동량 : 호칭 이동량에 대해 열 변위 및 하중에 의한 변위만큼을 보정한 이동량

표 6-4 NC 공작 기계의 기준 이동량 목표값(1m 기준)

NC 선반	X	−0.02∼−0.05
	Z	−0.02∼−0.03
머시닝 센터	X, Y	−0.03∼−0.04
	Z	구조에 따라 다름

③ 대표 이동량 : 실 이동량의 경향을 대표하는 직선으로, 실 이동량을 나타내는 곡선으로부터 최소 이승법(least squares method)에 의해 구해진다.

④ 대표 이동량 오차 : 대표 이동량−기준 이동량

⑤ 변동 : 대표 이동량에 평행으로 그은 2개의 직선으로 둘러싸인 실 이동량의 최대폭

⑥ 변동/300 : 임의의 스크루 길이 300mm의 변동값

⑦ 변동/2π : 스크루 1회전의 변동값

표 6-5

정밀도 등급	C0	C1	C2	C3	C5	C7	C8	C10
변동/300	3.5	5	7	8	18	52		210
변동/2π	3	4	5	6	8			

표 6-6 위치 제어용의 대표 이동량 오차(±ep)와 변동(v)의 허용차 단위 : μm

정밀도 등급		C0		C1		C2		C3		C5	
초과	이하	±ep	v_u	±ep	v_u	±ep	v_u	±ep	v_u	±ep	v_u
−	100	3	3	3.5	5	5	7	8	8	18	18
100	200	3.5	3	4.5	5	7	7	10	8	20	18
200	315	4	3.5	6	5	8	7	12	8	23	18
315	400	5	3.5	7	5	9	7	13	10	25	20
400	500	6	4	8	5	10	7	15	10	27	20
500	630	6	4	9	6	11	8	16	12	30	23
630	800	7	5	10	7	13	9	18	13	35	25
800	1000	8	6	11	8	15	10	21	15	40	27
1000	1250	9	6	13	9	18	11	24	16	46	30
1250	1600	11	7	15	10	21	13	29	18	54	35
1600	2000			18	11	25	15	35	21	65	40
2000	2500			22	13	30	18	41	24	77	46
2500	3150			26	15	36	21	50	29	93	54
3150	4000			30	18	44	25	60	35	115	65
4000	5000					52	30	72	41	140	77
5000	6300					65	36	90	50	170	93
6300	8000							110	60	210	115
8000	10000									260	140
10000	12500									320	170

유효 길이 mm

나사부 유효 길이 전체에서의 이동량 오차를 그림으로 나타내면 그림 6-7과 같다.

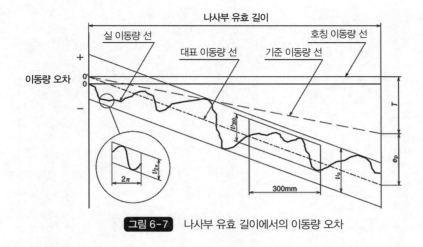

그림 6-7 나사부 유효 길이에서의 이동량 오차

한편 기계의 종류 및 사용축의 종류에 따른 추천 볼 스크루 정밀도 등급을 표 6-7에 보인다.

표 6-7 용도별 볼 스크루의 정밀도 등급

	축	C0	C1	C2	C3	C5	C7/C8	C10
선반	X	○	○	○	◎	◎		
	Z				○	◎		
밀링, 보링	X,Y		○	○	◎	◎		
	Z			○	○	◎		
머시닝 센터	X,Y		○	○	○	◎		
	Z			○	○	◎		
드릴링	X,Y				○	◎		
	Z					◎	○	
지그 보러	X,Y	○	◎					
	Z	○	◎					
연삭기	X,Y	○	○	◎				
	Z		○	○	◎			
다이 싱킹 방전가공기	X,Y		○	○	◎			
	Z			○	◎	◎		
와이어 컷 방전가공기	X,Y		○	◎	◎			
	Z		○	○	◎	○		
펀치 프레스	X,Y				○	◎		
레이저 가공기	X,Y				○	◎		

(계속)

표 6-7　용도별 볼 스크루의 정밀도 등급(계속)

		축	C0	C1	C2	C3	C5	C7/C8	C10
레이저 가공기		Z				○	◎		
목공 기계							◎	◎	○
반도체, PCB 기판 제조 장치	노광 장치		○	◎					
	화학 처리 장치					○	○	◎	○
	와이어 본더			◎	○				
	프로버		○	◎	◎				
	전자부품 실장기					○	○	◎	
	PCB 드릴러			○	○	◎	○		
로봇	직교 좌표형	조립용			○	○	◎	○	
		기타					○	◎	○
	수직 다관절	조립용				○	◎	○	
		기타					○	◎	
	원통 좌표형					○	○	◎	
철강 설비 기계								○	◎
사출 성형기							○	◎	○
3차원 측정기			○	◎	○				
사무기기							○	◎	○
화상 처리 장치			○	◎					
항공기						○	◎		

3. 축 방향 틈새

① 정밀 볼 스크루

틈새 기호	G0	GT	G1	G2	G3
축 방향 틈새(mm)	0 이하	0~0.005	0~0.01	0~0.02	0~0.05

② 전조 볼 스크루

축 외경	6~12	14~28	30~32	36~45	50
축 방행 최대 틈새	0.05	0.1	0.14	0.17	0.2

4. 볼 스크루 조립 부위의 정밀도

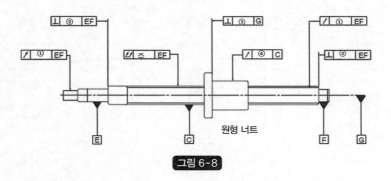

원형 너트

그림 6-8

① 볼 스크루 축 지지부 축선에 대한 나사 홈 면의 반경 방향 런 아웃 및 부품 조립면의 반경 방향 런 아웃

표 6-8

초과	이하	최대 런 아웃					
		C0	C1	C2	C3	C5	C7
–	8	3	5	7	8	10	14
8	12	4	5	7	8	11	14
12	20	4	6	8	9	12	14
20	32	5	7	9	10	13	20
32	50	6	8	10	12	15	20
50	80	7	9	11	13	17	20
80	100	–	10	12	15	20	30

② 지지부 끝면의 직각도

표 6-9

축 외경		최대 직각도					
초과	이하	C0	C1	C2	C3	C5	C7
–	8	2	3	3	4	5	7
8	12	2	3	3	4	5	7
12	20	2	3	3	4	5	7
20	32	2	3	3	4	5	7

(계속)

표 6-9 (계속)

축 외경		최대 직각도					
초과	이하	C0	C1	C2	C3	C5	C7
32	50	2	3	3	4	5	8
50	80	3	4	4	5	7	10
80	100	–	4	5	6	8	11

③ 플랜지 조립면의 직각도

표 6-10

너트 외경		최대 직각도					
초과	이하	C0	C1	C2	C3	C5	C7
–	20	5	6	7	8	10	14
20	32	5	6	7	8	10	14
32	50	6	7	8	8	11	18
50	80	7	8	9	10	13	18
80	125	7	9	10	12	15	20
125	160	8	10	11	13	17	20
160	200	–	11	12	14	18	25

④ 너트 원통면의 런 아웃

표 6-11

너트 외경		최대 런 아웃					
초과	이하	C0	C1	C2	C3	C5	C7
–	20	5	6	7	9	12	20
20	32	6	7	8	10	12	20
32	50	7	8	10	12	15	30
50	80	8	10	12	15	19	30
80	125	9	12	16	20	27	40
125	160	10	13	17	22	30	40
160	200	–	16	20	25	34	50

⑤ 너트 평면의 평행도

표 6-12

조립 기준 길이		최대 평행도					
초과	이하	C0	C1	C2	C3	C5	C7
–	50	5	6	7	8	10	17
50	100	7	8	9	10	13	17
100	200	–	10	11	13	17	30

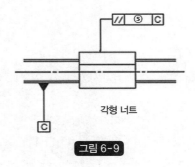

각형 너트

그림 6-9

5. 볼의 순환 방식

볼 스크루 축과 너트 사이에 있는 볼은 순환하는데, 그 방식에는 다음과 같은 것들이 있다.

1) 엔드 디플렉터식

너트 외경이 작아 콤팩트한 설계가 가능하다. 조용하게 고속 이송이 가능하다.

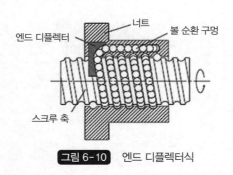

그림 6-10 엔드 디플렉터식

2) 튜브식

축 지름이나 리드의 대응 범위가 넓다.

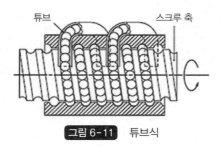

그림 6-11 튜브식

3) 안장식

작은 리드에 적합하며 너트 외경이 작아 콤팩트한 설계가 가능하다.

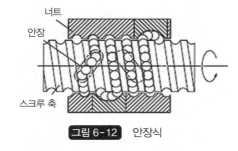

그림 6-12 안장식

4) 엔드 캡식

큰 리드에 적합하며 볼 순환부 구조가 복잡하므로 범용성이 부족하다.

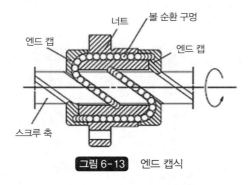

그림 6-13 엔드 캡식

6. 예압

예압(preload)이란 볼 스크루의 축 방향 틈새를 0으로 할 뿐 아니라 축 방향 하중에 의한 변위량을 작게 하기 위해 미리 볼을 어느 정도 탄성 변형시키기 위해 가하는 압력이다. 고정밀 위치 제어를 하는 경우에는 예압을 주는 것이 일반적이다.

예압을 주었을 경우의 하중과 탄성 변위량의 관계는 아래 그림과 같다.

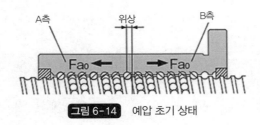

그림 6-14 예압 초기 상태

A, B측은 너트 중앙의 홈 피치를 약간 바꾸는 것에 의해 예압 하중 Fao를 주고 있다. 예압 하중에 의해 A, B측의 볼은 각각 δao의 탄성 변위를 한다.

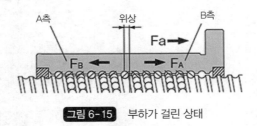

그림 6-15 부하가 걸린 상태

이 상태에서 외부로부터 축 방향 하중 Fa가 작용하면 A, B측 볼의 변위량은 아래와 같이 된다.

$$\delta A = \delta ao + \delta a \qquad \delta B = \delta ao - \delta a$$

A, B측 볼에 걸려 있는 하중은 F_A = Fao + (Fa − Fa′), F_B = Fao − Fa′으로 된다.

예압을 주지 않은 경우의 축 방향 하중과 탄성 변위량의 관계는 그림 6-16에서 δao = kFao(2/3) (k : 정수)

그림 6-12에서 2δao = kFt(2/3)

그러므로 2kFao(2/3) = kFt(2/3), 즉 Ft = 2(3/2)

Fao = 2.8Fao

따라서 예압을 준 볼 스크루는 예압 하중의 약

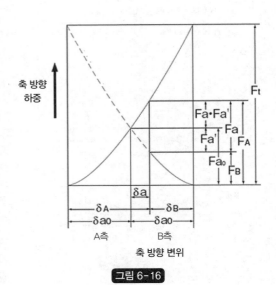

그림 6-16

3배인 축 방향 하중이 외부에서 작용하면 변위량은 δao로 되므로, 예압을 주지 않은 볼 스크루의 변위량 $2\delta ao$에 비해 1/2로 된다.

　예압의 효과는 외부 하중이 예압 하중의 3배 이내일 때까지만 있으므로 예압 하중은 축 방향 최대 하중의 1/3보다 커야 한다. 그러나 예압을 지나치게 주면 수명 및 발열에 나쁜 영향을 주므로 최대 예압 하중은 볼 스크루의 기본 동정격하중의 10% 정도로 한다.

$$1/3 \times 축\ 방향\ 최대\ 하중 \leq 예압\ 하중 \leq 0.1 \times 기본\ 동정격하중$$

참고

예압을 주는 네 가지 방식

① 더블 너트 예압

2개의 너트 사이에 스페이서를 넣어 예압을 주는 방식으로 너트의 길이가 길며 강성이 좋다.

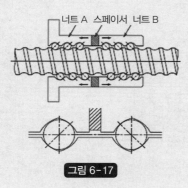

그림 6-17

② 옵셋 예압

하나의 몸체에 2개의 너트를 가공해 넣는 방식으로 너트 길이가 중간 정도이며 강성이 좋다.

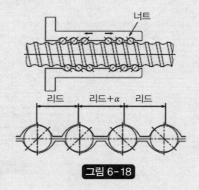

그림 6-18

③ 오버사이즈 볼 예압

표준보다 큰 볼을 사용하여 예압을 주는 방식으로 너트 길이가 짧으며 강성은 중간 정도이다.

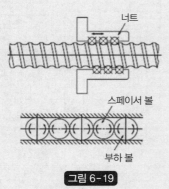

그림 6-19

④ 스프링식 더블 너트 예압

2개의 너트 사이에 스프링을 넣어 예압을 주는 방식으로 너트 길이가 길고 토크 특성은 좋지만 강성이 나쁘다.

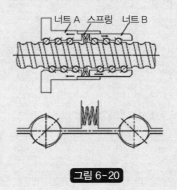

그림 6-20

7. 프리 텐션

열 변위에 의한 볼 스크루 축의 늘어난 양을 흡수하기 위해 조립 시에 스크루 축에 미리 프리 텐션 (pre-tension)을 주는데, 이 경우 온도 상승 2~3℃에 해당하는 양만큼의 프리 텐션을 주는 것이 일반 적이다.

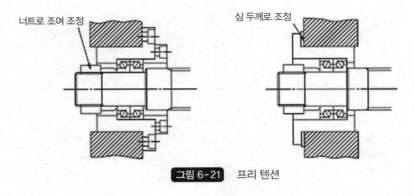

너트로 조여 조정

심 두께로 조정

그림 6-21 프리 텐션

8. 이송용 볼 스크루의 이용

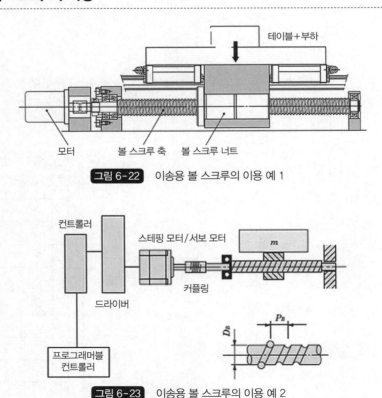

테이블+부하

모터   볼 스크루 축   볼 스크루 너트

그림 6-22 이송용 볼 스크루의 이용 예 1

컨트롤러

스테핑 모터/서보 모터

m

드라이버

커플링

P_B

D_B

프로그래머블
컨트롤러

그림 6-23 이송용 볼 스크루의 이용 예 2

9. 볼 스크루의 선정 예

1) 사용 조건 설정

① 부하 중량

② 테이블 중량

③ 스트로크

④ 최고 속도

⑤ 가속, 감속 시간

⑥ 백래시 허용값

⑦ 위치 정밀도

⑧ 반복 위치 정밀도

⑨ 최소 이송량 : mm/pulse

⑩ 구동 모터의 정격 회전수 및 인코더의 펄스/rev

　(1000p/rev 또는 1,500p/rev.) × 멀티플라이어(2 또는 4)

⑪ 감속 기구

⑫ 안내면 마찰계수

2) 선정 항목

① 볼 스크루 축 길이 = (스트로크 + 너트 길이 + 양 끝의 여유분 길이)로 구한다.

② 리드는 (최고 속도/모터 회전수)보다 큰 것을 선정하면 된다. 한편 리드는 (최소 이송량 × 인코더 펄스 수)이므로 인코더의 펄스 수를 고려하여 적당한 값을 정하면 된다.

③ 볼 스크루 축의 지름 : 좌굴 하중, 허용 회전수, 허용 압축/인장 하중을 고려하여 정한다.

- 전동 토크(T)와 축 방향 하중(Fa)

  $T = (Fa \times p)/2\pi\eta$

  η : 스크루의 정효율(회전 운동 $\longrightarrow$ 직선 운동 변환 시 효율)

  전동 토크의 최댓값인 가속 감속 토크를 구하는 방법은 제3장(79~83페이지)을 참조하라.

- 좌굴 하중

  제3장(87~89페이지)을 참조하여 구한다.

  단, 좌굴 검토 시에는 너트-베어링 사이의 지지 방식은 고정-고정으로 본다. 안전계수는 2 정도가 적당하다.

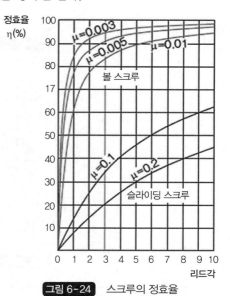

그림 6-24 스크루의 정효율

- 허용 회전수
  - 위험 속도에 의한 검토 : 제3장(89~91페이지)을 참조하여 계산하되, 위험 속도 검토 시에는 너트-베어링 사이의 지지 방식은 고정-지지로 본다. Nmax≤0.8Ncr이어야 한다.

[볼 스크루 지지 방식 예]

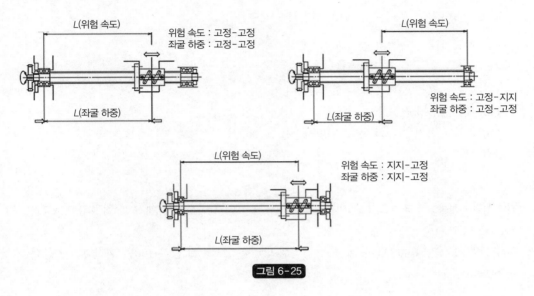

그림 6-25

  - DN 값에 의한 검토 : DN 값은 볼의 공전 속도가 크게 되면 그 충격에 의해 볼 순환부의 파손에 영향을 주게 되는데, 이것의 한도를 정한 값이다.

$$N = (DN \ 값)/D$$

표 6-15   허용 DN 값 : 표준 볼 스크루

	허용 DN 값		최고 회전수 기준(rpm)
	표준형	고속형	
반송용	≤50,000	–	3,000
엔드 디플렉터식	≤180,000	–	5,000
튜브식	≤70,000	≤100,000	3,000
안장식	≤84,000	≤100,000	3,000
엔드 캡식	≤80,000	≤100,000	3,000

- 허용 축 방향 하중 검토
  - 기본 정정격 하중(Coa) 기준 : 소성 변형 방지 한계 검토

    고속 이송 장치인 경우 가속 감속 시에 충격 하중이 작용하므로 축 방향 허용 한계 하중(Po)은
    $Po = Coa/f_s$의 식에서 정적 안전계수(f_s)를 진동 충격 시 적용하는 1.5~3으로 하여 구한다.
  - 동정격 하중(Ca) 기준 : 피로 수명(L) 검토

    피로 수명(L)은 $\left(\dfrac{Ca}{fw \cdot Fm}\right)^3 \times 10^6$ 회전식으로 구한다.

    fw : 하중 계수   충격이 없는 운전 : 1~1.2

    보통 운전 : 1.2~1.5

    충격 진동 운전 : 1.5~3.0

    Fm : 축 방향 평균 하중

    일반적으로 공작 기계의 목표 수명 시간을 20,000시간 정도로 본다.

참고

- **기본 정정격 하중** : 스크루 및 너트의 볼 전동면과 볼의 영구 변형량 합계가 볼 직경의 0.01%가 되는 축 방향 하중
- **동정격 하중** : 시편의 90%가 구름 피로에 의해 박리를 일으키지 않고 100만 회전까지 가능한 축 방향 하중

---

④ 정밀도 등급

최종 위치 제어 정밀도 = 볼 스크루의 리드 정밀도 + 축 하중에 의한 탄성 변위
+ 발열에 의한 열 변위 + 축 방향 틈새(백래시)

■ **온도 상승에 의한 변위량 : Δl**

$$\Delta l = \rho \times \Delta t \times l \qquad \rho : \text{선 팽창계수} = 12 \times 10(-6)/℃$$

고속으로 되면 발열에 주의해야 한다. 온도 상승 대책으로는

- 발열량을 억제 : 예압을 적당하게 주고 올바른 윤활 방법 선택 및 볼 스크루의 리드를 크게 하여 회전수를 낮춘다.
- 강제 냉각 : 스크루 축을 중공으로 하여 냉각 유체를 흘리거나 바깥을 윤활유, 공기 등으로 냉각한다.
- 온도 상승의 영향을 보정한다. 스크루에 프리 텐션을 준다. 클로즈드 루프 방식 채용

---

⑤ 축 방향 틈새 : ④항 참조
⑥ 볼 스크루 너트의 종류, 정정격 하중 및 동정격 하중에 대한 검토
⑦ 구동 모터의 종류와 출력, 제1장 '위치 제어 시스템용 모터'(18페이지) 참조

3 ▶ 랙과 피니언

기어의 종류인 랙(rack)과 평 기어 또는 헬리컬 기어로 된 피니언(pinion)을 이용하여 운동 방향을 변환하는 것으로 최고 이송 속도는 200m/min 정도이다.

위치 제어 정밀도는 리니어 스케일(linear scale)과 같은 검출기를 사용한 클로즈드 루프(closed loop) 및 백래시가 적은 기어 시스템을 사용하면 높지만 일반적인 경우는 그다지 높지 않다.

일반적으로 이송 거리가 매우 긴 경우에 사용되고 있다.

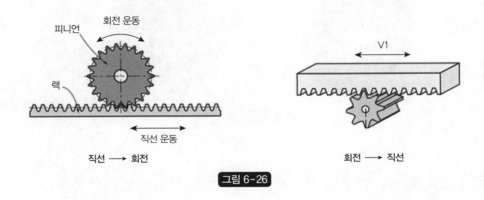

그림 6-26

■ 트로코이드 캠 기어

랙이나 피니언과 비슷한 구동 방식으로 다음과 같은 특징을 가지고 있다.

- 백래시 없음
- 고정밀도
- 저소음, 저진동
- 적은 먼지 발생
- 최대 속도 : 180m/min 이상

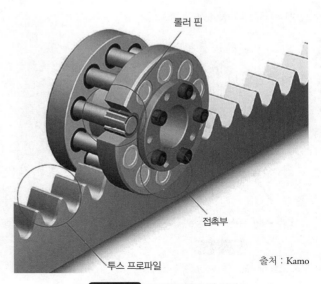

롤러 핀(roller pin) : 베어링으로 양쪽이 지지되어 있어 원활한 구름 운동이 가능하다.
접촉부 : 항상 2~3곳에서 접촉하고 있으므로 정역 방향으로 백래시가 발생하지 않는다.
투스 프로파일(tooth profile) : 복수의 이 맞물림을 가능하게 하는 트로코이드 기어를 채용한다.

출처 : Kamo

그림 6-27 트로코이드 캠 기어

4 마찰 롤러

높은 마찰계수를 가진 재료로 만들어진 롤러를 긴 평판에 눌러붙이면서 회전하여 운동 방향을 바꾸는 것으로 최고 이송 속도는 70m/min 정도이나 온도, 습도 및 주변 환경에 영향을 크게 받으며 급가감속 시에는 어느 정도의 미끄럼은 피할 수 없어 높은 정밀도가 요구되는 곳에는 피하는 것이 좋다.

출처 : TEROG Manufacturing

그림 6-28 마찰 롤러

5 링크 메커니즘

링크(link) 또는 절이라 불리는 변형되지 않는 물체가, 조인트(joint) 또는 관절이라 불리는 가동 부분에 의해 연결되며 한 개 이상의 폐회로를 구성한다. 하나의 링크는 복수의 관절을 가지며 관절은 여러 가지 자유도로 움직인다. 하나의 링크에 의해 복수의 링크가 움직이는 링크 기구는 입력을 다른 종류의 출력으로 바꾼다. 이때 동작, 속도, 가속도 등을 바꾼다.

링크 메커니즘의 종류에는 4절 링크, 슬라이더 크랭크, 더블 슬라이더 크랭크가 있다.

1. 4절 링크

성립 조건 : 최장 링크의 길이 < 다른 링크 길이의 합계

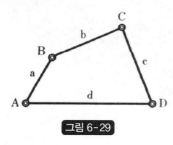

그림 6-29

그래숍(Grashof)의 정리 : 가장 짧은 절이 완전히 회전할 수 있기 위한 조건 가장 짧은 절과 다른 하나의 절의 길이의 합계가 나머지 2개 절의 길이의 합계보다 작든가 같지 않으면 안 된다.

4절 링크에는 어느 절을 고정하느냐에 따라 세 가지가 있다.

1) 레버 크랭크 메커니즘

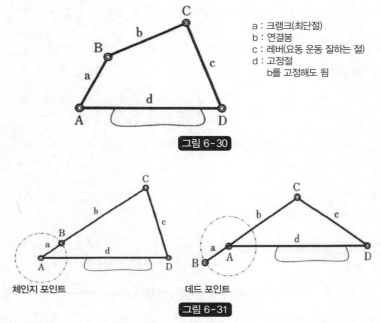

a : 크랭크(최단절)
b : 연결봉
c : 레버(요동 운동 잘하는 절)
d : 고정절
　b를 고정해도 됨

그림 6-30

체인지 포인트　　　　데드 포인트

그림 6-31

체인지 포인트(change point) : 운동 도중에 불 구속이 일어나는 점(크랭크 a는 좌우 어느 쪽 방향으로도 회전 가능)
데드 포인트(dead point) : A, B, C가 일직선상에 있고 C를 회전시켜도 크랭크 a를 회전시킬 수 없다.

2) 더블 크랭크

최단절 a를 고정, 절 b와 절 d가 완전히 회전하는 것이 가능하나 아래 그림에서는 b의 등속 회전에 대해 d는 부등속 회전이 된다.

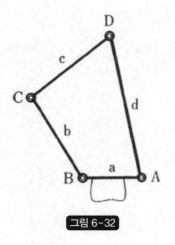

그림 6-32

3) 더블 레버

최단절 a와 마주보는 절 c를 고정, 절 b와 절 d는 요동 운동 가능하다. 점 A_1, B_1이 체인지 포인트

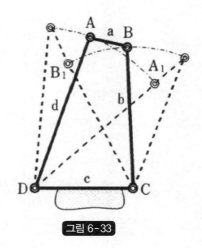

그림 6-33

2. 슬라이더 크랭크 메커니즘

4절 링크의 회전 조인트 중 하나를 미끄럼 조인트로 바꾼 것이며 네 가지 종류가 있다.

1) 왕복 슬라이더 크랭크

절 d를 고정하고 절 a를 회전시키면 슬라이더 c는 왕복 운동하며 거꾸로 슬라이더 c를 왕복 운동시키면 절 a는 회전 운동한다.

회전 운동 ⟶ 왕복 운동은 주로 프레스 기계에 이용되며 반대로 왕복 운동 ⟶ 회전 운동은 자동차 엔진에 대표적으로 쓰이고 있다.

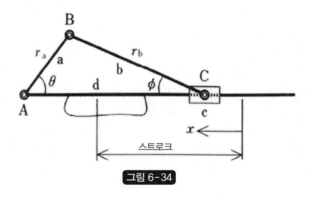

그림 6-34

변위량(x) :

$$x = (r_a + r_b) - (r_a\cos\theta + r_b\cos\phi)$$

$$r_a\sin\theta = r_b\sin\phi \qquad \cos\phi = \sqrt{1 - \sin^2\phi}$$

$$x = (r_a + r_b) - \left(r_a\cos\theta + r_b\sqrt{1 - \left(\frac{r_a}{r_b}\right)^2\sin^2\theta}\right)$$

$$= r_a\left[1 - \cos\theta + \frac{1}{\lambda}(1 - \sqrt{1 - \lambda^2\sin^2\theta})\right]$$

속도(v) : 변위를 미분한다.

$$v = \frac{dx}{dt} = r_a\omega\left(\sin\theta + \frac{\lambda\sin^2\theta}{2\sqrt{1 - \lambda^2\sin^2\theta}}\right)$$

가속도(a) : 속도를 미분한다.

$$a = \frac{dv}{dt} = r_a\omega\left(\cos\theta + \frac{\lambda\cos^2\theta + \lambda^3\sin^4\theta}{(1 - \lambda^2\sin^2\theta)\sqrt{1 - \lambda^2\sin^2\theta}}\right)$$

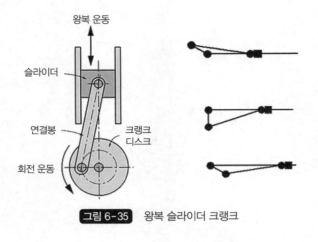

그림 6-35　왕복 슬라이더 크랭크

그림 6-36　자동차 엔진의 크랭크 축

2) 요동 슬라이더 크랭크

절 b를 고정하고 크랭크 a를 회전시키면 절 d는 고정절 b에 대해 요동 운동한다.

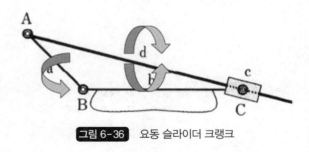

그림 6-36　요동 슬라이더 크랭크

조속 복귀 메커니즘 : 슬라이더 c를 절 a에 붙이고 절 b를 고정한다.

　절 a가 반시계 방향으로 회전하면

　① DEF 사이에서 절 d는 우에서 좌로

　② FGD 사이에서 절 d는 좌에서 우로

　움직이는 데 ①보다 ②가 이동 시간이 짧다.

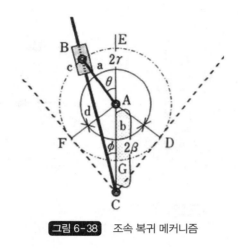

그림 6-38   조속 복귀 메커니즘

3) 회전 슬라이더 크랭크

최단절 a를 고정하고 절 b를 회전시키면 절 c는 절 d 위를 이동하고 절 d도 회전한다.

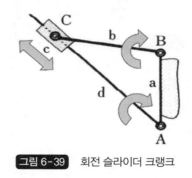

그림 6-39   회전 슬라이더 크랭크

4) 고정 슬라이더 크랭크

슬라이더 c를 고정하고 절 b를 요동시키면 절 d는 c 위를 이동하고 절 a는 절 b에 대해 회전한다.

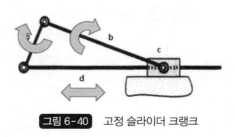

그림 6-40   고정 슬라이더 크랭크

3. 더블 슬라이더 크랭크

4절 링크의 4개 회전 조인트 중 2개를 미끄럼 조인트로 바꾼 것으로 조인트의 순서가 회전 ⟶ 미끄럼 ⟶ 미끄럼 ⟶ 회전으로 된다.

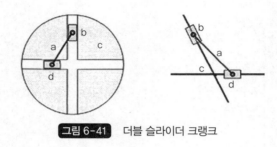

그림 6-41 더블 슬라이더 크랭크

1) 왕복 더블 슬라이더 크랭크

절 c는 절 d에 대해 단현 운동(harmonic motion)한다.

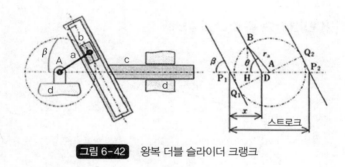

그림 6-42 왕복 더블 슬라이더 크랭크

2) 회전 더블 슬라이더 크랭크

절 a를 고정하고 슬라이더 b(d)를 회전시키면 슬라이더 d(b)도 회전한다. 올덤 커플링으로 실용화한다.

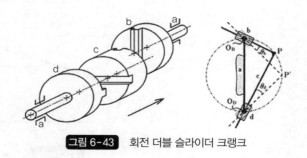

그림 6-43 회전 더블 슬라이더 크랭크

3) 고정 더블 슬라이더 크랭크

절 c를 고정한 경우에 생기는 메커니즘이다.

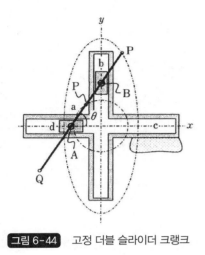

$$x = BP \times \cos\theta \qquad y = AP \times \sin\theta$$

점 P는 타원을 그린다(BP = AP인 경우는 원)

그림 6-44　고정 더블 슬라이더 크랭크

4. 4-바 링키지의 입력각과 출력각의 관계

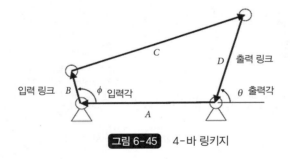

그림 6-45　4-바 링키지

링크를 한 바퀴 도는 벡터의 합은 0으로 된다.

$$A + B + C + D = 0$$

벡터를 각도와 링크의 길이로 나타내고 x, y 성
분에 대한 각각의 방정식을 세워서 풀어 본다.
(Freudenstein 방정식)

코사인 정리 : 각도 ϕ에 대해

$$L^2 = A^2 + B^2 - 2AB\cos\phi$$

$$L = \sqrt{(A^2 + B^2 - 2AB\cos\phi)}$$

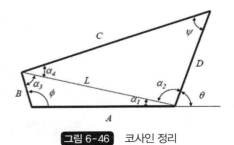

그림 6-46　코사인 정리

각도 α_1에 대해

$$B^2 = A^2 + L^2 - 2AL\cos\alpha_1$$

$$\therefore \alpha_1 = \cos^{-1}\left(\frac{A^2 - B^2 + L^2}{2AL}\right) = \cos^{-1}\left(\frac{A - B\cos\phi}{\sqrt{A^2 + B^2 - 2AB\cos\phi}}\right)$$

각도 α_2에 대해

$$C^2 = D^2 + L^2 - 2DL\cos\alpha_2$$

$$\therefore \alpha_2 = \cos^{-1}\left(\frac{D^2 - C^2 + L^2}{2DL}\right) = \cos^{-1}\left(\frac{A^2 + B^2 - C^2 + D^2 - 2AB\cos\phi}{2D\sqrt{A^2 + B^2 - 2AB\cos\phi}}\right)$$

각도 α_3에 대해

$$A^2 = B^2 + L^2 - 2BL\cos\alpha_3$$

$$\therefore \alpha_3 = \cos^{-1}\left(\frac{B^2 - A^2 + L^2}{2BL}\right) = \cos^{-1}\left(\frac{B - A\cos\phi}{\sqrt{A^2 + B^2 - 2AB\cos\phi}}\right)$$

각도 α_4에 대해

$$D^2 = C^2 + L^2 - 2CL\cos\alpha_4$$

$$\therefore \alpha_4 = \cos^{-1}\left(\frac{C^2 - D^2 + L^2}{2CL}\right) = \cos^{-1}\left(\frac{A^2 + B^2 + C^2 - D^2 - 2AB\cos\phi}{2C\sqrt{A^2 + B^2 - 2AB\cos\phi}}\right)$$

식이 성립한다.

$$\theta = \pi - \alpha_1 - \alpha_2$$

이들을 정리하면 입력각과 출력각의 관계는 아래 식으로 된다.

$$\pi - \theta = \tan^{-1}\frac{B\sin(\pi-\phi)}{A + B\cos(\pi-\phi)} + \cos^{-1}\frac{A^2 + B^2 - C^2 + D^2 + 2AB\cos(\pi-\phi)}{2D(A^2 + B^2 + 2AB\cos(\pi-\phi))^{1.5}}$$

① 구르는 원판 위에 있는 점의 속도

중심의 각속도를 ω, 원판이 θ만큼 회전하면 중심은 $r\theta$만큼 이동하므로 중심의 속도는 $v = r\omega$이다. 원판 위 여러 주요 점의 속도를 생각해 보면 아래 그림과 같다.

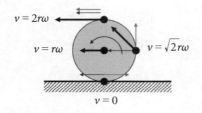
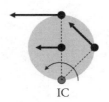
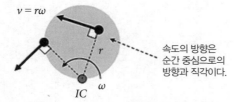

그림 6-47 구르는 원판 위의 속도

각 점에서의 속도 벡터에만 주목하여 보면 이들 점의 운동은 어떤 점 Ic(순간 중심 : instantaneous center)를 중심으로 하는 회전 운동으로 볼 수 있다. 다음 순간에는 다른 점을 중심으로 회전할지도 모르지만 이 순간에는 점 Ic의 둘레 회전 운동으로 되어 있다. 순간 중심을 알게 되면 임의의 점의 속도는 순간 중심까지의 거리와 방향으로부터 계산할 수 있다. 거꾸로 일반 위치에 있는 몇 개의 점에서의 속도를 알 수 있으면 순간 중심을 구할 수 있다.

② 중간 링크의 순간 중심

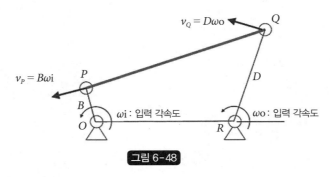

그림 6-48

P는 O의 둘레를 회전하고 Q는 R의 둘레를 회전하므로 P와 Q의 속도 벡터는 위 그림과 같이 된다. 이들로부터 순간 중심 Ic를 구할 수 있다. 순간 중심은 링크 B와 링크 D를 각각 연장한 직선의 교점이다. 점 P의 속도는 O의 둘레 회전에 의한 속도와 Ic의 둘레 회전에 의한 속도 두 가지로 나타낼 수 있으므로

$$v_p = L_p\omega = B\omega_i$$

마찬가지로 점 O의 속도에 대해

$$v_Q = L_Q\omega = D\omega_o$$

입력과 출력의 각속도비율로부터 출력 토크를 구하면

$$\frac{\omega_i}{\omega_o} = \frac{DL_P}{BL_Q} = \frac{D\sin\Psi_Q}{B\sin\Psi_P} \longleftarrow \frac{L_Q}{\sin\Psi_P} = \frac{L_P}{\sin\Psi_Q}$$

$$T_o = \frac{\omega_i}{\omega_o}T_i = \frac{D\sin\Psi_Q}{B\sin\Psi_P}T_i = \frac{D\sin(\alpha_2 + \alpha_4)}{B\sin(\alpha_3 + \alpha_4)}T_i \longleftarrow \Psi_P = \alpha_3 + \alpha_4$$

$$\Psi_Q = \pi - (\alpha_2 + \alpha_4)$$

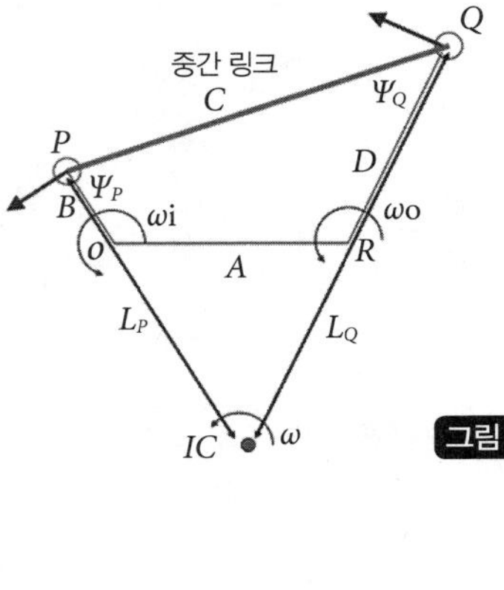

그림 6-49

6 캠과 롤러/캠 팔로워

여러 가지 형태의 캠(cam) 안내면과 롤러(roller) 또는 캠 팔로워(cam follower)의 조합에 의해 운동을 변환하는 것으로 직선 운동 거리가 짧은 경우에만 사용 가능하며 부등속 운동을 실현하는 데 편리하다.

1. 운동 변환의 종류

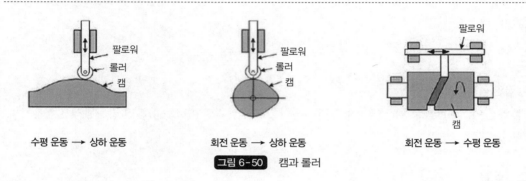

수평 운동 → 상하 운동　　　회전 운동 → 상하 운동　　　회전 운동 → 수평 운동

그림 6-50　캠과 롤러

2. 캠의 종류

1) 평면 캠

(1) 판 캠

특수한 윤곽을 가진 판을 회전시켜 그 외주에 팔로워를 접촉시켜 원하는 운동을 실현한다. 형태에 따라 원판 캠, 삼각 캠 등으로 나눈다. 캠의 회전이 너무 빠르면 팔로워가 따라오지 못한다.

(2) 정면 캠

판 면에 홈을 파고 이 홈에 팔로워를 끼워 넣은 캠. 홈 캠이라고도 한다.

(3) 직선 운동 캠

판 캠의 외주를 펼쳐 놓은 모양의 캠이 직선으로 왕복 운동하는 것. 캠의 회전이 너무 빠르면 팔로워가 따라오지 못한다.

(4) 반대 캠

직선 운동 캠을 반대로 한 것이다.

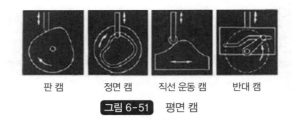

판 캠   정면 캠   직선 운동 캠   반대 캠

그림 6-51 평면 캠

2) 입체 캠

(1) 원통 캠

원통의 외주에 홈을 파고 거기에 팔로워를 끼워 넣은 것이다.

(2) 끝면 캠

원통의 끝면, 외주 측을 필요한 모양으로 가공한 것. 캠의 회전이 너무 빠르면 팔로워가 따라오지 못한다.

(3) 원추 캠

원추형상의 외주에 홈을 파고, 그곳에 팔로워를 끼워 넣은 것이다.

(4) 구면 캠

공과 같은 형상의 외주에 홈을 파고, 그곳에 팔로워를 끼워 넣은 것이다.

(5) 경사판 캠

캠의 회전이 너무 빠르면 팔로워가 따라오지 못한다.

원통 캠   끝면 캠   원추 캠   구면 캠   경사판 캠

그림 6-52 입체 캠

7 ▶ 와이어와 롤러/타이밍 벨트와 풀리/체인과 스프로켓

동력 전달 요소이자 감속 요소인 와이어와 롤러, 벨트와 풀리, 체인과 스프로켓은 운동 변환 요소로도 사용이 가능하다. 직선 이동시키고 싶은 물체를 위 그림과 같이 와이어, 벨트 및 체인에 고정한 다

음 롤러, 풀리 및 스프로켓을 회전시키면 회전 운동을 직선 운동으로 변환할 수 있다.

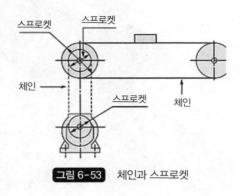

그림 6-53 체인과 스프로켓

8 ▶ 리니어 서보 모터

리니어 서보 모터(linear servo motor)는 원통형으로 되어 있는 일반적인 모터를 직선으로 펼친 것과 같은 구조로, 전자력을 바로 직선 운동으로 전환할 수 있으므로 긴 길이의 축에서도 고속성을 발휘할 수 있어 고속, 고가속 및 고정밀 위치 제어용으로 많이 사용되고 있는데, 다이렉트 드라이브 방식으로 백래시리스(backlashless)이며 고강성인 장치를 구성할 수 있으므로 고응답, 고정밀도 위치 제어가 가능하다.

일반적으로 최고 속도 3m/sec 정도이며 반복 위치 제어 정밀도 ±1μm가 가능하다.

그러나 회전형과 같이 감속기를 사용할 수 없으므로 외력에 약한 결점이 있다. 이 결점을 보완하기 위해서는 일반 회전형 모터용 서보 앰프(servo amp)에 피드 포워드(feed forward) 제어 등의 제어 방식의 추가가 필요하다.

변환 기구가 없으므로 먼지 발생이 적어 청정을 요구하는 장치에는 적합하지만, 모터 자체는 기밀 구조 유지가 곤란하다. 드러나 있는 영구자석에 철 분진의 부착, 기름 및 분진에 의한 오염 대책이 필요하다.

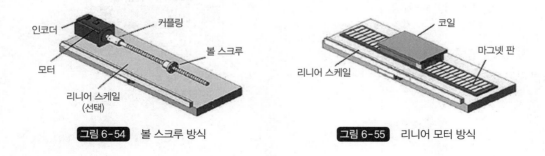

그림 6-54 볼 스크루 방식

그림 6-55 리니어 모터 방식

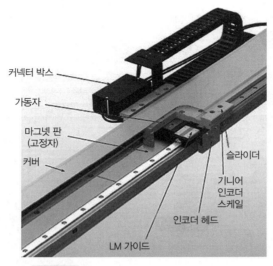

커넥터 박스
가동자
마그넷 판
(고정자)
커버
슬라이더
기니어
인코더
스케일
인코더 헤드
LM 가이드

그림 6-56 리니어 모터를 사용한 이송 시스템

1. 리니어 서보 모터의 종류

리니어 가이드 방식	코어형	편측식
		양측식
	코어리스형	
실린더 방식	코어형	

1) 리니어 가이드 방식 코어형

속도는 1~3m/sec, 가속도는 2~3G 정도가 일반적이다. 부하의 질량에 좌우되지만 속도 5m/sec 이상, 가속도 5G 이상의 성능도 가능하다. 비교적 중량이 무거우며 큰 추력이 가능하고 추력/체적 비율을 크게 할 수 있으므로 공간 절약이 가능하다.

흡인력이 가이드의 예압으로 작용하므로 고강성화 가능하다. 코깅(cogging) 추력, 자기 흡인력 및 코일과 마그넷 사이의 빈 간격 설정 등의 문제가 있다.

로봇의 주행축 및 장거리 반송 장치 등에 사용되고 있다.

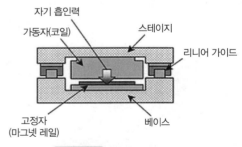

자기 흡인력
가동자(코일)
스테이지
리니어 가이드
고정자
(마그넷 레일)
베이스

그림 6-57 코어형 편측식

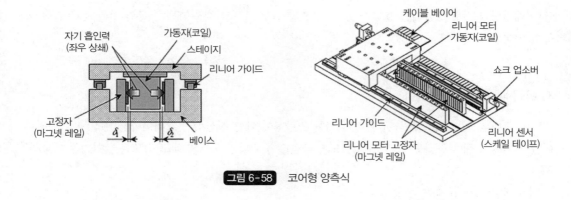

그림 6-58   코어형 양측식

2) 리니어 가이드 방식 코어리스형

경량, 고가속의 특징을 살려 광축 이동형 레이저 가공기, 반도체 제조 장비, 광학 기계 및 계측 기기 등에 사용되어 뛰어난 능력을 발휘한다.

① 작은 추력

② 고가속 성능 : 가동부(코일)의 5배 질량인 부하에 대해 약 10G 가능

③ 코어형과 달리 자기 흡인력 및 코깅(맥동 현상)이 발생하지 않으므로 속도 변동이 적고 경하중용 리니어 가이드를 사용할 수 있는 장점이 있으며 조립 시에도 위험한 작업은 없다.

④ 코일과 마그넷 사이의 빈 간격은 양측에 0.4mm씩 설정하지만 코일이 기계적으로 간섭하지 않는 범위에서 양측의 간격 편차가 있어도 추력 특성에는 거의 영향을 주지 않는 이점이 있다.

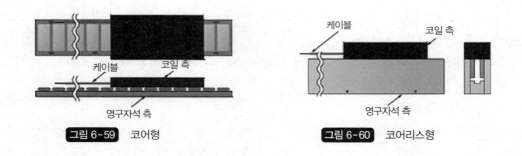

그림 6-59   코어형   그림 6-60   코어리스형

3) 실린더 방식 코어형

짧은 스트로크, 높은 방열률인 실린더 방식은 고속화, 소형화를 실현할 수 있으며 IP 55급의 방진 규격을 만족시킨다. 모터 센서가 회전형과 같이 일체 구조이므로 사용하기 쉽다. 마그넷 부가 가동하고 코일이 고정이므로 가동 케이블이 없어 높은 신뢰성 유지가 가능하다. 가동부인 마그넷이 고정자인 코일 내경에 균형 좋게 배치되어 있으므로 회전형과 같이 볼 스플라인 축에서는 자기 흡인력이 상쇄

되어 베어링의 수명을 늘리는 효과가 있다. 구조상 긴 스트로크 제품 개발은 곤란하다. 높은 가속 성능이 얻어진다.

4) 리니어 인코더

리니어 모터의 위치 및 속도를 검출하기 위한 원판형이 아닌 직선형 인코더이다(제13장 참조). 리니어 인코더의 분해 성능과 반복 위치 정밀도가 좋을수록 리니어 모터의 최고 속도는 낮아지는 데 유의해야 한다.

그 일례를 아래 표에 보인다.

표 6-16

분해 성능(µm)	반복 위치 정밀도(µm)	최고 속도(m/sec)
10.0	±10	
5.0	±5	3.0
1.0		
0.5	±1	1.5
0.1		0.3

5) 리니어 모터의 선정 수순

(1) 최대 추력 비율 검토

가속 감속 시 F = ma + 마찰력

부하 변동을 고려하여 필요한 추력이 최대 추력의 80% 이하에서 사용을 추천한다.

(2) 2승 평균 추력 검토

정속 시 F = 외력 + 마찰력

부하 변동을 고려하여 필요한 2승 평균 추력이 연속 정격 추력의 70% 이하에서 사용을 추천한다.

(3) 최대 운반 중량 확인

(4) 회생 저항기 필요성 검토

드라이버의 회생 에너지가 감속 시의 회생 에너지보다 작은 경우 필요하다.

9 ▶ 유공기압 실린더 + 랙과 피니언

유공기압 실린더의 로드 끝에 랙을 고정시키고 이것을 전진 후진시키면 랙과 맞물린 피니언이 회전하게 되므로 직선 운동을 회전 운동으로 변환하게 된다.

chapter 07

안내 요소

대부분의 장비는 작업 대상물과 공구 또는 측정기의 상대 운동을 통하여 목적하는 일을 하거나 부품을 직접 이송 또는 운송하는 일을 하는데, 안내 요소란 이 운동을 제어하여 일정한 방향으로 운동을 제어하면서 평행도, 직각도, 진직도 등을 확보하는 데 중요한 기본 요소이다.

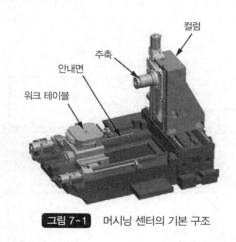

그림 7-1 머시닝 센터의 기본 구조

1 ▶ 안내 요소의 요건

안내 요소가 갖춰야 할 기본적인 요소는 다음과 같은 것들이 있다.

① 운동의 동작을 구속할 수 있을 것 : 한 방향만 자유도를 가질 것
② 피칭(pitching), 요잉(yawing), 롤링(rolling) 등의 자세 변화가 없도록 할 것

③ 매끄럽게 움직일 것
④ 하중 및 절삭력 등 외력을 받을 수 있을 것
⑤ 진동을 흡수할 것
⑥ 장기간 성능 및 정밀도가 바뀌지 않을 것 : 마모에 강할 것

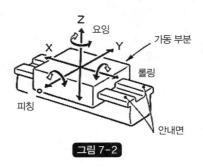

그림 7-2

2 ▶ 안내 방식의 종류

안내 방식에는 슬라이딩 안내, 롤링 안내, 정압 안내, 자기 부상 안내가 있으며 장비의 크기, 종류 및 용도에 따라 알맞은 방식을 골라 사용하는 데 현재 주로 사용되는 안내 방식은 슬라이딩 안내와 롤링 안내이다.

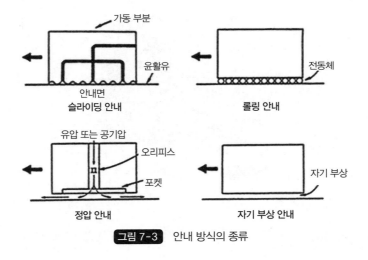

그림 7-3 안내 방식의 종류

1. 슬라이딩 안내

윤활유를 2개의 기준면 사이에 공급하여 면 사이의 마찰을 낮춰 상대 운동하게 하는 안내 방식이다.

1) 안내면의 기본 조건

① 기준면 : 표면 경화 후 연마

② 슬라이딩면 : 밀링 가공으로 황삭 가공한 다음 스크래핑 작업을 통하여 기준면에 대해 접촉 면적이 넓고 균일하게 되도록 맞춘다. 스크래핑 작업된 면은 기름을 머금고 있으며, 접촉 비율이 높아져 진동 감쇠성이 좋아지며, 무거운 공작물을 절삭하는 기계 및 큰 절삭력이 걸리는 기계의 안내면으로 적합하다.

③ 슬라이딩면에 가공된 기름 홈에 일정 시간마다 일정 점도의 윤활유를 공급해 주어야 한다.

④ 절삭력에 의해 위로 들리지 않도록 해야 한다.

⑤ 기준면과 슬라이딩면 사이의 틈새와 면압을 조절하기 위해 필요한 곳에 아래 그림과 같이 기브 (gib)를 설치해야 한다.

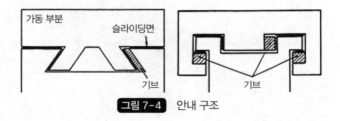

그림 7-4 안내 구조

2) 특징

① 고강성, 고진동 감쇠 성능, 높은 마찰계수, 낮은 위치 제어 정밀도

② 무거운 공작물을 절삭하는 기계 및 큰 절삭력이 걸리는 기계의 안내면으로 적합하다.

③ 비교적 마찰 저항이 큰 결점이 있어 높은 가공 정밀도 및 고속 이송에는 적합하지 않다.

④ 마찰이 크므로 구동용 볼 스크루를 좌우 안내면의 중심에 놓지 않으면 슬라이딩면을 삐뚤어지게 하는 큰 모멘트가 걸려 편마모가 생긴다.

⑤ 슬라이딩면에 불소 수지(터카이트)를 붙여 사용하는 경우도 있다.

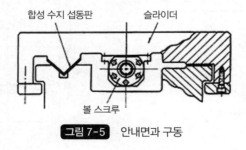

그림 7-5 안내면과 구동

3) 슬라이딩 안내면의 형상

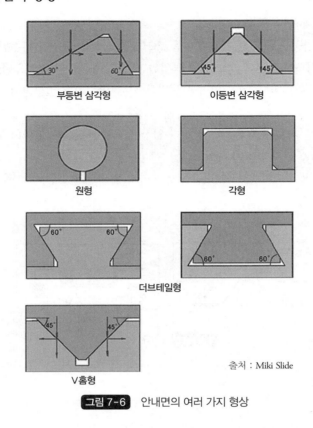

부등변 삼각형

이등변 삼각형

원형

각형

더브테일형

V홈형

출처 : Miki Slide

그림 7-6 안내면의 여러 가지 형상

4) 반 부상 슬라이딩 안내

슬라이딩 안내 방식의 고부하, 고감쇠 특성을 살리면서 마찰이 크다는 결점을 해결한 안내 방식이다. 이 방식은 그림 7-7과 7-8에서 보듯이 슬라이딩면에 기름 홈 외에 에어 패드와 변위 센서를 두

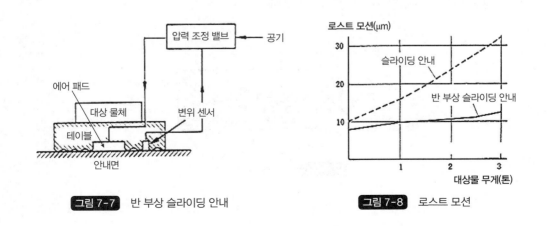

그림 7-7 반 부상 슬라이딩 안내

그림 7-8 로스트 모션

어 하중의 변화를 검출하여 안내면에 걸리는 힘이 항상 일정하도록 공기 압력을 변동시켜 부하 변동에 관계없이 정밀도가 일정하게 유지되는 안정된 방식이다.

한편 받쳐주는 힘은 하중보다는 작으므로 공기압에 의해 완전히 부상하는 일은 없으며 슬라이딩 안내의 강성 및 감쇠 특성은 약화되지 않는다. 그러므로 이 방식은 비교적 무거운 대상물 및 고정밀 가공이 필요로 되는 금형 가공용 머시닝 센터 등의 안내면에 쓰이고 있다.

2. 롤링 안내

롤러 또는 볼을 기준면 위에서 굴려, 낮은 구름 저항을 이용하여 안내하는 방식으로 리니어 모션 가이드(LM 가이드)가 대표적인 부품이며 형태에 따라 다음과 같은 종류가 있다.

1) 종류

(1) LM 가이드

기계의 직선 운동부에 '구름'을 써서 안내하는 기계 요소로 LM 레일과 LM 블록의 두 부품으로 구성되어 있으며 LM 레일 위를 LM 블록이 슬라이딩하여 직선 운동한다.

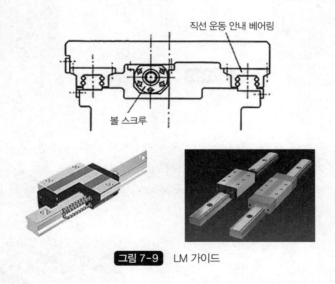

그림 7-9 LM 가이드

(2) 리니어 부시

원통형 축인 LM 샤프트와 조합하여 사용되는 직선 안내 요소이다.

그림 7-10　리니어 부시

(3) 가이드 볼 부시

4열의 서큘러 아크(circular arc) 홈(전동 홈)을 두고 있어 외통의 회전을 방지하는 기구가 불필요하다. 리니어 부시보다 정격 하중은 같은 크기에서 두 배 이상으로 대폭 향상된다.

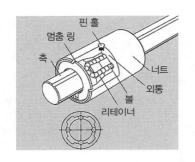

그림 7-11　가이드 볼 부시

(4) 볼 스플라인

정밀 연삭된 스플라인 축의 전동면을 스플라인 너트에 조립된 볼이 미끄러지면서 직선 운동을 하며, 토크 전달이 가능한 직선 운동 시스템이다. 리니어 부시 대신 사용하는 경우 같은 직경으로 수십 배의 정격 하중을 가지므로 콤팩트한 설계가 가능하며 오버행(overhang) 하중 및 모멘트가 작용하는 경

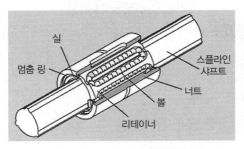

그림 7-12　볼 스플라인

우에도 사용할 수 있으므로 높은 안정성과 긴 수명이 얻어진다.

진동 충격이 작용하는 가혹한 조건에서 사용되고 또 고정밀도 위치 제어가 필요한 곳 및 고속 운동 성능이 요구되는 곳 등에 사용된다.

(5) 크로스 롤러 베어링

전동면을 복열화하고 작은 지름의 롤러를 배치하여 콤팩트하며 내외륜에 조립용 구멍이 가공되어 있어 플랜지 없이도 장치에 직접 고정이 가능하다.

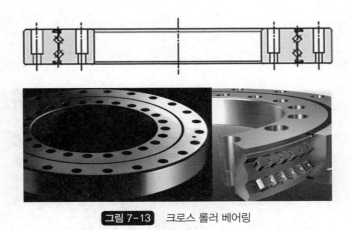

그림 7-13 크로스 롤러 베어링

크로스 롤러 베어링을 고정할 부품의 가공 정밀도, 즉 아래 그림의 기하 공차 빈칸에 들어갈 값은 표 7-1과 같다.

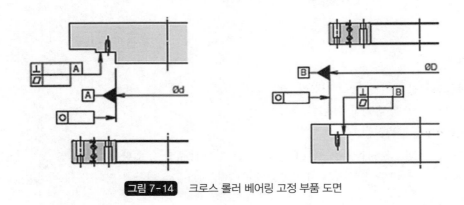

그림 7-14 크로스 롤러 베어링 고정 부품 도면

표 7-1 기하 공차

D, d의 기준 치수(mm)		진원도, 직각도, 평면도(μm)
초과	이하	
120	180	5
180	250	7
250	315	8
315	400	9
400	500	10
500	630	11

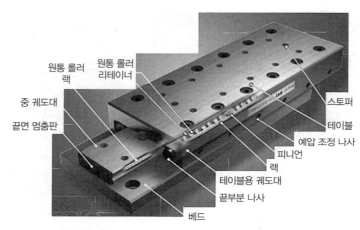

그림 7-15 랙 & 피니언 내장형 크로스 롤러 웨이 유닛

2) 특징

- 저마찰, 고위치 제어 정밀도, 저강성, 낮은 진동 감쇠 성능
- 오랫동안 정밀도를 유지할 수 있다.
- 부착면 가공이 쉽다.
- 마찰이 적으므로 구동용 볼 스크루를 한쪽에 치우치게 배치할 수 있다.
- 기동 마찰과 동 마찰의 차이가 적으므로 슬라이더를 원하는 위치에 정확히 세우는 운동 제어가 쉽다.
- 마찰 저항이 작으므로 작은 힘으로 고속 이송할 수 있다.
- 선 접촉으로 접촉 면적이 작기 때문에 큰 부하 및 절삭력을 받는 데는 한계가 있다.
- 감쇠성이 낮으므로 충격이 큰 곳에는 부적합하다. 비교적 작은 절삭력과 고속 이송이 필요한 알루

미늄 가공 및 그래파이트(graphite) 가공용 머시닝 센터에 채용한다.
- 조립 방법에 따라 위치 정밀도 등 성능에 영향을 받으므로 진직도, 직각도 등 조립 정밀도에 주의해야 한다.
- 구입이 쉽다.

3. 정압 안내

직선으로 상대 운동하는 두 면 사이에 가압된 액체 또는 기체를 강제로 공급하여 이동 물체를 부상시킴과 동시에 유체의 낮은 점성을 이용하여 안내하는 방식으로, 저마찰 계수, 높은 안내 정밀도의 특징을 가지고 있지만 비용이 비싸고 감쇠 효과가 거의 없는 단점이 있다.

여기에서는 주로 많이 사용되는 정압 기체 안내를 중심으로 설명한다.

1) 정압 기체 안내

정밀 측정기 및 초정밀 가공기의 안내 요소로 쓰이고 있는 정압 기체 안내는 윤활제로 압축 공기를 쓴 슬라이딩 안내의 일종이다. 정압 기체 안내는 비접촉 안내이므로 마모에 의한 정밀도 저하가 없어 정밀도가 안정되며, 작은 구동력으로 동작하므로 고정밀도, 고신뢰성이 요구되는 장치 분야에 폭넓게 사용되고 있다.

주로 반도체 제조 장치와 정밀 측정기이다. 최근 반도체 노광 장치에 쓰이는 레티클 스캔 스테이지(reticle scan stage), 웨이퍼(wafer) 스캔 스테이지 등의 기계에는 점차 고정밀화, 고속화가 요구되고 있는데, 대기 중에서 사용되는 광 스테퍼(stepper)에는 정압 기체 안내가 널리 쓰이고 있다.

정압 기체 안내의 구조 재료로는 스테인리스강, 알루미늄, 석재 및 세라믹스 등이 쓰이고 있다.

그림 7-16 세라믹 에어 슬라이드

그림 7-17 세라믹 X-Y 스테이지

2) 정압 기체 안내의 구조

정압 기체 안내는 고정된 가이드 축과 이 가이드 축을 따라 이동하는 슬라이더로 구성되어 있으며, 슬라이더에 있는 기체 공급 구멍으로부터 공급된 압축 기체에 의해 가이드 축과 슬라이더의 틈새에 기체 윤활막이 생성되어 슬라이더가 부상한다.

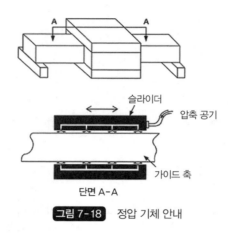

그림 7-18 정압 기체 안내

한편 차세대 광원인 EUV(극자외선, Extreme Ultra Violet) 및 전자빔 등은 진공환경하에서 사용되므로 이들을 사용하는 장치의 X-Y 스테이지에는 구름 안내가 쓰이고 있다. 그렇지만 구름 안내는 마모가 커서 단기간에 정밀도가 떨어지는 문제가 있고 마모에 의한 먼지 발생 및 발열 등 노광 정밀도에 직접적으로 영향을 주는 문제도 발생한다. 더욱이 고속화에 대한 요구도 있어 정압 안내의 적용도 검토되고 있다.

정압 기체 안내를 진공 상태에서 사용하려면 배출되는 기체를 회수하는 수단을 강구해야 한다. 아래 그림과 같은 차동 배기 메커니즘이 이에 대응할 수 있다.

위 그림은 에어 패드 중심에 압축 기체를 불어내는 구멍(orifice)을 설치하고 밭 전자 모양의 표면 오리피스를 둔 일반적인 복합 오리피스 형상의 에어 패드 모델이다. 밭 전자 오리피스 부분이 압축

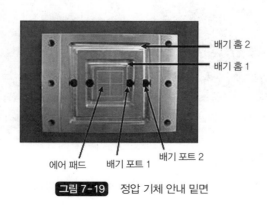

그림 7-19 정압 기체 안내 밑면

공기 부분으로 고정축에 대해 부상력을 발생시킨다. 공급된 압축 기체는 배기 홈 1로 유입되며 배기 포트 1을 통하여 외부에 설치된 진공 펌프에 의해 배기된다. 더 나아가 배기 홈 2로 유입된 기체는 배기 포트 2를 통하여 외부로 배기된다.

3) 정압 안내의 종류

(1) 플랫 에어 베어링

다공질 카본 소재를 사용한 패드 형상의 정압 에어 베어링은 자유도가 높은 설계가 가능하다. 전용 볼 마운트에 의해 에어 베어링의 고정 및 정렬(alignment)의 미세 조정이 간단하게 이루어진다.

일반적으로 가이드 면에는 자연석(granite), 표면 처리된 알루미늄, 세라믹, 유리, 스테인리스강, 도금 처리된 금속 등을 쓰고 있다. 비접촉으로 이동하므로 플라스틱도 사용 가능하다.

에어 베어링의 기본 성능을 발휘시키기 위한 가이드면의 조도는 1.6s 이하로 마무리 가공되어야 한다.

그림 7-20 플랫 에어 베어링

(2) 에어 베어링 슬라이더

플랫 에어 베어링(flat air bearing)을 활용한 소형 슬라이더이다.

(3) 에어 부시

리니어 부시의 대체품으로 축에는 스테인리스강 및 도금된 금속을 사용한다.

그림 7-21 에어 부시

(4) 진공 예압 베어링

플랫 에어 베어링과 비슷하지만 가이드면과의 사이의 예압을 만들기 위해 마이너스 압 공기를 쓴다.

4) 정압 기체 안내의 특징

① 압축 공기만 공급해도 유 윤활은 필요없다.

② 유지 관리가 불필요하다.

③ 스틱 슬립이 전혀 없다.

④ 비접촉이므로 마모에 의한 정밀도 저하가 없다.

⑤ 마찰이 없어 작은 구동력으로도 동작한다.

⑥ 에어를 슬라이딩 부에서 불어내므로 먼지의 침입을 방지하여 정밀도가 안정하다.

4 ▶ 자기 부상 안내

자기(magnetic)의 반발력으로 부상시켜 안내하는 방식이다. 대표적인 응용 분야는 자기 부상 열차이다.

chapter **08**

연결 요소

1 ▶ 키

축과 동력 전달 요소를 연결시키기 위한 것으로 회전 방향의 힘을 받고 있으며, 간단히 조립과 분해가 가능하다. 키(key)의 크기는 축의 지름에 의해 정해지며, 키의 길이는 전달해야 할 토크와 키 재료의 허용 전단 응력 또는 압축 응력에 의해 계산되나 키의 길이는 조립 시 까딱거림 방지를 위해 키 폭의 1.5배 이상이어야 한다.

키 홈이 필요한 것과 필요없는 것으로 나누고 있으며, 일반적으로 키 홈이 필요없는 것은 경하중용, 키 홈이 필요한 것은 동력 전달용으로 사용되고 있다.

1. 묻힘 키

묻힘 키(sunk key)는 축과 보스(기어, 풀리, 스프로켓) 양쪽에 키 홈을 두고 끼워 넣는 키이며 가장 많이 사용되고 있다.

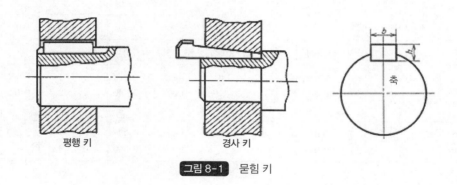

평행 키   경사 키

그림 8-1 묻힘 키

고속 회전 및 중 하중의 동력 전달용으로 주로 사용되며 평행 키와 경사 키 두 가지가 있다. 평행 키에는 키 홈의 치수 허용차에 따라 슬라이딩형, 보통형 및 조임형의 세 종류가 있다. 슬라이딩형은 보스가 축 위를 움직일 수 있도록 할 때 쓰이며 미끄럼 키라고도 불린다.

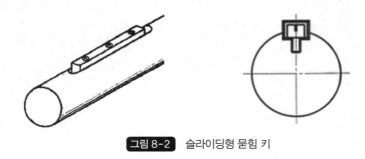

그림 8-2 슬라이딩형 묻힘 키

보통형은 키를 축의 키 홈에 미리 끼워 넣고 여기에 보스를 밀어 끼우는 방식이다. 조임형은 키를 축에 견고하게 끼운 다음 보스를 끼워 넣는 것으로 정밀 키라고도 한다. 경사 키는 키의 윗면에 경사 (1/100 테이퍼)를 준 키로, 반경 방향 틈새가 없어야 하는 경우에 사용한다.

평행 키의 키 홈 공차는 아래 표와 같다.

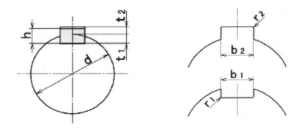

표 8-1 평행 키의 홈 공차

적용 축 지름 (이하)	키의 호칭 치수 (b×h)	b1 허용차			b2 허용차			기준 치수		t1, t2 허용차	r1, r2
		보통형 N9	조임형 P9	슬라이딩형 H9	보통형 Js9	조임형 P9	슬라이딩형 D10	t1	t2		
6~8	2×2	−0.004	−0.006	+0.025	±	−0.006	+0.060	1.2	1.0	+0.1	0.08
8~10	3×3	−0.029	−0.031	0	0.0125	−0.031	+0.020	1.8	1.4	0	−0.16
10~12	4×4	0	−0.012	+0.030	±0.015	−0.012	+0.078	2.5	1.8	+0.1	
12~17	5×5	−0.030	−0.042	0		−0.042	+0.030	3.0	2.3	0	0.16
17~22	6×6							3.5	2.8		−0.25
20~25	7×7	0	−0.015	+0.036	±0.018	−0.015	+0.098	4.0	3.3	+0.2	
22~30	8×7	−0.036	−0.051	0		−0.051	+0.040	4.0	3.3	0	

표 8-1 평행 키의 홈 공차(계속)

적용 축 지름 (이하)	키의 호칭 치수 (b×h)	b1 허용차			b2 허용차			기준 치수		t1, t2 허용차	r1, r2
		보통형 N9	조임형 P9	슬라이딩형 H9	보통형 Js9	조임형 P9	슬라이딩형 D10	t1	t2		
30~38	10×8							5.0	3.3		0.25 -0.40
38~44	12×8	0 -0.043	-0.018 -0.061	+0.043 0	± 0.0215	-0.018 -0.061	+0.120 +0.050	5.0	3.3	+0.2 0	
44~50	14×9							5.5	3.8		
50~55	15×10							5.0	5.3		
50~58	16×10							6.0	4.3		
58~65	18×11							7.0	4.4		
65~75	20×12	0 -0.052	-0.022 -0.074	+0.052 0	±0.026	-0.022 -0.074	+0.149 +0.065	7.5	4.9	+0.2 0	0.40 -0.60
75~85	22×14							9.0	5.4		
80~90	24×16							8.0	8.4		
85~95	25×14							9.0	5.4		
95~110	28×16							10.0	6.4		
110~130	32×18	0 -0.062	-0.026 -0.088	+0.062 0	±0.031	-0.026 -0.088	+0.180 +0.080	11.0	7.4	+0.3 0	0.70 -1.00
125~140	35×22							11.0	11.4		
130~150	36×20							12.0	8.4		
140~160	38×24							12.0	12.4		
150~170	40×22							13.0	9.4		
160~180	42×26							13.0	13.4		
170~200	45×25							15.0	10.4		
200~230	50×28							17.0	11.4		
230~260	56×32	0 -0.074	-0.032 -0.106	+0.074 0	±0.037	-0.032 -0.106	+0.220 +0.100	20.0	12.4	+0.3 0	1.20 -1.60
260~290	68×32							20.0	12.4		
290~330	70×36							22.0	14.4		
330~380	80×40							25.0	15.4		2.00 -2.50
380~440	90×45	0 -0.087	-0.037 -0.124	+0.087 0	± 0.0435	-0.037 -0.124	+0.260 +0.120	28.0	17.4		
440~500	100×50							31.0	19.5		

규격품인 키 폭의 허용차는 h9이다. 예) 5h9-0.030

2. 안장 키

안장 키(saddle key)란 축의 원통면에 맞춰 키의
밑면을 원호 모양으로 깎아 때려 넣도록 한 키를
말한다.

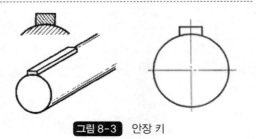

그림 8-3 안장 키

축을 가공하지 않고 때려 넣은 마찰력만으로 회전력을 전달하므로 경하중용이며, 키와 보스 모두에 1/100 테이퍼를 준다. 정역회전이 반복되는 경우에는 부적합하다.

3. 평 키

축의 표면을 약간 평평하게 깎은 면과 접촉하도록 한 키를 평 키(flat key)라 한다.

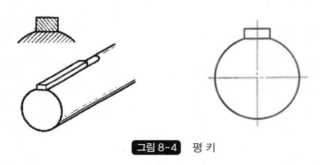

그림 8-4 평 키

안장 키보다는 큰 경하중용이며 보스 측 홈에 1/100 테이퍼를 주며 정역회전이 반복되는 경우에는 부적합하다.

4. 접선 키

접선 키(tangential key)란 서로 반대 경사인 키를 2개 때려 넣은 키를 말한다.

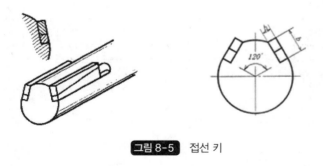

그림 8-5 접선 키

키가 얇고 키 홈이 얕아 보스 및 축을 약하게 하지 않으므로 중하중 및 정역회전이 반복되는 축에 사용하고 있다. 1/100 테이퍼가 주어져 있다.

5. 반달 키

모양이 반달(woodruff) 모양인 키로 축의 경사진 부분에 사용 시 각도 맞춤이 필요없어 편리하다.

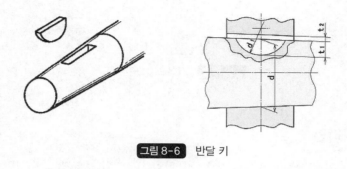

그림 8-6 반달 키

까딱거림이 없으나 축에 깊은 홈을 파므로 축이 약해져 동력 전달 능력은 조금 떨어진다.

2 ▶ 스플라인 축

스플라인 축(spline shaft)은 축의 외주에 아래 그림과 같은 형상의 홈이 있고 기어의 내경에 이 홈과 맞물리는 형상의 홈이 있어 회전력을 전달하는 축이다. 축에 대해 보스가 축 방향으로 슬라이딩 운동이 가능하면서 고하중의 동력 전달이 가능하다. 자동차의 트랜스미션과 프로펠러 축의 결합, 프로펠러 축과 차동 기어의 결합 등에 쓰이고 있다.

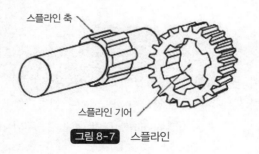

스플라인 축

스플라인 기어

그림 8-7 스플라인

1. 각형 스플라인

가공이 비교적 쉬우며 전달 토크는 인벌류트 스플라인보다 작다. 홈의 수는 6, 8, 10개의 세 종류가 있다. 축과 보스의 맞춤 조정은 골 지름에서 한다.

그림 8-8 각형 스플라인

2. 인벌류트 스플라인

인벌류트(involute) 치형을 가공한 것으로 각형 스플라인보다 전달 토크가 크며 정밀도가 좋다. 자동차의 변속 장치 등에 슬라이딩하면서 변속하는 용도 등에 쓰인다. 맞춤 조정은 산 지름 및 치면에서 한다.

그림 8-9 인벌류트 스플라인

3 ▶ 세레이션

세레이션(serration)은 홈의 형상이 삼각형이며 스플라인 축의 홈 깊이를 낮추고 홈 개수를 늘린 것으로, 맞물림에 틈이 없어 축 방향 이동은 곤란하며 까딱거림은 없다. 같은 지름의 스플라인 축보다 큰 토크를 전달할 수 있으며 일반적으로 직경 60mm 이하인 축에 사용된다. 홈 수는 28~42개 정도이다.

그림 8-10 세레이션

4 ▶ 테이퍼 링

테이퍼 링(taper ring)이란 축과 보스 모두에 키 홈을 가공할 수 없는 경우에 사용되는 축 연결 요소이며 스팬 링(span ring)이라고도 불린다. 한 쌍의 테이퍼 링을 가압 슬리브로 눌러 체결력을 발생시킨다. 기름을 얇게 발라 조립하며 흔들림이 생길 수 있으므로 체결 볼트는 대각으로 균등하게, 체결 토크는 몇 회에 걸쳐 나눠 잠근다.

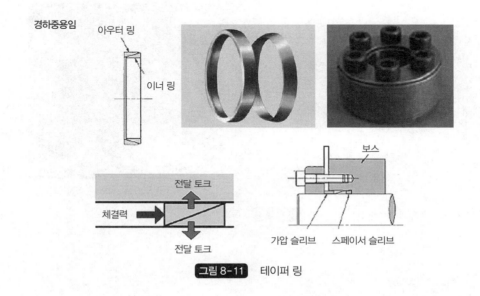

그림 8-11 테이퍼 링

5 ▶ 코터

축의 길이 방향에 직각으로 끼워 넣는 쐐기 모양 요소로 해체가 비교적 쉽고 조절도 가능하고 구조가 간단하므로 임시 연결용으로 사용 진동에 의해 빠질 우려가 있을 때는 코터에 멈춤 핀을 끼워 넣어 빠지지 않도록 한다. 전달력은 축의 길이 방향으로 작용하므로 코터(cotter)는 직각 방향으로 힘이 작용하여 굽힘 응력과 전단 응력을 받는다.

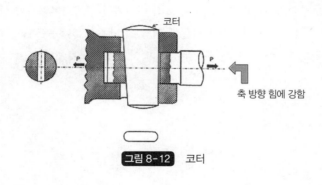

그림 8-12 코터

6 ▶ 폴리곤 축

아래 그림과 같은 형상을 축과 보스에 가공하여 끼워 맞춤하여 동력을 전달하는 축으로, 같은 직경의 스플라인 축보다 2배 정도의 토크를 전달할 수 있다. 백래시를 작게 할 수 있고 동심도가 뛰어나 고속 회전 시 밸런스가 좋다.

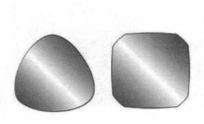

출처 : General Polygon Systems Inc.

그림 8-13   폴리곤 축

7 ▶ 수축 체결

1. 수축 체결

수축 체결에는 열 끼움(shrink fit, thermal insert), 압입 끼움(press fit, force fit), 때려 박음이 있는데, 이것은 인터피어런스(interference)의 크기, 수량, 작업성 등에 의해 선택된다.

축을 보스에, 또는 보스를 림 및 드럼에 고정하는 방법의 하나로 외측 부품을 가열하여 구멍을 팽창시켜 내측 부품에 끼워 넣고 외측 부품이 실온까지 냉각됨에 따라 수축하여 내측 부품을 접촉면에서 꽉 조여 둘은 체결된다. 이것을 열 끼움이라 한다.

상온에서 내측인 축 또는 통의 외경과 외측 부품의 내경차를 인터피어런스라 한다. 이것이 크면 체결력은 커진다. 그러나 끼워 맞춤에서 발생하는 응력이 축 재료의 허용 응력을 넘지 않아야 한다. 또 끼워 맞춤부에는 기계의 가동에 의해 생기는 부하 능력이 작용되므로 둘의 합성 응력에 견딜 수 있는 강도가 필요하다.

2. 수축 체결의 계산

① 접촉면의 압력 $P(kgf/mm^2)$와 반경 방향 인터피어런스 $\delta(mm)$ 사이에는 다음과 같은 관계식이 성립된다.

$$\delta_2 = \Pr_b((r_c^2 + r_b^2)/(r_c^2 - r_b^2) + v_2)/E_2 \qquad ①식$$

$$\delta_1 = \Pr_b((r_b^2 + r_a^2)/(r_b^2 - r_a^2) + v_1)/E_1 \qquad ②식$$

$$P = \frac{\delta}{r_b}\left(\frac{1}{\frac{(r_c^2 + r_b^2)}{E_2(r_c^2 - r_b^2)} + \frac{(r_b^2 + r_a^2)}{E_1(r_b^2 - r_a^2)} + \frac{v_2}{E_2} - \frac{v_1}{E_1}}\right) \qquad ③식$$

$$E : 종탄성\ 계수\ \nu : 포아송\ 비$$

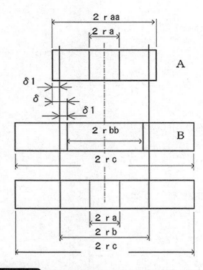

그림 8-14 A의 외측과 B의 내측을 수축 체결

축의 형상 및 재질에 따른 조건을 ③식에 넣고 정리하면

- 축이 중실축이고 A, B의 재질이 같을 때 $r_a = 0$, $E_1 = E_2$, $v_1 = v_2$이므로

$$p = \frac{E\delta(r_c^2 - r_b^2)}{2r_b r_c^2} \qquad ④식$$

- 축이 중실축이고 A, B 재질이 다를 때 $r_a = 0$이므로

$$p = \frac{\delta}{r_b}\left(\frac{1}{\frac{(r_c^2 + r_b^2)}{E_2(r_c^2 - r_b^2)} + \frac{v_2}{E_2} - \frac{(v_1 - 1)}{E_1}}\right) \qquad ⑤식$$

- 축이 중공축이고 A, B 재질이 같을 때 $E_1 = E_2$, $v_1 = v_2$이므로

$$p = \frac{E\delta}{r_b}\left(\frac{(r_c^2 - r_b^2)(r_b^2 - r_a^2)}{2r_b^2(r_c^2 - r_a^2)}\right) \qquad ⑥식$$

- 축이 중공축이고 A, B 재질이 다를 때 ③식 그대로

- B의 외경이 내경에 비해 매우 커서 접촉면의 압력 P가 외경까지 영향을 미치지 않는다고 생각해도 좋으며 A, B 재질이 같을 때 ⑥식에서 $r_c^2 - r_b^2 ≒ r_c^2$, $r_c^2 - r_a^2 ≒ r_c^2$이므로

$$p = E\delta \frac{r_b^2 - r_a^2}{2r_b^3} \qquad ⑦식$$

여기서 축이 중실축이면 $r_a = 0$이므로

$$p = \frac{E\delta}{2r_b} 로 된다.$$

② 접촉면에 생기는 원주 응력 $\sigma_t (\text{kgf/mm}^2)$

- A의 원통 외주면에 생기는 원주 응력 : 외압 P만 작용하며 내압 = 0일 때

$$\delta_{at} = -P\frac{(r_b^2 + r_a^2)}{(r_b^2 - r_a^2)}$$

- B의 외통 내주면에 생기는 원주 응력 : 내압 P만 작용하며 외압 = 0일 때

$$\delta_{bt} = P\frac{(r_c^2 + r_b^2)}{(r_c^2 - r_b^2)}$$

③ 접촉면에 생기는 반경 방향 응력 σ_r은

$$\sigma_{ar} = \sigma_{br} = -P$$

④ 수축 체결에 의한 전달 토크와 전달 동력

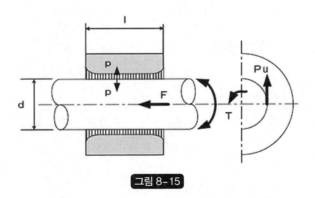

그림 8-15

A : 끼워 맞춤부의 접촉 면적 = πdl

P : 접촉면의 압력 p로 눌려 가해지는 전 압력(kgf) = $\pi dl\eta p$

P_f : 접촉면의 원주 방향 마찰력 = $\mu\pi dl\eta p$

P_u : 전달 토크에 의해 생기는 끼워 맞춤부 원주 방향 힘(kgf)

F : 축에 보스를 압입할 때 필요한 힘

T : 전달 토크 = $P_u \cdot d/2$

η : 축과 보스의 접촉 면적 비율

μ : 축과 보스의 접촉면 마찰계수

탄소강과 주철 : 0.12

탄소강과 탄소강 : 0.15

끼워 맞춤부가 체결되어 있기 위해서는

$$P_f > P_u \longrightarrow \mu \pi dl \eta p > 2T/d \longrightarrow T < \frac{\mu \pi pl \eta d^2}{2}$$

F > P_f일 때 압입 가능하므로

$$F > \mu \pi dl \eta p$$

3. 베어링의 열 끼움

베어링을 가열하여 내륜을 팽창시키는 방법이 쓰인다. 내륜과 끼움면 사이에 필요한 온도 차이는 인터피어런스와 끼움면의 직경에 의해 정해진다. 베어링은 120℃ 이상 가열해서는 안 된다.

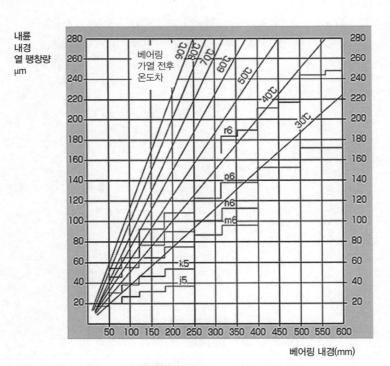

그림 8-16　내륜의 열 팽창량

유압 프레스로 강제적으로 눌러 끼우는 압입 방법과 구멍을 가열하여 팽창시켜 축을 간단히 삽입한 다음 식혀서 조이는 열 끼움이 있다. 압입 끼움의 인터피어런스는 축 직경/2000 정도이며 열 끼움의 인터피어런스는 축 직경/1000 정도이다. 압입이나 열 끼움에 의한 전달 가능한 토크는 아래와 같이 추정 가능하다. 끼움 후 원통과 축 사이의 내부 압력은

$$p = \frac{d_2^2 - d_1^2}{2d_1 d_2} E\delta$$

E : 종탄성 계수

δ : 인터피어런스

접합부의 면적은 $A = \pi d_1 l$

전달 가능 토크는 $T = \mu PA \dfrac{d_1}{2}$ 으로 된다.

μ : 원통과 축 사이의 마찰계수 = 0.15

chapter **09**

지지 요소

회전하는 축을 견고한 몸체에 조립하기 위해서는 둘 사이에 발생하는 마찰을 최소화할 수 있는 베어링이라는 지지 요소가 필요하다. 베어링은 마찰·마모·발열이 적어야 하고, 축을 올바르게 지지할 수 있어야 하며, 진동·소음이 작아야 한다.

베어링은 크게 슬라이딩 베어링과 롤링 베어링으로 분류하는데 각각의 특징을 살펴보도록 한다.

① 슬라이딩 베어링(sliding bearing/ plain bearing/ journal bearing) : 유막, 기체 압력, 자기 등에 의해 축의 회전과 하중을 지지한다.

② 롤링 베어링(rolling bearing) : 전동체에 의해 축의 회전과 하중을 지지한다.

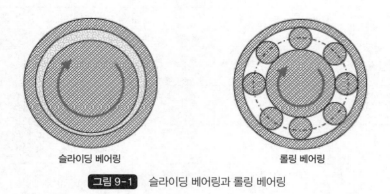

슬라이딩 베어링   롤링 베어링

그림 9-1 슬라이딩 베어링과 롤링 베어링

표 9-1 슬라이딩 베어링과 롤링 베어링의 차이점

		슬라이딩 베어링	롤링 베어링
기계적 성질	하중	중하중, 특히 충격 하중에 적합	충격 하중에는 떨어지지만 주기적 하중, 변동 회전 하중 및 기동 시 유리
		단위 면적마다의 허용 하중은 롤링 베어링보다 큼	
		하중에 따라 다른 베어링 필요	하나의 베어링으로 가능
	마찰	정지 마찰계수 큼($10^{-2} \sim 10^{-1}$), 기동 시 마찰 큼	정지 마찰계수 작음($10^{-3} \sim 10^{-2}$), 기동 시와 운전 시의 차이가 작음
	속도 특성	저속 : 일반적인 유체 윤활은 정베어링을 제외하고 극저속은 불가함	특별한 문제없음
		고속 : 유체 윤활은 고속에 적합하지만 온도 상승과 유막의 난류 등이 고속의 한계	온도 상승의 기준인 DN 값 전동체의 원심력과 케이지의 윤활이 고속의 한계
	베어링 크기	반경 방향 : 작음 축 방향 : 축 지름의 1/4~2배	반경 방향 : 큼 축 지름의 1/5~1/2
사용 중 성능	진동과 감쇠	극저속에서의 스틱 슬립 고속에서의 오일 흡 감쇠 큼	전동체의 탄성 지지를 받으므로 탄성 진동 있음 감쇠 작음
	소음	비교적 작음	비교적 큼
	내 충격성	유리	불리
	내식성	일반적으로 유리	불리
	내수성	일반적으로 유리	불리
	요동 운동	매우 유리	불리
	왕복 운동	유리	리니어 베어링 스트로크 본 베어링 제외하고 불가
	윤활제	윤활유, 그리스, 작동유, 물, 고체 윤활제, 공기 등	주로 윤활유, 그리스
	윤활 방법	주로 유 윤활로 복잡, 유량 많음 : 윤활 장치 필요	주로 그리스 윤활로 간단 유 윤활 시에도 유량 적음
	강성	중심축의 이동은 작음	전동체의 탄성 지지로 예압에 의해 강성을 높여도 중심축의 이동량은 비교적 큼
	수명과 파손	유체 역학적으로 수명은 무한하지만 파손은 융착, 마모가 주 고하중 시 박리도 나타남	피로에 의한 수명 제한 고속 시 융착에 의한 파손
	조립 오차	비교적 둔감	비교적 민감
	고형 이물	베어링 합금의 매입성 등에 따라 고형 이물에 강함	고형 이물에 약함 수명, 마모 특히 소음에 영향

표 9-1 슬라이딩 베어링과 롤링 베어링의 차이점(계속)

		슬라이딩 베어링	롤링 베어링
경제성	보수	누유 방지를 위한 노력 필요	간단
	비용	자체 제작으로 용도에 따라 가격 차이가 큼	표준화와 양산으로 정밀 부품으로서는 비교적 저렴
	교환성	없음	양호
환경	고온	300℃까지	일반적으로 500℃까지
	저온	윤활유 점도 증가 및 응고 문제로 저온 특성은 매우 나쁨	저온용 유의 한도까지는 가능
	분위기	베어링 재료와 윤활제로 대처 가능 : 플라스틱/세라믹스 등	실(seal)이 중요
	진공	고체 윤활로 대처	자기 윤활성 재료의 케이지 금, 은 등의 스패터링 피막 등을 이용한 특수 설계 필요

1 ▶ 슬라이딩 베어링

슬라이딩 베어링은 윤활 메커니즘에 따라 크게 세 가지로 분류하는데, 외부에서 공급되는 윤활유에 의한 유체 윤활을 기본으로 하는 것, 유체 윤활도 가능하나 경계 윤활 및 건조 마찰 영역에서 뛰어난 베어링 성능을 보이는 자기 윤활을 기본으로 하는 것, 공기압 및 자력에 의해 하중을 지지하는 것이다.

1. 윤활 메커니즘

① 유체 윤활(fluid lubrication, perfect lubrication) : 윤활 유막으로 하중을 지지하며 마모의 발생이 없어 수명은 반영구적이다. 동하중 하에서는 피로 현상에 의해 수명이 정해진다. 일반적으로 PV 값 및 V 값은 제한되지 않는다.
② 경계 윤활(boundary lubrication) : 미끄럼면의 돌기부에서 고체 접촉이 보이므로 PV 값이 제한된다. 마모가 생기며 눌어붙을 가능성이 있다.
③ 혼합 윤활(mixed lubrication) : 베어링 정수가 작아 마찰계수가 작다. 단 축의 편심이 크게 되면 최소 유막 두께가 얇아지게 되고 표면의 높은 돌기들이 접촉하기 시작한다.
④ 고체 윤활(solid lubrication)/고갈 윤활(semi-dry) : 유의 공급이 끊겨 미끄럼면의 들어간 곳에 유가 남아 있는 상태로 고체 접촉이 발생하며 마모가 수명을 결정하며 PV 값 특히 V 값이 제한된다.

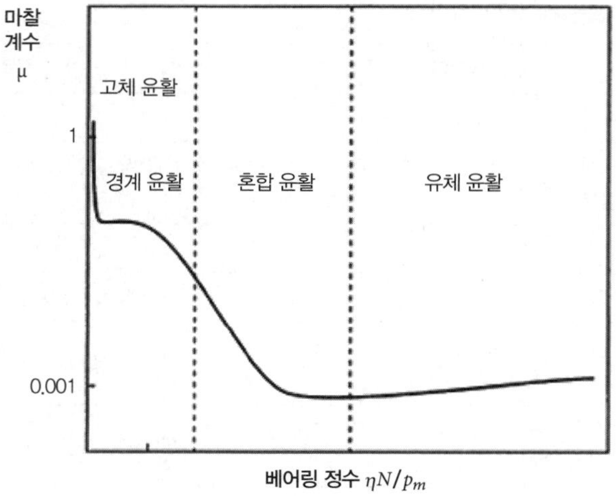

마찰
계수
μ

고체 윤활

1

경계 윤활   혼합 윤활   유체 윤활

0.001

베어링 정수 $\eta N/p_m$

그림 9-2 윤활 영역

⑤ **무윤활(dry)** : 고체 윤활 이외의 윤활제가 전혀 없는 건조 마찰 상태이다. 마모가 수명을 지배하며 PV 값 특히 V 값은 작게 억제되어야 한다.

참고

슬라이딩 베어링에서 축을 띄우기 위한 유막의 압력

- **쐐기 유막 압력** : 축을 회전시키면 축과 베어링 사이에 있는 유체는 점성 때문에 우선 좁은 공간(쐐기 모양의 틈새)으로 끌려들어 간다. 그렇게 되면 유체 중에 압력이 생기는데, 이 압력을 쐐기 유막 압력이라 한다.
- **오리피스 유막 압력** : 축이 반경 방향으로 이동하여 축과 베어링 사이의 틈새가 급격히 좁아지게 되면 유체에는 점성이 있으므로 그 유체는 빠져나가지 않으며, 유체 중에 압력이 발생한다. 이 압력을 오리피스 압력이라 한다.

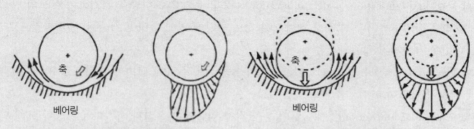

축의 회전과 쐐기 유막 압력의 발생과 분포   축의 접근과 오리피스 유막 압력의 발생과 분포

그림 9-3 유막 압력

2. 슬라이딩 베어링의 종류

슬라이딩 베어링의 형상에 따른 종류에는 그림 9-4와 같은 것들이 있으며, 분류는 표 9-2와 같다.

표 9-2 슬라이딩 베어링의 분류

래디얼 베어링	유체 윤활	원통 베어링	평면 베어링
			스플릿 베어링
			플로팅 부시 베어링
			스파이럴 그루브 베어링
		부분 베어링(포일 베어링 포함)	
		다면 베어링	타원 베어링
			멀티 로프 베어링
			턱붙이 베어링
			비진원 베어링
			틸팅 패드 베어링
	스퀴즈 필름 베어링(기체)		
	정압 베어링	정압 포켓 베어링	
		오일 리프트 베어링	
		정압 공급 구멍 베어링(기체)	
		정압 슬롯 베어링(기체)	
		정압 다공질 베어링(기체)	
스러스트 베어링	유체 윤활	평면 베어링	
		곡면 베어링	구면 베어링
			원추면 베어링
		다면 베어링	틸팅 패드 베어링
			테이퍼드 랜드 베어링
			턱붙이 베어링
			동압 포켓 베어링
			다수 홈 베어링
	스퀴즈 필름 베어링(기체)		
	정압 베어링	정압 포켓 베어링	
		정압 그루브 붙이 베어링	
		정압 공급 구멍 베어링(기체)	
		정압 슬롯 베어링(기체)	
		정압 다공질 베어링(기체)	

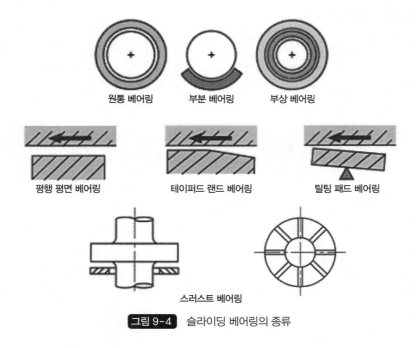

원통 베어링   부분 베어링   부상 베어링

평행 평면 베어링   테이퍼드 랜드 베어링   틸팅 패드 베어링

스러스트 베어링

그림 9-4 슬라이딩 베어링의 종류

3. 설계 항목

1) 허용 하중

베어링에 걸리는 평균 압력 P는 베어링 재료의 피로 강도에 관계되며 다음과 같이 구한다.

$$\text{래디얼 하중인 경우 } P(\text{MPa}) = \frac{W(N)}{d \cdot L}$$

$$\text{미끄럼 속도 } V(\text{m/min}) = \pi \cdot d(\text{mm}) \cdot n(\text{rpm}) \times 10^{-3}$$

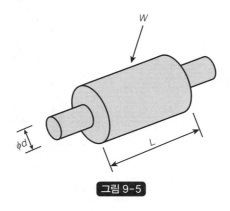

그림 9-5

2) PV 값

단위 면적, 단위 시간마다의 발열량에 관계되며 아래 그림의 사용 가능 영역에 있는 평균 압력과 속도를 선택해야 한다.

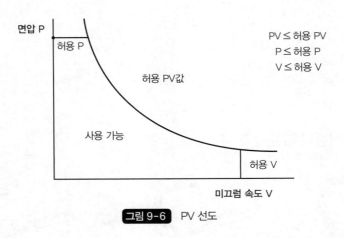

그림 9-6 PV 선도

3) ηN/p : 베어링 정수

유막 두께를 지배하는 값이며 베어링 재료에 따라 최소 유막 두께가 정해진다.

표 9-3

청동 켈멧	2~4μm
화이트 메탈	10~30μm
대형 베어링	50~100μm

4) 베어링 재료

(1) 주철, 황동, 청동(알루미늄 청동, 인 청동)

내마모성이 높으며, 충격에 강하지만, 고속에서 눌어붙기 쉽다. 주로 저·중속용, 공작 기계 주축용 및 기타 일반용에 사용되고 있다.

(2) 화이트 메탈(Pb, Sn, Sb)

길들이기 쉬우며 잘 눌어붙지 않는다. 마찰 마모성이 좋다. 피로 강도, 압축 강도가 약하며 고속에 쓰기 어렵다. 일반 내연 기관용으로 사용되고 있다.

(3) 켈멧

피로 강도와 내열성이 높다. 고하중 내연 기관용으로 대형 디젤 엔진 등에 쓰이고 있다.

(4) 알루미늄 합금

길들이기 쉽다. 내마모성이 높고 화이트 메탈 대용으로 쓰이고 있다.

(5) 은

길들이기 쉬우며 열 전도성이 높다. 강인, 고하중용으로 최적이나 비싸다.

4. 슬라이딩 베어링의 기본 구조

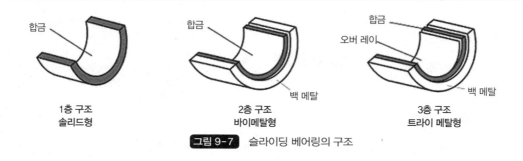

그림 9-7 슬라이딩 베어링의 구조

5. 오일리스 베어링

오일리스(oilless) 베어링은 윤활유를 머금거나 고체 윤활제의 활용에 의해 자기 윤활 효과가 발휘되어 내마모성이 뛰어나고 눌어붙기 어려운 베어링이다.

다공질 재료에 윤활유를 머금게 한 것으로 축의 회전에 의해 열 팽창하고 표면 장력에 의해 기름이 묻어 나온다. 보수가 간단하고 싸며 주요 용도는 경하중 및 저속용이다.

그림 9-8 오일리스 베어링

1) 금속계 함유 베어링

(1) 분말 소결 함유 베어링

이 베어링은 대량생산에 적합하며 다공질 부분에 머금은 유가축의 회전 시 빠져나와 마찰면을 윤활하며 정지하면 다시 구멍 속으로 들어가는 작용에 의해 소량의 유로도 장기간 윤활이 가능하다.

• 장점 : 절삭 공정 생략으로 값이 싸며 롤링 베어링보다 소음이 작고 베어링 벽을 통하여 급유가 가능하다.
• 단점 : 금형비 및 작업 방법면에서 다품종 소량생산에 부적합하고 기계적 강도가 약하며 마찰계수가 약간 큰 편이다

(2) 주조 동합금 함유 베어링

청동으로 주조 시에 특수 처리를 하여 다공질화한 주물에 유를 함유시킨 베어링이다. 분말 소결 함유 베어링에 비해 성형용 금형이 필요 없어 비교적 소량이나 대형 베어링 제조에 알맞다.

• 장점 : 복잡한 형상도 제조 가능하며 강도가 높고 내마모성이 좋다.
• 단점 : 함유율이 적으므로 간헐 급유 방식으로 할 필요가 있으며 절삭 가공해야 하고 재료의 편차가 소결품보다 크다.

(3) 성장 주철 함유 베어링

일반 주물을 열처리에 의해 성장, 다공질화시킨 함유 베어링으로 축 및 베어링 하우징과 같은 재료이므로 열팽창 계수가 같아 운전 중 정밀도 유지가 좋은 편이다.

• 장점 : 치수 안정성이 좋으며 내열성이 높고 내하중이 커서 마모가 적으며 절삭 가공이 쉽다. 또 복잡한 형상도 가능하며 값이 싸다
• 단점 : 녹이 발생하며 인성이 부족하다.

2) 플라스틱계 함유 베어링

(1) 장점

• 자기 윤활성이 강해 무윤활에서도 사용 가능하다.
• 축을 손상시키는 일이 적다.
• 진동 흡수성이 우수하여 하중 변동이 큰 곳에도 사용 가능하다.
• 물로 윤활할 수도 있다.
• 내식, 내약품성이 뛰어나다.
• 가벼우며 대량생산이 가능하다.

(2) 단점

- 기계적 강도가 매우 떨어진다.
- 온도 습도에 민감하며 치수 정밀도도 떨어진다.
- 열 방출이 떨어지며 내열성도 나쁘다.

3) 오일리스 베어링을 사용하는 축 설계 시 주의 사항

(1) 축의 재료

① 동 분말 소결 함유 베어링, 청동 주물 함유 베어링 : SM25C~SM45C
② 주물 성장 함유 베어링 : SM45C 이상 및 기계구조용 합금강(SCr, SCM, SNC, SNCM)
③ 플라스틱계 베어링 : 일반 구조용강 이상. 알루미늄 합금 등은 마모 문제가 있으므로 주의를 요한다. 스테인리스강은 바람직하지 않지만 내식성 문제로 어쩔 수 없는 경우는 마르텐사이트계를 사용한다.

(2) 표면 조도

플라스틱계인 경우 축의 표면조도는 0.2S 정도가 최적이며 나머지의 경우는 1~6S 정도이다. 고체 윤활제를 사용하는 경우, 흑연에서는 3~10S, MoS2에서는 2~6S 정도가 좋다.

(3) 경도

축의 경도는 베어링보다 높을수록 좋지만 금속제 베어링에서는 HRC30 이상, 가능한 한 HRC50 정도가 최적이며 플라스틱계에서는 HRB70 이상이면 충분하므로 열처리할 필요는 없다.

6. 에어 베어링

작동 유체로 기체를 사용한 슬라이딩 베어링으로, 축과 베어링 사이의 공기 압력에 의해 하중을 지지한다.

- 장점 : 마찰 손실이 적어 고속 회전이 가능하며, 스틱 슬립이 없고, 저온 및 고온에서도 사용 가능하다. 밀봉이 불필요하여 구조가 간단하며, 기름 오염이 없다.
- 단점 : 낮은 부하 용량, 낮은 강성, 낮은 감쇠성을 비롯하여, 눌어붙기 쉬우며 표면조도를 포함한 높은 치수 정밀도가 필요하다.

1) 동압 에어 베어링

동압 베어링은 베어링 표면과 소용돌이 모양의 공기 흡입용 홈 사이의 상대적인 움직임에 의존하는

데, 이 동작은 자동차가 고속으로 고인 물을 지나갈 때의 수막 현상과 비슷하다. 공기의 점성 η가 작으므로 부하 능력이 작다.

2) 정압 에어 베어링

압축 공기를 사용하므로 부하 능력이 크다(제7장의 '안내 요소' 참조).

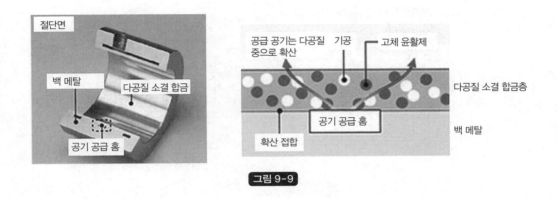

그림 9-9

7. 자기 베어링

자기의 흡인력 또는 반발력에 의해 축의 하중을 지지하는 베어링으로 영구자석형과 전자석형이 있으며, 마찰 저항이 매우 적어 고속 회전용(수십만 회전이 실용화됨)으로 사용되고 있으며 효율이 높다. 그러나 축마다 센서, 제어 회로, 전자석 등이 필요하여 장치가 복잡하고 고가이다.

제어 주파수와 회전체의 고유 진동수로 정해지는 위험 속도가 있다.

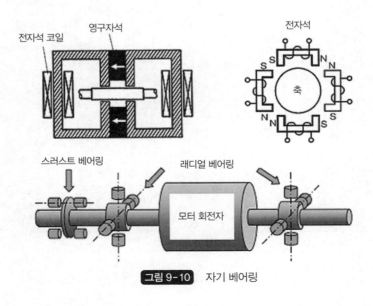

그림 9-10 자기 베어링

2 ▶ 롤링 베어링

구름 베어링의 분류는 부하를 지지하는 방향에 따라 래디얼 베어링과 스러스트 베어링으로 분류하며 전동체의 모양에 따라 볼 베어링과 롤러 베어링으로 분류하고 있다.

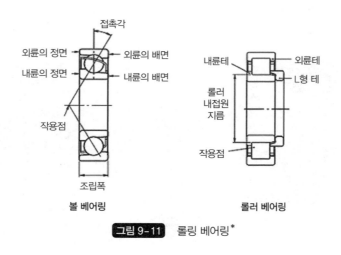

볼 베어링   롤러 베어링

그림 9-11   롤링 베어링*

1. 분류

롤링 베어링은 일반적으로 표 9-4와 같이 분류한다.

표 9-4   롤링 베어링

래디얼 베어링	볼 베어링	깊은 홈 볼 베어링 : 단열/복열
		마그네토 볼 베어링
		앵귤러 콘택트 볼 베어링 : 단열/복열/조합
		3점, 4점 접촉 볼 베어링
		자동 조심 볼 베어링
		베어링 유닛용 볼 베어링
	롤러 베어링	원통 롤러 베어링 : 단열/복열
		니들 롤러 베어링
		봉상 롤러 베어링
		테이퍼 롤러 베어링
		자동 조심 롤러 베어링

*   롤링 베어링 관련 그림 등의 자료는 (주) NSK 베어링의 카탈로그를 참조하였다.

표 9-4 롤링 베어링(계속)

스러스트 베어링	볼 베어링	스러스트 볼 베어링 : 단열/복열/4열
		볼 베어링 : 45°/60°
	롤러 베어링	스러스트 원통 롤러 베어링
		스러스트 니들 롤러 베어링
		스러스트 테이퍼 롤러 베어링
		스러스트 자동 조심 롤러 베어링

내경이 10mm보다 작고 외경이 9mm 이상인 볼 베어링은 소경 볼베어링이라 하며 외경이 9mm보다 작은 베어링은 미니어처 볼 베어링이라 부른다.

한편 롤링 베어링의 내경 치수는 베어링의 호칭 번호로 나타내는데, 표시 기준은 표 9-5와 같다.

표 9-5 롤링 베어링의 내경 번호와 내경 치수

내경 범위	내경 번호(60xx의 xx)	내경 치수	표기 예
9mm 이하	1~9	내경 번호가 그대로 내경 치수임	601 609
9~17mm 이하	00	10mm	6000
	01	12mm	6001
	02	15mm	6002
	03	17mm	6003
17~480mm	04~96	내경 번호×5가 내경 치수임	6004 6096
480mm 초과	/500~ /2000	다음의 치수가 그대로 내경 치수임	60/500 60/2000

2. 종류별 특징

1) 깊은 홈 볼 베어링

가장 대표적인 롤링 베어링으로 용도가 매우 광범위하며 그루브가 볼 반경보다 약간 크다. 반경 방향 + 작은 정도의 양쪽 축 방향 하중을 받을 수 있다.

- 형상 종류 : 개방형/강판 실드형/고무 실형/외륜에 멈춤 링 붙이형
- 크기 종류 : 68xx, 69xx, 60xx, 62xx, 63xx
- 표기 예 : 6308ZZC3

그림 9-12 깊은 홈 볼 베어링

2) 마그네토 볼 베어링

내륜의 홈이 깊은 홈 볼 베어링보다 약간 얕다. 어깨 없는 쪽의 외륜 내경은 외륜의 홈 바닥부터 원통 면으로 되어 있다.

- 외륜 분리 가능하므로 베어링 조립이 편리
- 2개의 베어링을 마주 보게 하여 사용
- 베어링 내경이 4~20mm인 소형 베어링(E4-E20, EN4-EN20)
- 주로 소형 발전기(magneto electric generator), 자이로 기기 등에 쓰임

그림 9-13 마그네토 볼 베어링

3) 앵귤러 콘택트 볼 베어링

깊은 홈 볼 베어링보다 많은 수의 볼을 가져 부하 능력이 크다. 반경 방향 하중과 어느 정도의 한쪽 축 방향 하중을 동시에 받을 수 있다.

- 볼과 내외륜의 접촉 각도 종류 : 15, 25, 30, 40도
- 접촉각이 클수록 축 방향 하중 부하 능력이 커지며 접촉각이 작을수록 고속 회전에 유리하다.
- 크기 종류 : 79xx, 70xx, 72xx, 73xx
- 표기 예 : 7220A DB C3

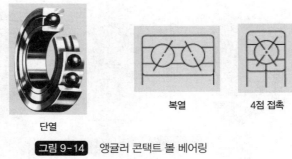

그림 9-14 앵귤러 콘택트 볼 베어링

복열인 경우는 2개의 단열 베어링을 외륜 배면을 맞춰 일체화한 구조로 양쪽 축 방향 하중을 모두 받을 수 있다. 4점 접촉인 경우는 중심축에 수직인 평면으로 내륜이 분할되어 있으며 한 개의 베어링 으로 양쪽 축 방향 하중을 모두 받을 수 있다.

이 베어링은 주로 2개의 단열 베어링을 쌍으로 사용하며 내륜 사이의 간격을 조정하여 사용하고 있는데, 조합의 종류에는 외륜의 정면을 맞춘 정면 조합(DF), 배면을 맞춘 배면 조합(DB), 같은 방 향으로 맞춘 병렬 조합(DT)이 있다. DF와 DB형은 래디얼 하중과 양방향의 액시얼 하중을 받는 것 이 가능하며 DT형은 한쪽 방향의 하중이 큰 경우에 사용한다.

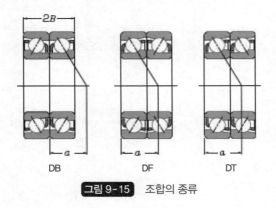

그림 9-15 조합의 종류

4) 자동 조심 볼 베어링

내륜의 홈은 2열이며 외륜의 내측은 하나의 구면으로 되어 있으며 구면의 곡률 중심은 베어링의 중 심과 일치, 긴 축의 양쪽 하우징의 가공 오차 및 조립 불량에 의해 생기는 축 중심 어긋남을 자동적으 로 보정(self-aligning)해 준다.

- 크기 종류 : 12xx, 13xx, 22xx, 23xx
- 표기 예 : 1206K + H206X

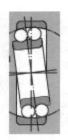

그림 9-16 자동 조심 볼 베어링

5) 원통 롤러 베어링

원통형인 롤러와 궤도가 선 접촉을 하므로 반경 방향 하중 부하 능력이 크다. 내륜과 외륜을 모두 분리할 수 있다. 주로 래디얼 하중만 받을 수 있지만 궤도에 테두리가 있는 형은 어느 정도의 액시얼 하중도 받을 수 있는데, 이 경우에는 허용 회전수가 상당히 낮아지므로 주의해야 한다.

표 9-6 롤러 베어링과 볼 베어링의 차이점

	동정격 하중	정정격 하중	그리스 윤활	유 윤활
# 6306 30×72	2,720kgf	1,530kgf	9,500rpm	12,000rpm
# N306 30×72	3,930kgf	3,570kgf	8,500rpm	11,000rpm

내륜과 외륜이 분리 가능하므로 자유측 베어링으로 사용된다.

- NU, N, NNU, NN : 자유 측에 사용
- NJ, NF : 한쪽 축 방향 하중을 어느 정도는 받아줌
- NH, NUP : 칼라가 붙어 있음, 고정 측에 사용
- 표기 예 : NU318M CM, NN3017K CC1 P4

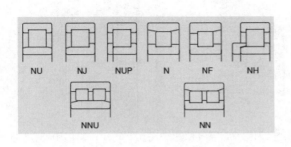

그림 9-17 원통 롤러 베어링

6) 테이퍼 롤러 베어링

원뿔형 롤러를 전동체로 사용, 반경 방향 + 한쪽 축 방향 하중을 받음. 2개의 베어링을 조합시켜 사용한다. 내륜끼리 또는 외륜끼리의 간격을 축 방향으로 조정하는 것에 의해 적절한 내부 틈새 설정이 가능하고, 분리형이므로 내륜과 외륜은 따로따로 조립 가능하다.

- 크기 종류 : 329xx, 320xx, 330xx, 331xx, 302xx, 322xx, 332xx, 303xx, 323xx

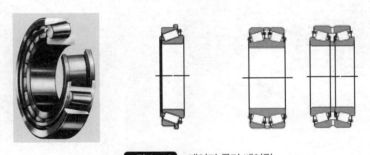

그림 9-18 테이퍼 롤러 베어링

7) 자동 조심 롤러 베어링

내륜의 궤도는 2열, 외륜의 내측면은 구면, 술통형인 롤러로 이루어진다. 외륜 궤도면의 곡률 중심은 베어링 중심과 일치하며, 반경 방향 하중 + 양쪽 축 방향 하중을 받는다.

- 크기 종류 : 230xx, 231xx, 222xx, 232xx, 213xx, 223xx

그림 9-19 자동 조심 롤러 베어링

8) 니들 롤러 베어링

길이가 직경의 3~10배인 가늘고 긴 롤러를 사용한 베어링으로서 외경에 비해 반경 방향 부하 능력이 크다.

• 크기 종류 : NA48xx, NA49xx, NA59xx, NA69xx

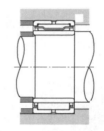

그림 9-20 니들 롤러 베어링

• 원통의 지름 D, 원통의 길이 L

$$L \leq 3D : 원통 롤러$$
$$D \leq 5mm, 3D < L < 10D : 니들 롤러$$

9) 스러스트 볼 베어링

• 단식 : 한쪽 축 방향 하중만 받을 수 있다.
• 복식 : 양쪽 축 방향 하중 모두 받을 수 있다.
• 크기 종류 : 511xx, 512xx, 513xx, 514xx, 522xx, 523xx, 524xx

그림 9-21 스러스트 볼 베어링

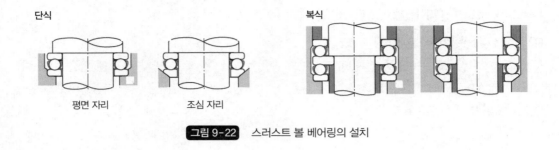

단식

평면 자리   조심 자리

복식

그림 9-22 스러스트 볼 베어링의 설치

10) 스러스트 원통 롤러 베어링

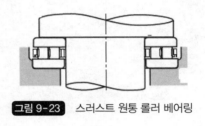

그림 9-23 스러스트 원통 롤러 베어링

표 9-7

	동정격 하중	정정격 하중	그리스 윤활	유 윤활
# 1407 35×80	87,500N	155,000N	2,000rpm	3,000rpm
# 35TMP14 35×80	95,500N	247,000N	1,000rpm	3,000rpm

11) 스러스트 자동 조심 롤러 베어링

• 크기 종류 : 292xx, 293xx, 294xx

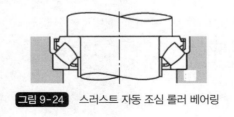

그림 9-24 스러스트 자동 조심 롤러 베어링

12) 스러스트 앵귤러 볼 베어링(TAC 볼 베어링)

(1) 복식 스러스트 앵귤러 볼 베어링

공작 기계 주축용으로 특별히 설계된 고정밀도 베어링이며, 양쪽 축 방향 하중을 받을 수 있다. 511xx 스러스트 볼 베어링과 비교하여 끼워 넣은 볼의 직경은 작고 개수는 많다. 접촉각이 60도이므로 원심력의 영향이 경감되어 고속 회전에 더 잘 견딜 수 있으며 강성도 크다.

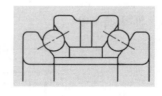

그림 9-25 TAC 볼 베어링

(2) 볼 스크루 전용 스러스트 앵귤러 볼 베어링

예압을 주어 사용하며 접촉각은 60도이다.

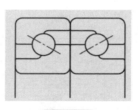

그림 9-26

참고

예압(preload) : 미리 내부 응력을 발생시킨 상태로 앵귤러 볼 베어링과 테이퍼 롤러 베어링처럼 2개를 마주 시켜 틈새 조정이 가능한 형식에 적용한다. 예압을 주면 베어링 수명이 감소하므로 이유 없이 실시하면 안 된다.

목적

• 축의 반경 방향 및 축 방향 위치 결정을 정확히 하고 축의 흔들림을 억제 : 공작 기계 주축, 측정기 베어링
• 베어링의 강성을 높임 : 공작 기계 주축, 자동차 디퍼렌셜 피니언용 축 방향 진동 및 공진에 의한 이상 음 방지-소형 전동기용

• 전동체의 선회 미끄러짐, 공전 미끄러짐 및 자전 미끄러짐을 억제, 고속 회전하는 베어링
• 궤도 륜에 대해 전동체를 올바른 위치에 유지 : 스러스트 볼, 스러스트 자동 조심 롤러 베어링을 횡축에 사용하는 경우

예압 종류

• 정위치 예압 : 마주 보게 한 베어링의 축 방향 상대 위치가 사용 중에도 변화하지 않는 예압 방법, 베어링 폭을 미리 조정, 치수 조정된 칼라나 심을 사용, 볼트, 너트 사용
• 정압 예압 : 코일 스프링, 접시 스프링 등을 이용하여 적정한 예압을 베어링에 주는 방법, 베어링의 상대 위치가 사용 중에 변화해도 예압량을 거의 일정하게 유지하는 것이 가능

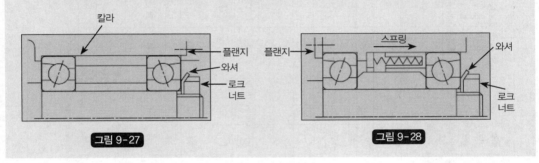

그림 9-27 그림 9-28

13) 스러스트 니들 롤러 베어링

그림 9-29

14) 볼 베어링 유닛

그림 9-30

표 9-8 각종 베어링 특성 비교표

베어링 종류	레디얼	액시얼	합성하중	고속 회전	고정밀도	저소음 저토크	강성	내외륜 허용기 울기	내외륜 분리	고정측 용도	자유측 용도	내륜 테이퍼	비고
깊은 홈 볼 베어링	○	↕∘	○	◎	◎	◎	⊙			☆	★		
마그네토 볼 베어링	∘	↓	∘	○			⊙			☆			2개 대향 틈새
앵귤러 볼 베어링	⊙	↑○	○	◉	◎		⊙			☆			2개 대향 틈새
복열 앵귤러 볼 베어링	⊙	↕⊙	○	○				∘		☆	★		
조합 앵귤러 볼 베어링	⊙	↕⊙	⊙	◎	○		⊙	∘		☆	★		
4점 접촉 볼 베어링	∘	↕○	○	○	⊙		⊙	∘		☆	★	☆	
자동 조심 볼 베어링	○	↕∘	∘	⊙			⊙	◎		☆	★	☆	
원통 롤러 베어링	⊙	×	×	◎	◎	◎	○	∘	○	☆	☆		
복열 원통 롤러 베어링	◎	×	×	⊙	◎	◎	○	∘	○	☆	☆	☆	
한쪽 턱 롤러 베어링	⊙	↓○	○	○			○		○	☆	○		
한쪽 칼라 롤러 베어링	⊙	↕○	○	⊙			○		○	☆	☆		
니들 롤러 베어링	⊙	×	×	○			○		○	☆	☆		
테이퍼 롤러 베어링	⊙	↑○	⊙	○	○		⊙		○	☆	○		2개 대향 틈새
복열 테이퍼 롤러 베어링	◎	↕○	⊙	○			⊙		∘	☆	☆	★	
자동 조심 롤러 베어링	◎	↕○	○	○			⊙	◎		☆	★	☆	
스러스트 볼 베어링	×	↓⊙	×	⊙							☆		
조심 스러스트 볼 베어링	×	↓⊙	×	○				◎			☆		
앵귤러 스러스트 볼 베어링	×	↓⊙	○	⊙	⊙		○				☆		
스러스트 롤러 베어링	×	↓⊙	×	○							☆		
스러스트 테이퍼 롤러 베어링	×	↓⊙	×	○							☆		
스러스트 자동 조심 롤러 베어링	∘	↕◎	∘	○				◎			☆		

주 : ◎ : 매우 좋음 ◉ : 좋음 ○ : 보통 ∘ : 약간 가능 × : 불가능 ☆ : 불가 ☆ : 적용가능 ★ : 적용 가능하지만 끼워 맞춤면에서 축의 신축을 피할 것

내경이 50mm인 각종 베어링의 정격 하중과 허용 회전수를 비교하여 표 9-9에 보인다.

표 9-9 주요 롤링 베어링의 정격 하중과 허용 회전수 비교

종류		외경(mm)	래디얼 하중(kN)		fo	허용 회전수(rpm)	
			동정격	정정격		유 윤활	그리스
깊은 홈 볼	6010	80	21.8	16.6	15.5	9,800	8,400
	6210	90	35.0	23.2	14.4	8,300	7,100
	6310	110	62.0	38.5	13.2	7,500	6,400
앵귤러 볼	7010	80	23.7	20.1		11,000	8,600
	7210	90	41.5	31.5		10,000	7,900
	7310	110	74.5	52.5		9,400	7,100
복열	5210S	90	53.0	43.5		6,000	4,800
	5310S	110	81.5	61.5		5,600	4,300
자동 조심 볼	1210S	90	22.8	8.1		8,000	6,300
	1310S	110	43.5	14.1		6,700	5,600
원통 롤러	NU1010	80	32.0	36.0		11,000	8,900
	NU210	90	48.0	51.0		9,000	7,600
	NU310	110	87.0	86.0		7,700	6,500
	NU410	130	129.0	124.0		5,500	4,700
복열	NN3010	80	53.0	72.5		9,400	8,000
테이퍼 롤러	30210	90	77.0	93.0		5,300	4,000
	30310	110	133.0	152.0		4,800	3,600
스러스트 볼	51110	70	28.8	75.5		4,500	3,100
	51210	78	48.5	111.0		3,400	2,400
	51310	95	96.5	202.0		2,600	1,800
	51410A	110	148.0	283.0		2,000	1,400

3. 정밀도 등급

베어링의 종류별로 현재 생산되고 있는 정밀도 등급은 아래 표와 같다.

표 9-10 베어링 종류별 정밀도 등급

정밀도 등급	KS/JIS	0급	6급	5급	4급	2급
	ISO	Normal Class	Class 6	Class 5	Class 4	Class 2
	DIN	P0	P6	P5	P4	P2
깊은 홈 볼		○	○	○	○	○
앵귤러 콘택트 볼		○	○	○	○	○
자동 조심 볼		○	○	○		
원통 롤러		○	○	○	○	○
니들 롤러		○	○	○	○	
자동 조심 롤러		○	○	○		
테이퍼 롤러	미터계	○	○	○	○	
	인치계	Class 4	Class 3	Class 2	Class 0	Class 00
마그네토 볼		○	○	○		
스러스트 볼		○	○	○	○	
스러스트 자동 조심 롤러		○				
내경 치수 공차 18~30mm		0~-10	-8	-6	-5	-2.5
외경 치수 공차 18~30mm		0~-9	-8	-6	-5	-4

표 9-11 정밀도 등급별 베어링 내경의 허용 오차

호칭 베어링 내경 d(mm)		평균 내경의 치수 차이									
		0급		6급		5급		4급		2급	
초과	이하	상	하	상	하	상	하	상	하	상	하
0.6[1]	2.5	0	-8	0	-7	0	-5	0	-4	0	-2.5
2.5	10	0	-8	0	-7	0	-5	0	-4	0	-2.5
10	18	0	-8	0	-7	0	-5	0	-4	0	-2.5
18	30	0	-10	0	-8	0	-6	0	-5	0	-2.5
30	50	0	-12	0	-10	0	-8	0	-6	0	-2.5
50	80	0	-15	0	-12	0	-9	0	-7	0	-4
80	120	0	-20	0	-15	0	-10	0	-8	0	-5
120	150	0	-25	0	-18	0	-13	0	-10	0	-7
150	180	0	-25	0	-18	0	-13	0	-10	0	-7
180	250	0	-30	0	-22	0	-15	0	-12	0	-8

표 9-11 정밀도 등급별 베어링 내경의 허용 오차(계속)

호칭 베어링 내경 d(mm)		평균 내경의 치수 차이									
		0급		6급		5급		4급		2급	
초과	이하	상	하	상	하	상	하	상	하	상	하
250	315	0	− 35	0	− 25	0	− 18	–	–	–	–
315	400	0	− 40	0	− 30	0	− 23	–	–	–	–
400	500	0	− 45	0	− 35	–	–	–	–	–	–
500	630	0	− 50	0	− 40	–	–	–	–	–	–
630	800	0	− 75	–	–	–	–	–	–	–	–
800	1000	0	− 100	–	–	–	–	–	–	–	–
1000	1250	0	− 125	–	–	–	–	–	–	–	–
1250	1600	0	− 160	–	–	–	–	–	–	–	–
1600	2000	0	− 200	–	–	–	–	–	–	–	–

표 9-12 정밀도 등급별 베어링 외경의 허용 오차

호칭 베어링 외경 D(mm)		평균 외경의 치수 차이									
		0급		6급		5급		4급		2급	
초과	이하	상	하	상	하	상	하	상	하	상	하
2.5[1]	6	0	− 8	0	− 7	0	− 5	0	− 4	0	− 2.5
6	18	0	− 8	0	− 7	0	− 5	0	− 4	0	− 2.5
18	30	0	− 9	0	− 8	0	− 6	0	− 5	0	− 4
30	50	0	− 11	0	− 9	0	− 7	0	− 6	0	− 4
50	80	0	− 13	0	− 11	0	− 9	0	− 7	0	− 4
80	120	0	− 15	0	− 13	0	− 10	0	− 8	0	− 5
120	150	0	− 18	0	− 15	0	− 11	0	− 9	0	− 5
150	180	0	− 25	0	− 18	0	− 13	0	− 10	0	− 7
180	250	0	− 30	0	− 20	0	− 15	0	− 11	0	− 8
250	315	0	− 35	0	− 25	0	− 18	0	− 13	0	− 8
315	400	0	− 40	0	− 28	0	− 20	0	− 15	0	− 10
400	500	0	− 45	0	− 33	0	− 23	–	–	–	–
500	630	0	− 50	0	− 38	0	− 28	–	–	–	–
630	800	0	− 75	0	− 45	0	− 35	–	–	–	–
800	1000	0	− 100	0	− 60	–	–	–	–	–	–
1000	1250	0	− 125	–	–	–	–	–	–	–	–
1250	1600	0	− 160	–	–	–	–	–	–	–	–
1600	2000	0	− 200	–	–	–	–	–	–	–	–
2000	2500	0	− 250	–	–	–	–	–	–	–	–

4. 베어링의 허용 dn 값

베어링의 허용 dn 값은 dn = 베어링 내경 × 회전수이며 베어링의 종류 및 윤활 방법에 따라 다르며, 아래 표에 베어링 종류별 허용 dn 값을 보인다.

표 9-13 허용 dn 값×10^3

		그리스	유욕	순환 급유	분무 윤활	제트 윤활
깊은 홈 볼		350	400~450	450~600	900	1,000
앵귤러 볼	15°	350	400~450	450~600	900	1,000
	30°	300	400~450	450~500	800	900
자동 조심 볼		250	300			
스러스트 볼		100~150	150~200	250		
원통 롤러		200~300	300~400	600	800	1,000
테이퍼 롤러		200	250	350	600	1,000
자동 조심 롤러		150	200	300		
스러스트 자동 조심 롤러			200	300		

앞 숫자 : 프레스 가공 케이지, 뒤 숫자 : 절삭 가공 케이지

5. 베어링 하중과 수명

1) 기본 정정격 하중

롤링 베어링은 과도한 정지 하중 또는 충격 하중을 받으면 국부적인 영구 변형을 일으키는데, 최대 응력을 받고 있는 전동체와 궤도의 접촉부 중앙에서 아래 표의 접촉 응력을 일으키는 정하중을 말한다. 이 하중을 받고 있는 전동체와 궤도의 영구 변형량의 합은 전동체 직경의 1/10,000이다.

- Cor : 래디얼 정정격 하중
- Coa : 액시얼 정정격 하중

표 9-14 접촉 응력

자동 조심 볼 베어링	4,600MPa
나머지 모든 볼 베어링	4,200
롤러 베어링	4,000

- 정허용 하중(Po) : 베어링에 요구되는 조건 및 베어링 사용 조건에 따라 조정한 정정격 하중

$$Po = Co/fs \quad Co : 기본 정정격 하중 \quad fs : 허용 정하중 계수$$

표 9-15 허용 정하중 계수 fs

	볼	롤러
조용한 운전이 특히 필요한 경우	2	3
진동, 충격이 있는 경우	1.5	2
일반적 운전 조건인 경우	1	1.5

- 래디얼 하중과 액시얼 하중을 동시에 받는 경우의 정등가 하중은 아래 식으로구한다.

$$Pe = XoFr + YoFa$$

$$Xo : 래디얼 하중계수$$

$$Yo : 액시얼 하중계수(베어링의 치수표에 기재되어 있음)$$

2) 기본 동정격 하중과 수명

정격 수명이 100만 회전이 되는 방향과 크기가 변하지 않는 하중을 말한다.

- Cr : 래디얼 동정격 하중
- Ca : 액시얼 동정격 하중

베어링 수명 계산 : $L_{10} = (\dfrac{C}{P})^\rho \times 10^6$ 회전

$$C : 기본 동정격 하중$$

$$P : 동등가 하중 (래디얼 하중 + 액시얼 하중)$$

$$P = XFr + YFa$$

$$X : 래디얼 하중계수$$

$$Y : 액시얼 하중계수$$

일반적으로 스러스트 볼 베어링은 래디얼 하중을 받을 수 없지만 스러스트 자동 조심 베어링은 얼마간 래디얼 하중을 받을 수 있다. 이 경우의 동등가 하중은 $P = Fa + 1.2Fr$로 된다.

앵귤러 콘택트 볼 베어링과 테이퍼 롤러 베어링에는 하중 작용점이 있는데, 작용점의 위치는 베어링의 치수표에 기재되어 있다. 이들 베어링에 래디얼 하중이 걸리면 액시얼 방향의 분력이 생기므로 같은 형식의 베어링을 대향시켜 사용하는 것이 좋다. 이때의 액시얼 방향 분력은 $Fa = 0.6/Y \times Fr$로 구할 수 있다.

$$\rho : 지수 (볼 : 3, 롤러 : 10/3)$$

① 기본 동정격 하중의 보정

$$Ct = C \times ft \qquad ft : 온도계수$$

표 9-16 온도계수

125℃	150	175	200	250
1.0	1.0	0.95	0.9	0.75

② 수명 수정

$$Lna = a1 \times a2 \times a3 \times L10$$

a1 : 신뢰도 계수

a2 : 베어링 특성계수(재료의 개량에 의한 피로 수명의 연장을 보정하는 계수)

a3 : 사용 조건계수(윤활 조건이 피로 수명에 미치는 영향을 보정하는 계수)

아직까지 두 계수 모두 정량적으로 나타내기 어려우므로 일반적인 윤활 조건에서는 a1 × a2 = 1로 한다.

표 9-17 신뢰도 계수

90%	95	96	97	98	99
1.0	0.62	0.53	0.44	0.33	0.31

6. 롤링 베어링의 부하 능력 비교

표 9-18 여러 가지 롤링 베어링의 부하 능력(깊은 홈 볼 베어링 : 1일 때)

베어링 형식		호칭 번호	래디얼 동정격 하중	액시얼 동정격 하중
깊은 홈 볼		6310	1.00	1.00
앵귤러 볼	15°	7310C	1.21	1.49
	30°	7310A	1.20	2.34
	40°	7310B	1.10	2.88
자동 조심 볼		1310	0.70	0.25
원통 롤러		NU310	1.39	0
테이퍼 롤러		30310	1.80	1.55
		30310D	1.62	3.26
자동 조심 롤러		21310	1.88	0.77
스러스트 볼		51310	0	2.21

7. 베어링에 걸리는 하중의 보정

1) 운전 조건에 따른 보정

표 9-19 운전 조건 보정계수

운전 조건	사용 기계	보정계수
충격이 없는 운전	전동기, 공작 기계, 공조 기기	1~1.2
보통 운전	송풍기, 컴프레서, 엘리베이터, 크레인, 제지 기계	1.2~1.5
충격 진동이 있는 운전	건설 기계, 분쇄기, 진동체, 압연기	1.5~3

2) 동력 전달 요소의 종류에 따른 보정

(1) 벨트 전동

표 9-20 벨트 보정계수

벨트 종류	보정계수
이붙이 벨트	1.3~2
V 벨트	2~2.5
평 벨트	2.5~3
일반 평 벨트	4~5

(2) 체인 전동

보정계수 : 1.25~1.5

(3) 기어 전동

표 9-21 기어 보정계수

기어 마무리 가공	보정계수
정밀 연삭	1~1.1
절삭 기어	1.1~1.3

8. 베어링의 선정

베어링의 선정 시에는 베어링에 걸리는 부하의 방향, 조립 및 분해의 용이성, 베어링을 위해 허용되는 공간, 치수, 베어링의 구입 용이성 등을 고려하여 베어링의 형식을 일단 결정한다. 다음 베어링을 사용할 기계의 설계 수명과 베어링의 내구 한도 등을 비교 검토하여 베어링의 치수를 결정해 간다.

이어서 사용 환경에 따른 윤활 조건 및 방법, 사용 조건 및 성능에 따른 정밀도, 틈새, 리테이너의 형식 등 베어링 세부 사양을 결정해 간다.

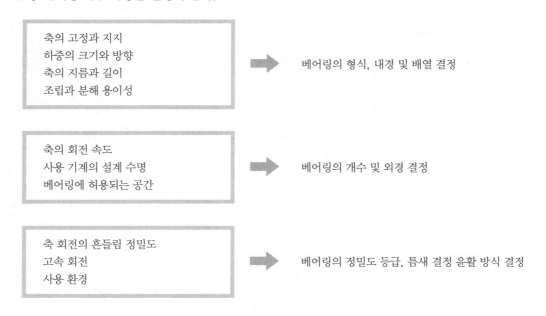

9. 축과 하우징의 설계

1) 정밀도와 표면조도

축과 하우징이 베어링에 맞는 정밀도를 갖지 못하면 베어링은 그 영향을 받아 요구되는 성능을 낼 수 없다. 하우징은 외부 하중에 의한 변형이 적고 베어링을 충분히 지지할 수 있는 강성을 가져야 한다.

표 9-23 정밀도 등급별 축과 하우징의 기하 정밀도와 표면조도

	베어링 등급	축	하우징
진원도	0급, 6급 5급, 4급	IT 3/2~IT 4/2 IT 2/2~IT 3/2	IT 4/2~IT 5/2 IT 2/2~IT 3/2
원통도	0급, 6급 5급, 4급	IT 3/2~IT 4/2 IT 2/2~IT 3/2	IT 4~IT 5/2 IT 2/2~IT 3/2
턱의 흔들림	0급, 6급 5급, 4급	IT 3 IT 3	IT 3~IT 4 IT 3
표면조도 Ra	소형 베어링 대형 베어링	0.8 1.6	1.6 3.2

2) 베어링의 조립 관련 치수

베어링을 축 방향으로 받쳐 주는 축의 턱 및 하우징 턱의 높이 및 모서리의 라운드는 베어링의 조립 및 분해 용이성과 밀접한 관련이 있으므로 규정대로 설계해야 한다.

축 및 하우징의 모서리 R은 베어링의 모따기 부분과 간섭되지 않도록 할 필요가 있다. 그러므로 모서리 반경 ra는 베어링의 모따기 치수 r 또는 r1의 최솟값을 넘지 않도록 한다.

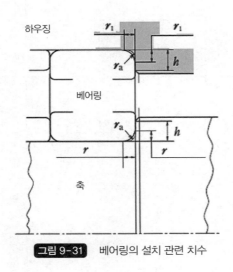

그림 9-31 베어링의 설치 관련 치수

일반적인 끼워 맞춤면의 가공은 선삭 또는 보링 가공으로 충분하지만 회전 시 흔들림 및 소음 등의 요구가 까다로운 경우 및 하중 조건이 가혹한 경우에는 연삭 가공이 필요하다.

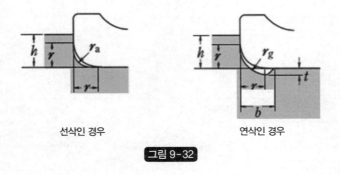

선삭인 경우   연삭인 경우

그림 9-32

축과 하우징 턱의 높이 h는 베어링을 충분히 받쳐 주고 동시에 조립 및 분해용 공구가 제역할을 할 수 있는 높이로 해야 한다. 표 9-23에 최솟값을 보인다.

(1) 축을 선삭한 경우

표 9-23 턱의 높이 h 값

r, r1 값 (최소)	모서리 ra	턱의 높이 h 값	
		깊은 홈 볼, 자동 조심 볼 베어링, 원통 롤러, 니들 롤러	앵귤러 볼, 테이퍼 롤러, 자동 조심 롤러
0.05	0.05	0.2	–
0.08	0.08	0.3	–
0.1	0.1	0.4	–
0.15	0.15	0.6	–
0.2	0.2	0.8	–
0.3	0.3	1	1.25
0.6	0.6	2	2.5
1	1	2.5	3
1.1	1	3.25	3.5
1.5	1.5	4	4.5
2	2	4.5	5
2.1	2	5.5	6
2.5	2	–	6
3	2.5	6.5	7
4	3	8	9
5	4	10	11
6	5	13	14
7.5	6	16	18
9.5	8	20	22
12	10	24	27
15	12	29	32
19	15	38	42

r, r1의 값은 베어링 치수표에 있음

표 9-24 베어링의 r 값 예

주요 치수				기본 정격 하중				계수	허용 회전수(/min)			호칭 번호
mm				N		kgf			그리스	윤활	유 윤활	
d	D	B	r	Cr	Cor	Cr	Cor	fo				
10	19	5	0.3	1720	840	175	86	14.8	3400	2400	40000	6800
	22	6	0.3	2700	1270	275	129	140.	32000	22000	38000	6900
	26	8	0.3	4550	1970	465	201	2.4	30000	22000	36000	6000
	30	9	0.6	5100	2390	520	244	13.2	24000	18000	30000	6200
	35	11	0.6	8100	3450	825	350	11.2	22000	17000	26000	6300

표 9-24 베어링의 r 값 예(계속)

주요 치수				기본 정격 하중				계수	허용 회전수(/min)			호칭 번호
mm				N		kgf			그리스	윤활	유윤활	
d	D	B	r	Cr	Cor	Cr	Cor	fo				
12	21	5	0.3	1920	1040	195	106	15.3	32000	20000	38000	6801
	24	6	0.3	2890	1460	295	149	14.5	30000	20000	36000	6901
	28	7	0.3	51000	2370	520	241	13.0	28000	–	32000	16001
	28	8	0.3	5100	2370	520	241	13.0	28000	18000	32000	6001
	32	10	0.6	6800	3050	695	310	12.3	22000	17000	28000	6201
	37	12	1	9700	4200	990	425	11.1	20000	16000	24000	6301

(2) 축을 연삭하는 경우의 릴리프 치수

표 9-25 연삭 시 릴리프 치수

r, r1 값(최소)	t	rg	b
1	0.2	1.3	2
1.1	0.3	1.5	2.4
1.5	0.4	2	3.2
2	0.5	2.5	4
2.1	0.5	2.5	4
2.5	0.5	2.5	4
3	0.5	3	4.7
4	0.5	4	5.9
5	0.6	5	7.4
6	0.6	6	8.6
7.5	0.6	7	10

3) 각종 베어링의 조립 상태

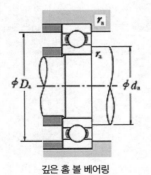

깊은 홈 볼 베어링

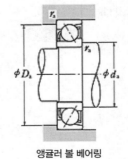

앵귤러 볼 베어링

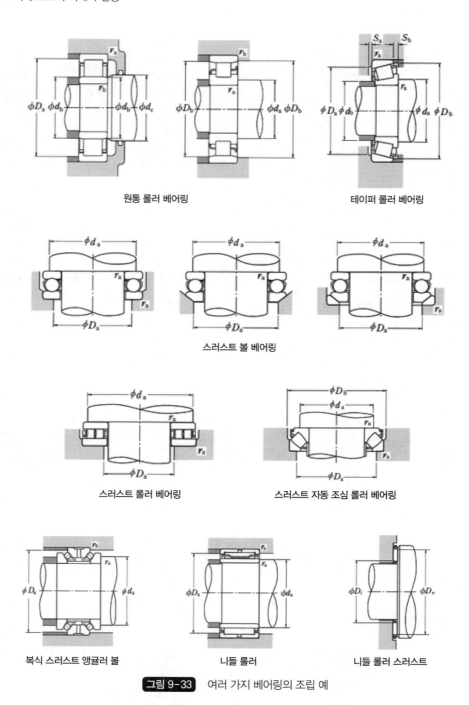

원통 롤러 베어링   테이퍼 롤러 베어링

스러스트 볼 베어링

스러스트 롤러 베어링   스러스트 자동 조심 롤러 베어링

복식 스러스트 앵귤러 볼   니들 롤러   니들 롤러 스러스트

그림 9-33   여러 가지 베어링의 조립 예

10. 축과 하우징의 공차

축 및 하우징과 베어링 사이에 미끄러짐이 발생하지 않도록 하거나 내륜 외륜의 회전 상태에 요구되는 사용 조건을 만족시키기 위해 적절한 끼워 맞춤을 선택해야 한다. 표 9-26부터 표 9-29까지 일반적인 끼워 맞춤 공차를 보인다.

1) 래디얼 베어링

표 9-26 축의 공차

조건		적용 예	축경의 범위			축의 공차	비고
			볼 베어링	롤러	자동 조심		
외륜 회전 하중	내륜 이동	정지축 차륜	모든 축경			g6	정밀 : g5, h5 큰 베어링 : f6도 가능
	이동 불가	텐션 풀리				h6	
내륜 회전 하중 또는 방향 부정 하중	경하중 (0.06Cr 이하) 또는 변동 하중	가전기기	18 이하		–	js5	정밀 : 5급 내경 < 18mm 고정밀 볼 베어링 : h5
		펌프	18~100	40 이하	–	js6	
		송풍기	100~200	40~140		k6	
		운반차 정밀 기계 공작 기계	–	140~200	–	m6	
	보통 하중 (0.06 -0.13Cr)	중대형 전동기	18 이하	–	–	js5~6	단열 테이퍼 롤러, 단열 앵귤러 콘택트 볼 : k6, m6도 가능
		터빈	18~100	40 이하	40 이하	k5~6	
		펌프	100~140	40~100	40~65	m5~6	
		엔진 주베어링	140~200	100~140	65~100	m6	
		기어 전달 장치	200~280	140~200	100~140	n6	
		목공기계	–	200~400	140~280	p6	
			–	–	280~500	r6	
			–	–	500 초과	r7	
	중하중 또는 충격 하중	철도차량	–	50~140	50~100	n6	
		산업차량	–	140~200	100~140	p6	
		전동차 주전동기	–	200 초과	140~200	r6	
		건설 기계 분쇄기	–	–	200~500	r7	
액시얼 하중만 걸린다.			모든 축경			h9~10	

표 9-27   하우징 공차

			적용 예	공차	외륜의 이동	비고
일체형 하우징	외륜 회전 하중	중하중/충격 하중	자동차 차륜(롤러) 크레인 주행차륜	P7	불가	
		보통 하중/중하중	자동차 차륜(볼) 진동체	N7		
		경하중/변동 하중	컨베이어 롤러 활차 텐션 풀리	M7		
	방향 부정 하중	큰 충격 하중	전동차 전동기	M7	불가	
		보통 하중/중하중	펌프 크랭크축 주베어링 중대형 전동기	K7	불가	
일체형/ 분할형	방향 부정 하중	보통 하중/경하중		Js7	이동 가	
	내륜 회전 하중	중하중	일반 베어링 철도차량 기어 박스	H7	쉽게 이동	
		보통 하중/경하중		H8		
		고온	제지 드라이어	G7		
일체형 하우징	내륜 회전 하중	보통 하중/경하중 정밀 회전	연삭 스핀들 후부 고속 원심 압축기 자유측	Js6	이동 가	하중이 큰 경우는 보다 작은 허용차 적용
	방향 부정 하중	보통 하중/경하중 정밀 회전	연삭 스핀들 전부 고속 원심 압축기 고정측	K6	고정	
	내륜 회전 하중	변동 하중 정밀 회전 큰 강성	공작 기계 주축용 원통 롤러	M6/N6	고정	
		정숙 운전	가전기기	H6	쉽게 이동	

이 표는 주철재 또는 강재 하우징에 적용하며, 알루미늄재인 경우 보다 억지끼움 쪽을 택한다.

2) 스러스트 베어링

표 9-28 축의 공차

			축 지름	축의 공차	비고
액시얼 하중만		선반 주축	모든 축 지름	h6/js6	
합성 하중	내륜 정지		모든 축 지름	js6	
	내륜 회전/ 방향 부정		200 이하	k6	
			200~400	m6	
			400 초과	n6	

표 9-29 하우징의 공차

			하우징 공차	비고
액시얼 하중만		스러스트 볼	틈새 0.25mm 이상	보통의 경우
			H8	정밀 회전
		스러스트 자동 조심 롤러 급경사 테이퍼 롤러	외륜은 래디얼 방향으로 틈새	래디얼 하중은 다른 베어링이 부담
합성 하중	외륜 정지	스러스트 자동 조심 롤러	H7/ Js7	
	외륜 회전/ 방향 부정		K7	보통의 경우
			M7	래디얼 하중이 비교적 큰 경우

윤활 요소

기어와 기어, 체인과 스프로켓, 구름 베어링과 같이 금속과 금속이 맞닿아 회전 또는 직선 운동하는 곳에는 반드시 윤활을 해주어야 하는데, 윤활의 목적은 마찰 및 마모의 감소, 피로 수명의 연장, 마찰열의 방출 및 냉각 및 이물질의 침입 방지 및 제거 등이며 녹 및 부식 방지 효과도 부수적으로 얻을 수 있다.

1 윤활의 종류

윤활에 사용되는 윤활제의 종류는 그리스 윤활과 유 윤활 두 가지가 있으며 각각의 특징을 표 10-1 에 보인다.

표 10-1 그리스 윤활과 유 윤활의 비교

비교 항목	그리스 윤활	유 윤활
구조 및 밀봉 장치	간략하게 할 수 있음	약간 복잡하며 보수에 주의 필요함
회전 속도	허용 회전수는 유 윤활의 65~80%	
냉각 효과	없음	순환 급유인 경우 열을 효과적으로 방출
유동성	떨어짐	매우 좋음
교환	약간 번잡	비교적 간단

(계속)

표 10-1 그리스 윤활과 유 윤활의 비교 (계속)

비교 항목	그리스 윤활	유 윤활
먼지 등 이물질 여과	곤란	쉬움
누출에 의한 오염	적음	오염되면 안 되는 곳에는 부적당

2 베어링의 윤활

1. 베어링의 그리스 윤활

그리스는 윤활유(기유, base oil)에 증조제(thickener)라는 미세한 고체를 섞어 유동성을 뺏어 반고체 상태로 만들어 불필요한 유동을 막고 격렬하게 교반하면 액체로 되는 성질을 부여한 것이다.

그리스는 증조제에 따라 금속 비누계와 비비누계로 나뉘며 용도에 따라 일반용, 구름 베어링용, 자동차 섀시용, 자동차 휠 베어링용, 집중 급유용, 고하중용 및 기어 컴파운드 등이 있다. 그리스에는 필요에 따라 산화 방지제, 방청제, 부식 방지제, 내하중 첨가제 등을 첨가한다.

그리스는 같은 종류의 그리스라도 브랜드에 따라 성능 차이가 큰 경우도 있으므로 선택에 주의가 필요하다.

아래 표에 그리스의 조도(consistency : 그리스와 같은 반고체 물질의 경도를 나타내는 것으로 유의 점도와 같은 의미)와 용도 예를 보인다.

표 10-2 그리스의 조도와 용도

조도 번호	조도(1 / 10 mm)	용도 예
000호	445~475	액체
00호	400~430	거의 액체
0호	355~385	집중 급유용, 프레팅 부식*을 일으키기 쉬운 경우
1호	310~340	집중 급유용, 프레팅 부식을 일으키기 쉬운 경우, 저온용
2호	265~295	일반용, 밀봉 볼 베어링용
3호	220~250	일반용, 밀봉 볼 베어링용, 고온용
4호	175~205	고온용, 그리스로 실하는 경우

* 프레팅 부식(fretting corrosion) : 베어링이 회전하지 않은 상태에서 진동을 받거나 작은 진동을 받을 때 생기는 일종의 마모 현상

표 10-3   각종 그리스의 일반적인 성능

		사용 온도 범위 ℃	허용 회전수 %	기계적 안정성	내압성	내수성	방청성	
리튬 그리스	광유	− 20 + 110	70	양호	중	양호	양호	각종 롤링 베어링용으로 가장 폭넓게 사용됨
	다이에스테르 오일 폴리하이드릭 에스테르 오일	− 50 + 130	100	양호	중	양호	양호	저온 특성, 마찰 특성 우수 기기용 소형 베어링, 소형 전동기용 베어링에 알맞음 단 절연 바니시에 의한 녹 발생에 주의
	실리콘 유	− 50 + 160	60	양호	약	양	열등	주로 고온용에 쓰임 고속, 저속, 고하중 조건 및 롤러 베어링에는 맞지 않음
나트륨 그리스	광유	− 20 + 130	70	양	중	열	양-열	장섬유 상태와 단섬유 상태가 있음 장섬유 그리스는 고속에는 쓸 수 없음 물, 고습도 조건에 주의 필요
칼슘 그리스	광유	− 20 + 60	40	열	약	양	양	고점도인 광유를 기유로 하고 납비누 등 극압 첨가제를 사용한 그리스는 내압성 큼
혼합기 그리스	광유	− 20 + 80	70	양	강-중	양	양-중	대형 볼 베어링, 롤러 베어링 에 쓰임
복합기 그리스	광유	− 20 + 130	70	양	강-중	양	강-중	내압성, 기계적 안정성 큼
비 비누기 그리스	광유	− 10 + 130	70	양	중	양	양-열	중고온용
	합성유	+ 220	40~ 100	양	중	양	양-열	저온용-고온용 실리콘 유 및 불소 유는 방청 및 음향 성능이 떨어짐

2. 베어링의 유 윤활

유 윤활은 그리스 윤활보다 고속 또는 고온의 용도에 적합하며, 특히 열을 외부로 방출할 필요가 있는 경우에 적당하다.

유 윤활에서는 베어링의 운전 온도에서 적절한 점도로 되는 윤활유의 선정이 중요하다. 일반적으로 회전 속도가 빠를수록 낮은 점도 유를 쓰고, 하중이 클수록 높은 점도의 윤활유를 사용한다.

1) 유 윤활유의 성질

• 점도 : 흐름에 대한 저항

절대 점도(η) : mPa·s

동점도(υ) : 절대 점도/밀도 = η/ρ(m²/s = cSt)

표 10-4

베어링 형식	동점도(mm²/s)
볼 베어링, 원통 롤러 베어링	13
테이퍼 롤러, 자동 조심 롤러	20
스러스트 자동 조심 롤러	32

• 점도 지수 : 온도에 따른 점도의 변화 정도를 나타내는 수치, 압력에 의한 점도의 변화
• 내하중 성능 : 어느 정도의 하중에 견뎌 눌어붙음을 방지할 수 있는가의 능력
• 화학적 성질

2) 베어링의 사용 조건과 유 윤활유의 선정

표 10-5

운전 온도(℃)	회전 속도	경하중 또는 보통 하중	중하중 또는 충격 하중
− 30~0	허용 회전수 이하	ISO VG 15, 22, 32 (냉동기 유)	−
0~50	허용 회전수의 50% 이하	ISO VG 32, 46, 68 (베어링 유, 터빈 유)	ISO VG 46, 68, 100 (베어링 유, 터빈 유)
0~50	50~100%	ISO VG 15, 22, 32 (베어링 유, 터빈 유)	ISO VG 22, 32, 46 (베어링 유, 터빈 유)
0~50	허용 회전수 이상	ISO VG 10, 15, 22 (베어링 유)	−
50~80	허용 회전수의 50% 이하	ISO VG 100, 150, 220 (베어링 유)	ISO VG 150, 220, 320 (베어링 유)
50~80	50~100%	ISO VG 46, 68, 100 (베어링 유, 터빈 유)	ISO VG 68, 100, 150 (베어링 유, 터빈 유)
50~80	허용 회전수 이상	ISO VG 32, 46, 68 (베어링 유, 터빈 유)	−

표 10-5 (계속)

운전 온도(℃)	회전 속도	경하중 또는 보통 하중	중하중 또는 충격 하중
80~110	허용 회전수의 50% 이하	ISO VG 320, 460 (베어링 유)	ISO VG 460, 680 (베어링 유, 기어 유)
	50~100%	ISO VG 150, 220 (베어링 유)	ISO VG 220, 320 (베어링 유)
	허용 회전수 이상	ISO VG 68, 100 (베어링 유, 터빈 유)	–

※ 운전 온도가 고온 측인 경우 높은 점도 쪽의 유를 사용한다.

3) 윤활 방법

(1) 유욕법

저속, 중속 회전인 경우에 많이 사용되는 일반적인 윤활 방법이다. 유면은 원칙적으로 가장 아래 전동체의 중심에 있도록 한다. 오일 게이지를 설치하여 유면을 쉽게 확인한다.

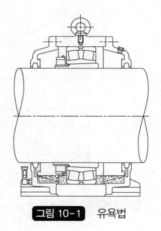

그림 10-1 유욕법

(2) 적하 급유법

비교적 고속 회전의 소형 볼 베어링 등에 많이 사용되는 방법으로 눈에 보이는 형식의 오일러에 유가 저장되어 있다. 적하하는 유량은 상부의 나사로 조절된다.

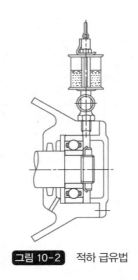

그림 10-2 적하 급유법

(3) 비말 급유법

베어링을 직접 유에 담그지 않고 주위에 있는 기어 및 회전링 등의 회전에 의해 생기는 비말로 베어링을 윤활하는 방법으로서 자동차의 변속기 및 차동 기어 장치 등에 널리 쓰이고 있다.

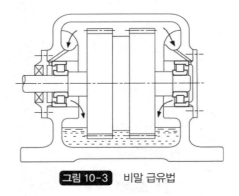

그림 10-3 비말 급유법

(4) 순환 급유법

유로 베어링 부분을 냉각할 필요가 있는 고속 회전, 또는 주위 온도가 고온인 경우에 많이 사용되고 있다. 유는 일정 레벨이 되면 아래 그림의 우측 급유 파이프로부터 좌측의 배출관으로 흘러 탱크로 돌아온다. 냉각된 유는 다시 펌프 및 필터를 통해 급유된다. 유가 하우징 내에 지나치게 머물지 않도록 배유관을 급유관보다 충분히 굵게 한다.

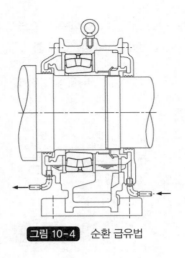

그림 10-4　순환 급유법

(5) 제트 급유법

고속 회전용 베어링에 많이 쓰이며 제트 엔진 같이 dn 값이 1,000,000을 넘는 베어링 등의 윤활 방식이다. 1개 또는 몇 개의 노즐로부터 일정 압력으로 윤활유를 분사하여 베어링 내부를 관통시킨다. 아래 그림은 일반적인 제트 급유의 일례로, 내륜과 케이지 사이의 안내면에 유를 분사시키고 있다. 고속인 경우 베어링 부근의 공기가 베어링과 함께 돌면서 공기벽을 만들므로 노즐로부터의 분출 속도는 내륜 외경면 원주 속도의 20% 이상이 필요하다. 노즐 개수가 많으면 같은 유량에 있어 냉각 효과의 변동이 적어 효과가 크다. 제트 급유법은 유량이 많으므로 유의 교반 저항이 적게 되도록 배출구를 크게 하거나 강제 배출시켜 열이 발생하지 않도록 한다.

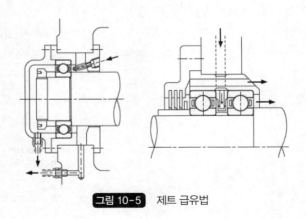

그림 10-5　제트 급유법

(6) 분무 급유법

공기로 윤활유를 안개 상태로 만들어 베어링에 불어넣는 방법이다.

① 윤활유가 소량이므로 교반 저항이 적어 고속 회전에 알맞다.

② 베어링 부분에서 누출된 유가 적으므로 설비 및 제품의 오염이 적다.
③ 항상 새로운 윤활유를 공급하므로 베어링 수명을 길게 할 수 있다.

　그러므로 공작 기계의 고속 스핀들, 고속 회전 펌프, 압연기 롤 네크 베어링 등의 윤활에 쓰인다.

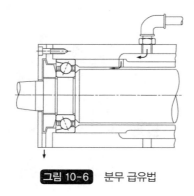

그림 10-6　분무 급유법

(7) 오일 에어 급유법

미량의 윤활유를 정량 피스톤으로 간헐적으로 토출하여 믹싱 밸브에 의해 압축 공기 중으로 윤활유를 서서히 빨아들여 연속적인 흐름으로 베어링에 공급하는 윤활 방법이다.

① 유의 미소 정량 관리가 가능하므로 최적 유량으로 제어 가능하여 발열이 적어 고속 회전에 알맞다.
② 미량의 유가 연속적으로 공급되므로 베어링 온도가 안정된다.
③ 유는 급유관의 벽면을 따라 흐르므로 분위기 오염이 매우 적다.
④ 항상 새로운 유가 베어링에 보내지므로 유의 성능 저하를 걱정할 필요가 없다.
⑤ 스핀들 내부에 압축 공기가 항상 보내지므로 스핀들의 내압이 높아 밖에서 먼지 및 절삭 액이 침입하기 어렵다.
⑥ 이러한 특징 때문에 공작 기계 주축에 많이 쓰이며 기타 고속 회전 용도에도 자주 쓰인다.

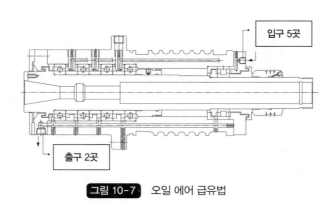

그림 10-7　오일 에어 급유법

위에서 설명한 여러 가지 윤활 방법의 유량과 온도 상승에 대한 비교를 그림 10-8을 통해 살펴본다.

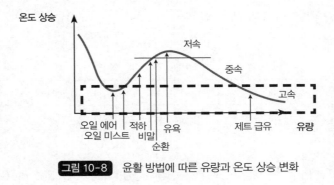

그림 10-8 윤활 방법에 따른 유량과 온도 상승 변화

3. 베어링 윤활제의 보급과 교환

1) 그리스의 보급 간격

고품질인 그리스라도 사용 시간의 경과와 함께 성능이 떨어져 윤활 기능이 저하하므로 제때에 그리스 보급을 하지 않으면 안 된다. 그리스의 보급 간격을 운전 시간으로 나타내면 아래 그림이 기준이다.

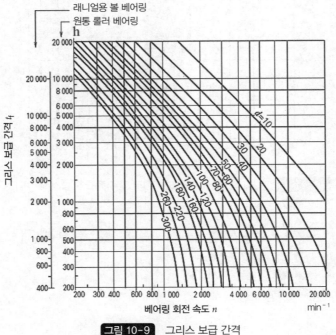

그림 10-9 그리스 보급 간격

　　그림 10-10과 10-11은 리튬 금속비누 + 광유계 그리스를 온도 70℃, 보통 하중(P/C = 0.1)인 경우이며, 온도가 70℃를 넘는 경우 베어링 온도가 15℃ 올라갈 때마다 그림의 보급 간격을 1/2로 줄이며 하중이 다른 경우에는 아래 표의 값을 곱한다.

표 10-6

P/C	0.06	0.13	0.16
계수	1.5	0.65	0.45

　　볼 베어링인 경우 고품질 합성유계 리튬 금속비누 그리스는 그림 10-9 보급 간격의 약 2배가 가능하다.

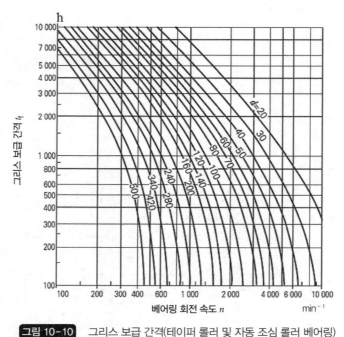

그림 10-10 그리스 보급 간격(테이퍼 롤러 및 자동 조심 롤러 베어링)

　　그림 10-11은 그리스를 미리 넣어 밀봉된 상태로 판매되고 있는 볼 베어링의 그리스 수명이다.

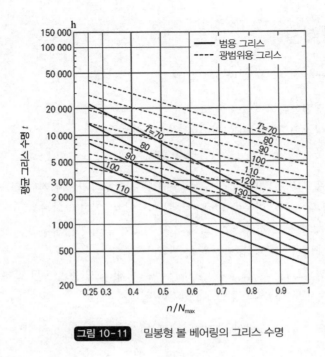

그림 10-11 밀봉형 볼 베어링의 그리스 수명

2) 하우징 내 그리스 채우는 양

베어링의 회전 속도, 하우징의 구조, 공간 용적, 브랜드, 사용 분위기 등에 따라 다르다. 특히 온도
상승을 극도로 피해야 하는 공작 기계 주축용 베어링 등에서는 그리스 채우는 양을 매우 작게 하지만
일반적인 기준은 다음과 같다.

- 허용 회전수의 50% 이하 : 공간의 1/2~2/3
- 허용 회전수의 50% 이상 : 공간의 1/3~1/2

채울 때는 케이지 안내면 등에도 넣어줄 필요가 있다.

3) 윤활유 교환 주기

① 일반적으로 운전 온도가 50℃ 이하에서 먼지가 적은 양호한 환경 아래에서 사용되고 있는 경우에
는 1년에 1회 정도 교환하면 된다.
② 유온이 100℃ 정도 되는 경우에는 3개월 또는 그 이내에 교환한다.

3 ▶ 기어 윤활 방법

기어는 맞물리면서 동력을 전달하므로 다음과 같은 윤활 조건이 요구된다.

- 선 접촉이므로 단위 면적마다의 하중이 높다.
- 미끄럼 마찰과 구름 마찰의 조합이며 이것이 시시각각 변한다.
- 베어링과 같은 연속 운동이 아니라 단속적인 운동이다.

위와 같은 이유로 윤활제의 유막 형성이 어려워 마찰열이 발생하기 쉬워지며 더욱 유막 형성이 곤란하게 된다. 따라서 접촉 하중의 반복에 의한 재료의 피로가 주 원인이 되어 치면에 구멍(피팅)이 생기거나 열에 의한 윤활제의 점도 저하 등에 의해 유막 파괴가 일어나 마찰면의 융착이 발생하고, 이것이 치근 방향으로 확대되어 스코링 등의 손상이 생긴다.

기어에 대한 윤활 방법으로는 그리스 윤활, 유욕조식 윤활 및 강제 윤활(순환 급유 방식) 등이 있으며, 사용 조건(주로 원주 속도)에 따라 적절하게 선정한다.

- **평 기어 및 베벨 기어의 원주 속도 범위**
  그리스 윤활법 : ~7m/sec
  유욕 윤활법 : 4~15m/sec
  강제 윤활법 : 13m/sec 이상
- **웜 기어의 미끄럼 속도 범위**
  그리스 윤활법 : ~4m/sec
  유욕 윤활법 : 3~10m/sec
  강제 윤활법 : 8m/sec 이상

1. 그리스 윤활법

개방 기어 및 밀폐 기어에 있어서 원주 속도가 비교적 저속인 경우 사용한다. 주의할 점은 아래와 같다.

① 적절한 조도의 그리스 선정 : 특히 밀폐 기어에 있어서는 그리스가 유효하게 작용하도록 유동성이 좋은 것이 적합하다.
② 고부하, 연속 운전에는 부적합 : 그리스에는 유만큼의 냉각 효과는 없으므로 고부하, 연속 운전에 사용할 경우 온도 상승이 문제가 된다.
③ 적당량의 그리스 사용 : 그리스는 지나치게 적으면 윤활 효과를 기대할 수 없다. 반대로 밀폐 기어에 대해 봉입한 그리스가 너무 많으면 교반 손실이 커진다.

2. 유욕 윤활법

기어 박스에 채운 윤활유를 기어의 회전에 의해 비산시켜 기어와 베어링을 윤활하는 방법이다.

1) 유면의 높이

사용하는 유의 양은 너무 많으면 교반 손실이 커지며, 너무 적으면 윤활 효과 및 냉각 효과는 기대할 수 없다.

기어의 종류	평 기어 및 헬리컬 기어		베벨 기어	웜 기어	
기어의 배치	수평축	수직축	수평축	웜이 위쪽	웜이 아래쪽
유면의 높이 레벨	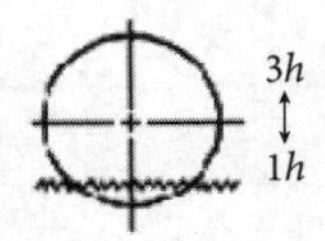	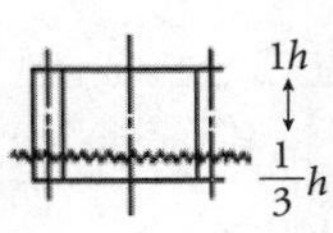	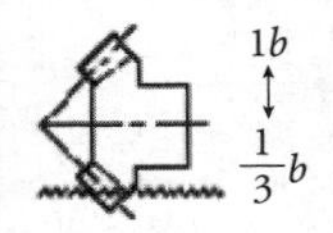	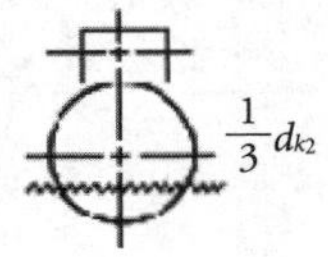	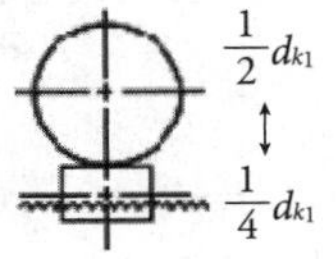

h : 이 높이, b : 이 폭, d_{k1} : 웜의 피치원 지름, d_{k2} : 웜 휠의 피치원 지름

그림 10-12　적절한 유면 높이 기준

2) 기어 박스의 한계 온도

기어 박스의 온도는 기어 및 베어링의 마찰 손실 및 윤활유의 교반 손실에 의해 상승한다. 이것에 의한 악영향은 윤활유의 점도 저하, 윤활유의 기능 저하, 기어 박스, 기어 및 축의 변형 등으로 나타난다. 최근에는 기술의 진보에 따라 고성능 윤활유가 많이 나오고 있어 상당히 고온까지 사용 가능하게 되었지만 기준으로는 80~90℃ 정도가 한계 온도이다. 이 한계 온도를 넘으면 기어 박스의 방열성을 높이기 위해 방열판을 붙이거나 축에 팬을 붙여 송풍 냉각하는 것이 필요하다.

3. 강제 윤활법

이 방법은 펌프에 의해 맞물림 부에 윤활유를 급유하는 방법으로 급유 방식에 따라 적하식, 분사식, 분무식의 세 가지로 분류한다.

① **적하식** : 파이프에 의해 윤활유를 맞물림부에 직접 떨어뜨리는 방법
② **분사식** : 노즐에 의해 윤활유를 맞물림부에 분사하는 방법
③ **분무식** : 압축 공기에 의해 안개 상태로 만든 윤활유를 맞물림부에 분무하는 방법(고속인 경우에 사용)

유 탱크, 펌프, 필터, 배관 등의 여러 가지 장치가 필요하므로 특수한 고속, 대형기어 장치에 쓰인다. 이 방법에 의하면 필터로 여과하고 쿨러로 냉각한 적정 점도의 윤활유를 맞물림부에 적정량만 보내는 것이 가능하므로 기어의 윤활 방법으로는 가장 좋은 방법이다.

4. 기어 윤활유

기어가 동력을 효율 좋게 전달하는 데는 맞물림 치면에 안정한 윤활 유막이 형성되어 금속 접촉을 발생시키지 않는 것이 필요하다. 이 같은 목적을 위해 사용되는 윤활유에 요구되는 특성은 아래와 같다.

표 10-7

특성	설명
적정한 점도	기어가 운전되는 속도 및 온도에 맞는 점도를 유지하여 유막을 형성하는 것이 필요
극압성	높은 하중을 받으며 미끄러지는 치면에서 눌어붙음 및 스코링 등의 손상을 막는 성질이 필요
산화, 열 안정성	장기간 사용하면 고온이나 습기 등에 의해 산화하므로 이것에 대한 높은 안정성이 필요
물 분리성	운전, 정지 등에 따른 온도 변화에 의해 수증기가 응결하여 물이 혼입되므로 이것을 침전 분리하는 성질이 필요
기포 제거성	기어의 회전에 의해 교반되어 기포가 생기면 유막의 형성에 나쁘게 되므로 뛰어난 기포 제거 성능이 필요
방식 방청성	윤활유 중에 녹 등이 섞이면 이것에 의해 치면이 마모되거나 윤활유의 산화를 빠르게 하므로 이런 성질이 필요

공업용 윤활유의 ISO 점도 등급은 아래 표와 같다.

표 10-8 ISO 점도 등급

ISO 점도 등급	중심값 동점도 및 범위 $10^{-6} \dfrac{m^2}{s}$ (cSt) (40℃)	AGMA No.	
		R&O 형 기어유	EP 형 기어유
ISO VG 2	2.2 ±10%		
ISO VG 3	3.2		
5	4.6		
7	6.8		
10	10		

표 10-8 ISO 점도 등급(계속)

ISO 점도 등급	중심값 동점도 및 범위 $10^{-6}\frac{m^2}{s}$(cSt) (40℃)	AGMA No.	
		R&O 형 기어유	EP 형 기어유
15	15		
22	22		
32	32		
46	46	1	
68	68	2	2 EP
100	100	3	3
150	150	4	4
220	220	5	5
320	320	6	6
460	460	7 7comp	7
680	680	8 8comp	8
1,000	1,000	8A comp	
1,500	1,500	9	9

AGMA에서 추천하는 윤활유는 아래와 같다.

표 10-9 AGMA 추천 윤활유

		기어 장치의 크기(mm)	AGMA No.	
			주위의 온도(℃)	
			-10~16	10~52
평행축 기어 장치	1단 감속	중심거리 (저속 측)		
		>200	2~3	3~4
		200~500	2~3	4~5
		<500	3~4	4~5
	2단 감속	>200	2~3	3~4
		200~500	3~4	4~5
		<500	3~4	4~5
	3단 감속	>200	2~3	3~4
		200~500	3~4	4~5

(계속)

표 10-9 AGMA 추천 윤활유(계속)

		기어 장치의 크기 mm		AGMA No.	
				주위의 온도 ℃	
				- 10~16	10~52
평행축 기어 장치	3단 감속	중심거리 (저속 측)	<500	4~5	5~6
유성 기어 장치		기어 박스 외경	>400	2~3	3~4
			<400	3~4	4~5
베벨 기어 장치		원뿔거리	>300	2~3	4~5
			<300	3~4	5~6
기어 모터				2~3	4~5
고속 기어 장치				1	2

표 10-10 웜 기어 추천 윤활유

종류	중심거리 (mm)	웜 회전수 (rpm)	주위 온도		웜 회전수 (rpm)	주위 온도	
			- 10~16	10~52		- 10~16	10~52
원통형	≤150	≤700	7 comp	8 comp	>700	7 comp	8 comp
	150~300	≤450			>450	7 comp	
	300~460	≤300			>300		
	460~600	≤250			>250		
	<600	≤200			>200		
장고형			8 comp	8A comp		8 comp	

5. 수지 기어

수지 기어의 특징은 아래와 같다.

① 경량, 저소음, 내식, 저마찰로 정밀 기기 등에 사용
② 저속, 경하중이면 윤활 없이 사용 가능
③ 엄격한 정숙성이 요구되는 경우 그리스 사용

수지 기어는 광물유계 윤활제에서는 금이 가서 터짐, 팽창, 수축을 일으킬 위험이 있으며, 대부분은 보수 없이 사용되므로, 수지에 영향이 적고 산화 안정성이 뛰어난 합성 그리스가, 또 고온 등 더욱 엄격한 환경하에서는 화학적 안정성이 뛰어난 불소 그리스가 유효하다.

4 ▶ 윤활용 부품

1. 그리스 건

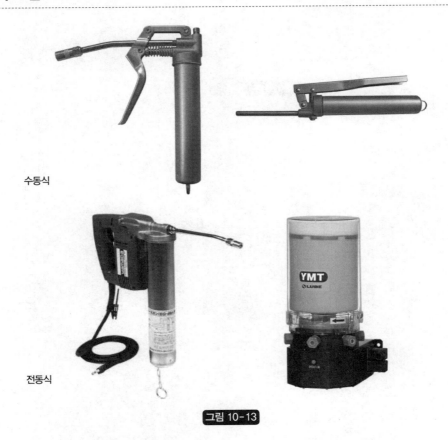

수동식

전동식

그림 10-13

2. 윤활유 펌프

 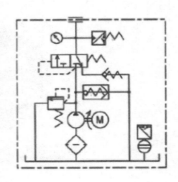

그림 10-14 윤활유 펌프 유닛

3. 배관 부품

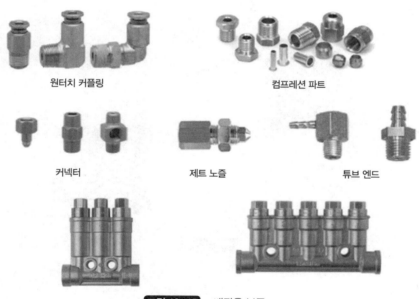

원터치 커플링

컴프레션 파트

커넥터

제트 노즐

튜브 엔드

그림 10-15 배관용 부품

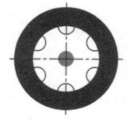

그림 10-16 오일 레벨 게이지

chapter 11

밀봉 요소

기계 및 장치의 내부로부터 유체의 누출을 방지하거나 외부에서 유체나 먼지 등의 침입을 방지하기 위해 쓰이는 기계 요소 부품을 밀봉 요소 또는 실(seal)이라고 한다. 정지된 부분에 쓰이는 밀봉 요소를 가스켓(gasket), 움직이는 부분에 쓰이는 밀봉 요소를 패킹(packing)이라 한다. 밀봉 요소에는 재료 및 형태에 따라 여러 가지가 있으며 윤활제의 종류(그리스, 유), 밀봉 부위의 원주 속도, 축의 조립 오차, 공간, 마찰에 의한 온도 상승 등을 고려하여 선정한다.

표 11-1 밀봉 부품의 분류

가스켓 (고정용 실)	금속 가스켓	고무 코팅 금속 가스켓	
		메탈 O링	
		금속 평 가스켓	
	비금속 가스켓	O링, X링, V링 등	
		종이 가스켓	
		고무 가스켓	
		액상 가스켓	
		실 테이프	
패킹 (운동용 실)	접촉형	오일 실	
		기계적 실	
	비접촉형	성형 패킹	립 패킹(U, V, C, L, X 형)
			스퀴즈 패킹(O링, D링, X링)

(계속)

표 11-1 밀봉 부품의 분류 (계속)

패킹 **(운동용 실)**	비접촉형	글랜드 패킹
		기타 : 다이어트랩, 벨로우즈
		자성 유체 실
		래비린스 실

1 가스켓

가스켓은 배관의 플랜지, 압력 용기의 출입 구멍, 뚜껑 접촉부 등에 끼워 넣고 압축하여 그 간격을 메움과 동시에 유체의 누출 또는 외부로부터 이물질의 침투를 방지하는 부품이다. 내열, 내압, 내약품성 등 다양한 종류가 있다.

1. 연질 가스켓

1) 고무 가스켓

고무의 탄성 및 복원성을 이용하며 시공이 쉽다. 두께 1~3mm인 고무판을 자르거나 펀칭하여 만든다. 일반적으로 10기압까지 사용하며 고무 종류별 사용 온도 범위는 다음과 같다.

표 11-2 고무 가스켓의 종류

재질	사용 온도 범위(℃)
천연고무	−20~100
니트릴 고무	−30~120
클로로프렌 고무	−30~120
에틸렌 프로필렌 고무	−40~150
부틸 고무	−30~150
실리콘 고무	−60~230
불소 고무	−15~150
과불소 고무	0~200

2) 조인트 시트 가스켓

조인트 시트(joint sheet) 가스켓은 유리섬유, 탄소섬유, 폴리아미드섬유 등의 섬유 재료, 충전재, 고무 등을 혼합한 후 가열 롤로 압연하여 얻은 두께 0.4~3mm 쉬트를 펀칭 가공하여 만들며, 배관용으로 폭넓게 사용된다.

① **일반용**　　사용 온도 범위 : − 100~100℃

　　　　　　　　사용 압력 : 3MPa까지

② **고온용**　　사용 온도 범위 : − 200~260℃

　　　　　　　　사용 압력 : 4MPa

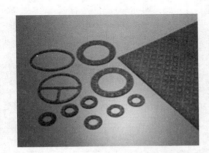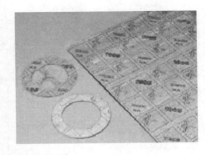

그림 11-1　조인트 시트 가스켓

3) PTFE 펀칭 가스켓

PTFE(polytetrafluoroetylene)는 4불화 에틸렌, 테프론이라고도 불리는 재료로 내약품성이 매우 우수하며 클린 성능, 밀봉 성능도 높다. 탄성 및 고온에서의 기계적 성능에 약간의 문제가 있으며 온도 변동, 압력 변동 조건에서는 크립(creep)이 발생하기 쉽다.

- 순 PTFE : − 100~100℃, 1MPa까지
- 유리 섬유 충전 PTFE : − 100~150℃, 2MPa까지
- 무기 재료 충전 PTFE : − 100~200℃, 3MPa까지

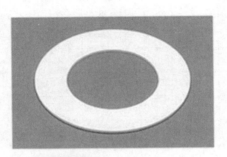

그림 11-2　PTFE 펀칭 가스켓

4) PTFE 도포 가스켓

조인트 시트를 PTFE 박피로 피복한 것으로 PTFE의 내약품성, 클린 성능과 조인트 시트의 유연성을 갖고 있다(− 100~150℃ 및 2MPa까지 사용).

표 11-3 각종 고무의 유 및 약품 용액에 대한 안정성

		니트릴	수소화 니트릴	아크릴	실리콘	불소	에틸렌 프로필렌	스티렌 부타디엔	4불화 에틸렌
엔진 유	SAE #30	◉	◉	◉	◉	◉	×	×	◉
	SAE 10W #30	◉	◉	◉	○	◉	×	×	◉
기어 유	차량용	◉	◉	◉	▽	○	×	×	◉
	공업용 2종(극압, 합성 베이스)	◉	◉	▽	▽	○	▽	×▽	◉
토크 컨버터 유 자동 변속기 유		◉	◉	◉	×	○	×	×	◉
브레이크 유	DOT3(글리콜계)	▽	×	×	○	×	○	○	◉
	DOT5(글리콜계)	▽	×	×	○	×	○	○	◉
	DOT5(실리콘계)	◉	◉	◉	×	◉	○	○	◉
터빈 유 2종		○	○	◉	▽	◉	×	×	◉
기계 유(2호 스핀들 유)		○	○	○	×	◉	×	×	◉
유압 작동유(광물유계)		◉	◉	◉	▽	◉	×	×	◉
난연성 작동유	인산 에스테르계	×	×	×	◉	▽	×	×	◉
	물+글리콜계	○	○	×	▽	▽	×	×	◉
절삭 유		○	◉	▽	▽	◉	×	×	◉
그리스	광물유계	◉	◉	◉	◉	◉	×	×	◉
	실리콘계	◉	◉	◉	×	◉	◉	○	◉
	불소계	◉	◉	◉	◉	▽	◉	○	◉
냉매	R12+파라핀계	○	◉	×	×	×	×	×	◉
	R13 4a+글리콜계	▽	○	×	×	×	◉	◉	◉
가솔린		▽	○	×	×	○	×	×	◉
경유, 등유		▽	○	×	×	◉	×	×	◉
중유		○	◉	▽	×	◉	×	×	◉
부동액(에틸렌글리콜계)		○	○	▽	×	◉	◉	◉	◉
물, 온수		○	◉	×	○	○	◉	◉	◉

표 11-3 각종 고무의 유 및 약품 용액에 대한 안정성(계속)

	니트릴	수소화 니트릴	아크릴	실리콘	불소	에틸렌 프로필렌	스티렌 부타디엔	4불화 에틸렌
해수	○	◉	×	×	○	◉	◉	◉
수증기	×	○	×	×	×	○	▽	◉
염산 10%액	○	○	○	○	○	◉	○	◉
황산 30%액	▽	▽	▽	×	▽	○	▽	◉
질산 10%액	×	▽	○	×	▽	○	×	◉
수산화나트륨 40%액	○	◉	×	×	×	◉	◉	◉
벤젠	×	×	×	×	×	×	×	◉
에틸알코올	○	○	×	○	○	◉	◉	◉
메틸에테르케톤	×	×	×	▽	×	×	×	◉

5) 석면 가스켓

극저온에서 1,000℃ 이상의 고온까지 매우 넓은 온도 범위에서 안정하게 사용 가능하며 내수, 내유, 내약품성도 양호하지만 유해물질이므로 특별한 경우 외에는 사용이 제한된다.

- 석면 조인트 시트 : 10~20%의 고무 또는 합성고무를 첨가한 것

2. 경질 가스켓

1) 금속 가스켓

강, 스테인리스강, 동, 알루미늄, 티타늄, 특수 합금 등의 금속을 사용하여 펀칭, 절삭 등 가공하여 만들며 체결에 큰 힘이 필요하다.

① 고온, 고압, 고밀봉성이 요구되는 조건에 사용
② 초진공용에는 무산소동 가스켓을 사용
③ 단면은 평판, 원형, 삼각형, 볼록 렌즈형 등이 있으며 본체의 재질보다는 부드러운 재료를 써야 함

플랜지형 금속 가스켓

톱니형 금속 가스켓

그림 11-3 금속 가스켓

2) 금속 재킷 가스켓

금속 재킷 가스켓(semi metal gasket)은 세라믹 파이버(ceramic fiber) 등의 무기질 내열 쿠션 재료를 금속 박판으로 감싼 구조이며, 피복 금속으로는 동 및 스테인리스강 박판이 많이 쓰인다. 표면이 금속이므로 침투 누출이 없으며 내열성이 좋다. 외판이 평면인 것과 파형인 것이 있다. 열 교환기, 압력 용기, 발전기 및 디젤 엔진 등에 쓰인다.

표 11-4

구분	최고 사용 온도(℃)	최고 사용 압력(MPa)
일반용	530	6
고온용	1,300	6
동+무기 재료	600	40
Ni 슈퍼 얼로이+무기재료	1,100	40

3) 팽창 흑연 시트

팽창 흑연을 바탕 재료로 하는 시트 가스켓으로 보강재로 중심에 스테인리스 강판을 끼워 넣은 것이 널리 사용된다. 내열성, 내약품성에 뛰어나지만 표면의 팽창 흑연이 부드럽고 중심이 딱딱하기 때문에 가공이 어렵고 흠집이 나기 쉬워 취급에 주의가 필요하다.

표 11-5

스테인리스 강판 없음	-240~400℃	3MPa
스테인리스 강판 있음	-240~400℃	5MPa

팽창 흑연 붙임 파형 금속 가스켓

갈레이 실 가스켓

CMGC 가스켓

팽창 흑연 시트

두께 1.6mm

STS316 강판

그림 11-4 팽창 흑연 시트

4) 캄프로파일 가스켓

캄프로파일 가스켓(kammprofile gasket)은 특수한 치형 모양의 홈을 양면에 가공한 금속 링의 양면에 연질 표층재를 붙여 합친 가스켓이다. 금속 링에 이상이 없으면 표층재를 갈아붙임에 의해 재사용이 가능하다. 주로 기기의 가스켓으로 사용된다.

표 11-6

표층 재질	사용 온도 범위(℃)	내압
팽창 흑연	400	44MPa까지
PTFE	260	11MPa까지

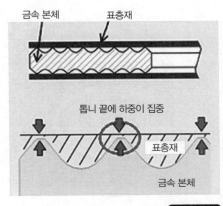
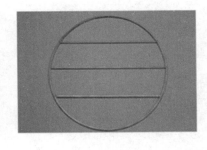

그림 11-5 캄프로파일 가스켓

5) 링 조인트

금속 재료를 링 모양으로 절삭 가공한 가스켓으로 연질재를 쓸 수 없는 고온 고압하에서 플랜지에 판 홈에 넣어 사용된다. 침투 누출이 허용되지 않는 고도의 밀봉이 요구될 때에 사용된다. 단면 형상이 팔각형, 달걀형인 것이 주로 사용된다.

팔각형 링 조인트 금속 가스켓

달걀형 링 조인트 금속 가스켓

그림 11-6 링 조인트

6) 와권형 가스켓

V자형 금속 박판(0.2mm 두께) 띠와 비금속 쿠션재(연질 필러)를 교차로 겹쳐 소용돌이 모양으로 감은 것이다. 고온 고압용에 사용되며, 가스켓 체결력을 엄격히 관리해야 한다. 접촉면에 요철이 있는 플랜지 등에는 사용이 곤란하다.

표 11-7

필러 재질	사용 온도 범위(℃)	내압(Mpa)
비석면	350	25.9
팽창 흑연	−240~450	43.1
PTFE	300	10.3
고온 복합재	800	25.9

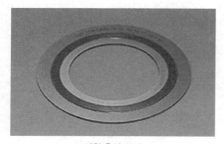 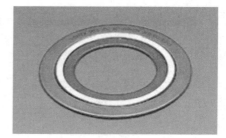

팽창 흑연 필러 · PTFE 필러

그림 11-7 와권형 가스켓

3. 실 테이프

주로 관용 나사의 수나사 부에 감아 조립하여 유체의 누출을 막는 데 사용한다.

4. O링

패킹 란의 O링 참조

그림 11-8

2 | 패킹

1. 접촉 실

실(seal)의 접촉면을 운동하는 축에 눌러붙여 밀봉하는 부품으로 누출을 완전히 막을 수는 없으며, 어느 정도의 누출 유체를 윤활제로 활용하며 누출을 최소화하는 것이 필요하다.

1) 립 패킹

축과 본체 사이에 밀어넣어 사용한다. 단면 형상에 따라 U, V, L 패킹이 있다. 유체의 압력에 의해 U, V, L의 열린 방향으로 힘이 작용하여 밀폐성을 확보하는 셀프 실 패킹이다.

• 소재 : 고무, 피혁

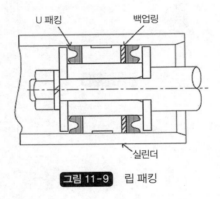

그림 11-9 립 패킹

2) O링

가장 일반적인 밀봉 요소의 하나로 단면이 O형인 링 모양 패킹으로 홈에 끼워 넣고 적당히 압축하여 물, 가스 등 여러 가지 유체의 실로 사용한다. 고정용과 운동용이 있으며 사용 조건에 맞지 않으면 끊김, 늘어남, 압축 갈라짐 등이 발생한다.

• 고정용 : P, G, V형
• 운동용 : P, WE형

(1) 작동 원리

① O링이 무압력이나 미압력인 유체를 밀봉하는 경우에는 O링이 단면 직경의 몇 % 정도의 눌림에 의해 밀봉이 유지된다.

그림 11-10 O링

② 유체의 압력이 증가하면 홈 속에서 눌려져 있는 O링이 한쪽으로 밀리면서 자기 밀봉 작용에 의해 밀봉한다.

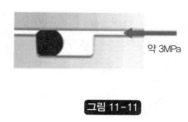

약 3MPa

그림 11-11

③ 압력이 더욱 증가하여 10MPa를 넘으면 고무의 부드러움 때문에 틈새로 삐져나와 O링을 손상시키게 된다.

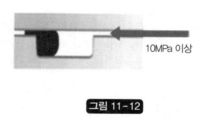

10MPa 이상

그림 11-12

④ 이를 방지하기 위해 압력 방향과 반대측, 또는 양방향 모두 압력이 걸리는 경우에는 양측에 가죽 또는 테프론으로 된 백업링을 추가한다.

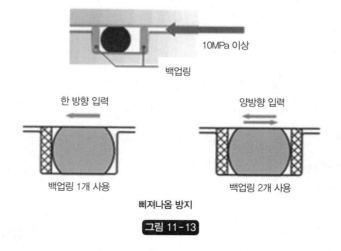

10MPa 이상

백업링

한 방향 입력   양방향 입력

백업링 1개 사용   백업링 2개 사용

삐져나옴 방지

그림 11-13

(2) O링의 종류

형식		O링	각링	D링	X링
원동면	왕복 운동용	○	–	◎	◎
	고정용	○	–	–	–
평면 고정용		○	◎	–	–
용도		일반용	고정용	왕복 운동용	저속 운동용
특징		–	면압 높고 밀봉 양호	비틀림 방지, 폭 좁음	비틀림 방지, 저속

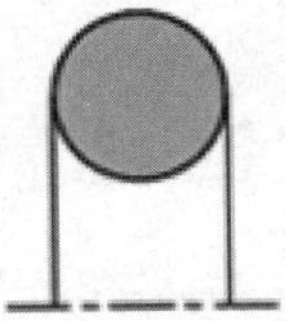

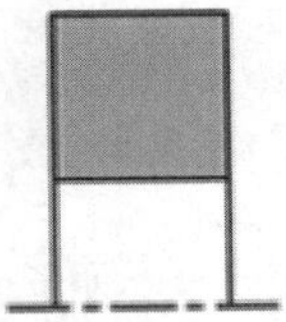

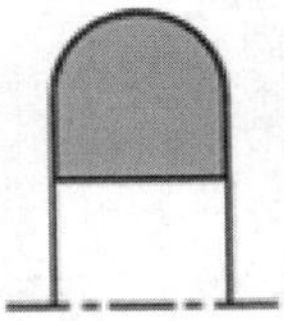

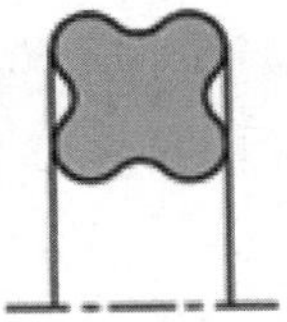

그림 11-14

(3) O링의 사용 예

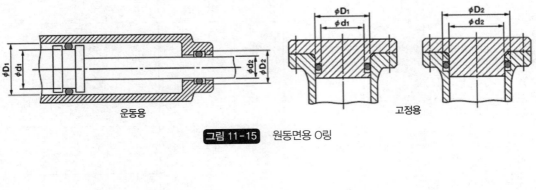

운동용　　　　고정용

그림 11-15　원동면용 O링

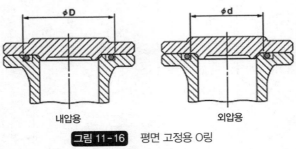

내압용　　　　외압용

그림 11-16　평면 고정용 O링

(4) O링 홈의 치수

O링을 끼우기 위한 사각형 O링 홈 각부의 치수는 표 11-8과 같으며, 삼각형 O링 홈 및 더브테일형 O링 홈 각부의 치수는 표 11-9에 제시되어 있다.

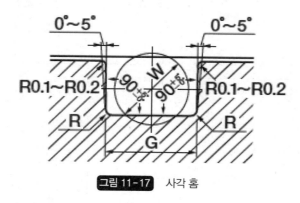

그림 11-17 사각 홈

표 11-8

O링 호칭 치수	O링 치수		내경 d	외경 D	O링 홈 치수			
	굵기	내경 d			홈 깊이		홈 폭	R
					원통면 고정용, 운동용	평면 고정용	G	
P3-P10	1.9±0.08	호칭 치수 -0.2	호칭 치수와 같음	호칭 치수 +3	(외경 - 내경) /2 $\frac{(D-d)}{2}$ 공차 0 -0.05	1.4 ±0.05	$2.5_{0}^{+0.25}$	0.4
P10A-P18	2.4±0.09			+4		1.8	3.2	0.4
P20-P22								
P22A-P40	3.5±0.1	-0.3		+6		2.7	4.7	0.7
P41-P50								
P48A-P70	5.7±0.13	-0.4		+10		4.6	7.5	0.8
P71-P125								
P130-P150								
P150A-P180	8.4±0.15	-0.5		+15		6.9	11.0	0.8
P185-P300								
P315-P400								
G25-G40	3.1±0.1	-0.6		+5		2.4	4.1	0.7

운동용 고정용 겸용 / 고정용

표 11-8 (계속)

O링 호칭 치수		O링 치수		O링 홈 치수					
		굵기	내경 d	내경 d	외경 D	홈 깊이		홈 폭	R
						원통면 고정용, 운동용	평면 고정용	G	
고정용	G45-G70	5.7±0.13	-0.7		+10		4.6	7.5	0.8
	G75-G125								
	G130-G145								
	G150-G180								
	G185-G300								
진공용	V15-V175	4.0±0.1			+10	3.0±0.1		$5.0^{+0.1}_{0}$	
	V225-V430	6.0±0.15			+16	4.5		8.0	
	V480-V1055	10.0±0.3			+24	7.0		12.0	

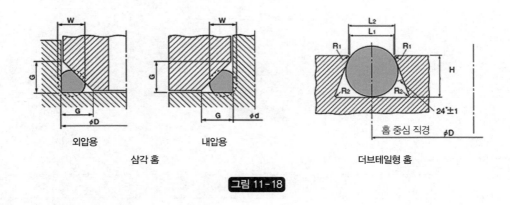

외압용   내압용

삼각 홈   더브테일형 홈

그림 11-18

표 11-9

O링 호칭 치수	O링 굵기	더브테일형 홈				삼각 홈
		L1±0.05	L2	$H^{0}_{-0.05}$	R1	G^{+x}_{0}
P3-P10	1.9±0.08	1.55	1.71	1.4	0.15	2.45+0.1
P10A-P22	2.4±0.09	2.0	2.22	1.8	0.2	3.15+0.15
P22A-P50	3.5±0.1	2.95	3.17	2.8	0.2	4.55+0.2
P48A-P150	5.7±0.13	4.75	5.18	4.7	0.4	7.4+0.3
P150A-P400	8.4±0.15	7.1	7.64	7.0	0.5	10.95+0.4
G25-G145	3.1±0.1	2.6	2.82	2.4	0.2	4.05+0.15

(계속)

표 11-9 (계속)

O링 호칭 치수	O링 굵기	더브테일형 홈				삼각 홈
		L1±0.05	L2	$H^0_{-0.05}$	R1	G^{+x}_0
G150-G300	5.7±0.13	4.75	5.18	4.7	0.4	7.4+0.3
V15-V175	4.0±0.1	3.45	3.77	2.9	0.3	
V225-V430	6.0±0.15	5.25	5.68	4.4	0.4	
V480-V1055	10.0±0.3	8.7	9.24	7.6	0.5	

(5) O링 홈면의 표면 거칠기

O링과 접촉하는 부분의 표면조도 기준을 표 11-10에 보인다. 실패하기 쉬운 것은 맥동(surge)압이 걸리는 경우로 고정용인 경우에도 운동용 O링을 사용하며 표면조도도 운동용 값을 써야 한다. O링은 합성고무이므로 끼우는 부분의 모서리 표면조도도 주의를 기울여야 한다.

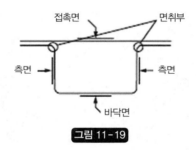

접촉면 면취부
측면 측면
바닥면

그림 11-19

표 11-10

				Ra	Rz
측면 및 바닥면	고정용	맥동 ○		1.6	6.3
		맥동 ×	평면	3.2	12.5
			원통면	1.6	6.3
	운동용	백업링	사용 ×	0.8	3.2
			사용 ○	1.6	6.3
접촉면	고정용	맥동	○	0.8	3.2
			×	1.6	6.3
	운동용			0.4	1.6
면취부				3.2	12.5

(6) 사용 온도 범위

표 11-11 O링 재료의 종류와 특징 및 사용 온도 범위

재료	특징	사용 온도 범위(℃)
니트릴 고무 NBR	가장 널리 사용되고 있으며 성능과 가공성의 균형이 가장 좋은 재료임	−25~120
에틸렌프로필렌 EPDM	내오존성, 내열성에 뛰어난 특성을 가짐 내수증기성, 내한성 등에 우수	−40~150
실리콘 고무 VMQ	내열성, 내한성, 내윤활성, 내수성 뛰어남	−45~220
불소 실리콘 FVMQ	실리콘 고무의 특성 + 내연료유성	−55~220
수소화니트릴 (HNBR)	니트릴 고무보다 내열성, 내유성, 기계적 강도, 내압축성, 내오존성이 뛰어남	−25~130
불소 고무 FKM	합성고무 재료 중에서 가장 뛰어난 내열성, 내유성, 내연료성을 가짐	−15~220
아크릴 고무 ACM	니트릴보다 내열성이 뛰어나며 광물유에 대해 내성 있음	−20~150
클로로프렌 CR	기계적 강도, 내굴곡 피로성 등에 뛰어남	−44~120
부틸 고무 IIR	가스 투과성이 고무 중에서 가장 적은 재료	−51~140
스티렌부타디엔 SBR	내마모성이 뛰어남	−51~100
우레탄 고무 UR	고경도이면서 고탄성을 갖고 있으며 기계적 강도가 높고 내마모성 뛰어남	−35~100

3) 메탈 O링

고온, 극저온, 고압, 진공 등의 가혹한 조건에서도 높은 밀봉 성능을 발휘하는 금속으로 만든 O링을 말한다. 필요한 공간이 적으므로 콤팩트한 설계가 가능하며 금속제 가스켓에 비해 체결력의 감소가 가능하다.

① 사용 온도 범위 : −270~700℃까지 사용 가능하며 사용 압력은 진공도 1.3×10^{-10} Pa부터 초고압인 300MPa까지이다.

② 튜브의 종류에 따라 유체 압력이 7MPa를 넘는 고압인 경우는 O링의 유체 측에 구멍을 뚫어 안쪽에 유체압이 걸리게 하여 밀봉력을 높인다.

③ 사용 재료 중 STS 321, STS 316L은 −270~500℃까지이며 인코넬(Inconel) 600은 −270~700℃까지이다.

구멍이 없는 경우

구멍이 있는 경우

그림 11-20

표 11-12 메탈 O링의 표면 피복 종류 및 특징

피복 재료	사용 온도(℃)	특징
금	−270~700	부식성 유체에 사용, 내산성 양호
은	−270~500	부식성 유체 이외에 사용하는 표준 메탈 O링
니켈	실온~700	고온 액체 밀봉용. 진공, 가스 밀봉에서는 플랜지 홈 슈퍼 피니싱
인듐	−270~130	저온용
PTFE	−270~200	화학적으로 안정
표면 특수 연마		표면조도 0.4s 이하 필요

4) 오일 실

대표적인 접촉 실의 하나로 주로 회전축의 베어링부를 밀봉하여 내부의 윤활유가 밖으로 새지 않도록 하는 데 사용된다. 오일 실은 조립 방향을 반대로 하면 밀봉 효과가 전혀 없으므로 주의해야 한다. 금속 링에 합성고무를 열에 의해 접착하고 실 립(seal lip)부에 스프링을 끼워 넣은 것이다. 내측은 립 안쪽의 스프링에 의해 회전하는 축에 눌려지며 외측은 하우징에 끼워진다. 축 표면은 마모를 고려하여 HRC 30~40 이상의 경도가 필요하며 사용 압력은 0.3~1기압 정도이다.

(1) 오일 실의 구조

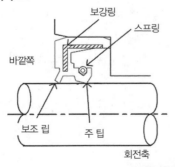

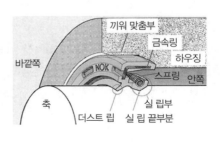

그림 11-21 오일 실의 구조*

----

* 오일 실의 그림은 NOK Co 자료를 참조하였다.

(2) 오일 실용 축의 조건

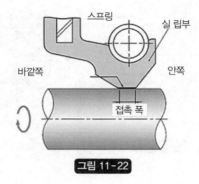

그림 11-22

① 축의 표면 경도는 HRC 30 이상이 필요하며 높은 것이 바람직하다.
② 불소 수지계 오일 실을 사용할 때는 축이 마모되기 쉬우므로 HRC50 이상의 경도가 필요하다.
③ 축의 표면 거칠기는 표 11-13과 같으며 크롬 도금과 같은 너무 매끄러운 면은 유를 머금지 못하므로 적합하지 않으며 도금 후 연삭하는 것이 좋다(그러나 연삭 시 이송하지 않으면서 연삭하는 것이 좋다).
④ 이송을 하면서 연삭하면 가공 흔적이 축선에 대해 기울어져 있게 되어 밀봉에 좋지 않다(선삭 가공은 같은 이유로 당연히 좋지 않다).

표 11-13

원주 속도(m/sec)	Ra(μm)	Rz
5 미만	0.8	3.2
5~10	0.4	1.6
10 이상	0.2	0.8

축의 치수 공차 및 축 끝부분의 지름 ϕd_1 및 모따기(면취)는 각각 표 11-14 및 그림 11-23과 같다.

표 11-14 축 끝부분의 지름

축 지름	Φd₁	축 지름	Φd₁	축 지름	Φd₁
<10	1.5	50~70	4.0	300~500	12
10~20	2.0	70~95	4.5	500~800	14
20~30	2.5	95~130	5.5	800~1,250	18
30~40	3.0	130~240	7.0	1,250~2,000	20
40~50	3.5	240~300	11.0		

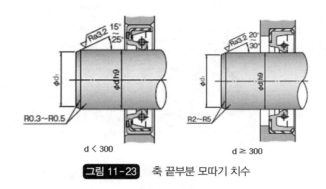

d < 300   d ≥ 300

그림 11-23   축 끝부분 모따기 치수

(3) 오일 실 하우징의 조건

표 11-15   표면 거칠기 및 직경 공차

		Ra	Rz
내측면 표면 거칠기	외측이 금속	0.4~3.2	1.6~12.5
	외측이 고무	1.6~3.2	6.3~12.5
직경의 공차	≤400mm	H8	
	>400mm	H7	

① 내압이 걸리지 않는 경우의 B, W1, W2, K의 치수

• 턱이 없는 경우

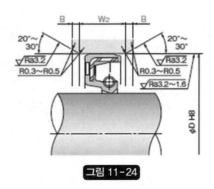

그림 11-24

표 11-16 하우징 치수(턱이 없는 경우)

오일 실의 폭(mm)	W1 최소	B	W2 최소
≤6		1.0	폭+1.0
6~10	폭+0.5	1.5	
10~14		2.0	
14~18		2.5	
18~30	+1.0	3.0	+2.0

● 턱이 있는 경우

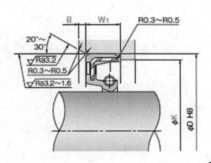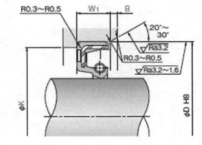

그림 11-25

표 11-17 하우징 치수(턱이 있는 경우)

오일 실의 외경(mm)	K 값
≤50	외경 −4
50~150	−6
150~300	−8
300~500	−10
500~1,250	−12
1,250~2,000	−14

② 내압이 걸리는 경우의 W1, B, K의 치수

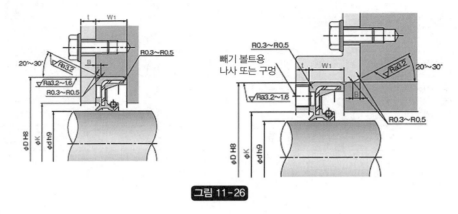

그림 11-26

표 11-18 하우징 치수(내압이 걸리는 경우)

오일 실의 폭(mm)	W1 최소	B	오일 실 외경(mm)	K	t 최소(mm)
≤6			≤50	축경+3	3
6~10	폭+0.3~0.5	1.5	50~120	+4	5
10~14	+0.4~0.6	2.0	120~250	+5	8
14~18	+0.5~0.8	2.5	>250	+6	10
18~30	+0.6~0.9	3.0			

(4) 오일 실의 종류

오일 실의 종류 및 형식 기호는 제조업체별로 다르며 KS규격의 종류보다 많으므로 제조업체의 카탈로그를 참조하는 것이 좋다.

① ISO 1종(SC/ SB)(KS : S/SM)

립에 스프링이 들어 있는 형식으로 가장 많이 사용되고 있다. 더스트 립이 없어 유용으로 먼지가 없는 경우 쓰이며, 밀봉 방향이 한 방향이며 축 회전에 사용하며 압력은 최대 0.03MPa이다.

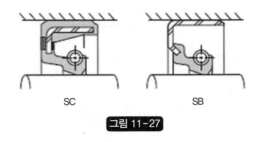

SC   SB

그림 11-27

② TC/ TB(KS : D/DM)

립부에 스프링이 있으며 더스트 립이 있어 유용으로 경미한 먼지가 있는 경우 사용하고, 밀봉 방향이 한 방향이며 축 회전에 사용한다. 압력은 최대 0.03MPa이다.

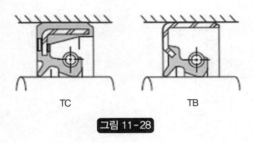

TC   TB

그림 11-28

③ TCK

유용으로 분진이 있는 경우 축 회전에 사용한다. 앞의 형과 같은 목적이지만 더스트 립 재료로써 특수한 패브릭을 쓰므로 내면지성, 통기성, 저마찰성에 뛰어나다. 압력은 최대 0.03MPa이다.

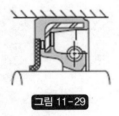

그림 11-29

④ VC/ VB(KS : G/GM)

립부에 스프링이 없으며 원주 속도가 빠르고 편심이 큰 경우에는 사용되지 않는다. 그리스 또는 더스트 실로 사용한다. 축 회전 압력이 걸리는 곳에는 사용할 수 없다.

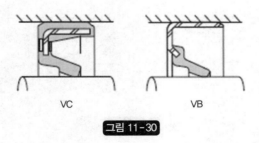

VC   VB

그림 11-30

⑤ KC/ KB

립부에 스프링이 있으며 더스트 립이 붙어 있다. 그리스용으로 경미한 먼지가 있는 경우 사용 압력이 걸리는 곳에는 사용할 수 없다.

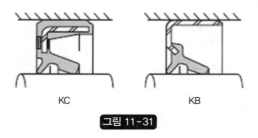

KC   KB

그림 11-31

⑥ TCV

유용으로 압력이 있는 경우 사용한다. 립부의 수압 면적을 작게 하며 강성을 가진 내압 오일 실로 비교적 작은 지름 및 중압용으로 사용한다. 압력은 최대 0.3MPa이다.

그림 11-32

⑦ TCN/TCZ

압력에 의한 변형을 작게 하기 위해 리테이너(retainer)를 일체로 한 내압용 오일 실로 고압용으로 사용한다.

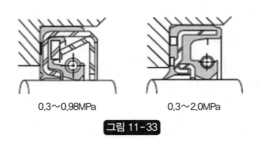

0.3~0.98MPa   0.3~2.0MPa

그림 11-33

⑧ TC4/ TB4

축이 왕복 운동하는 경우의 오일 실이다. 왕복 운동하는 압력에 의해 립의 변형이 크게 되지 않도록 설계된다.

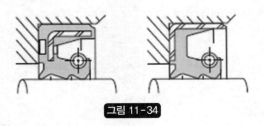

그림 11-34

5) 글랜드 패킹

글랜드 패킹(gland packing)은 일반적으로 단면이 각형이며, 스터핑 박스(stuffing box)에 채워 넣어 쓰이는 패킹으로, 패킹 누름에 의해 체결되고 축 표면을 눌러붙이는 힘이 발생하며, 이 접촉 압력으로 내부의 유체를 밀봉한다. 패킹의 냉각과 윤활을 위해 약간의 누출이 필요하다. 3~5개를 겹쳐 사용하며 값이 싸고 조립하기 쉬워 공장 등에서 많이 사용된다. 회전축에 넓은 면적으로 접촉하므로 회전 마찰이 크며, 지나치게 조이면 눌어붙을 수도 있으므로 내부 액체를 항상 조금씩 흘리면서 사용하도록 해야 한다. 오래 쓰면 누출이 많아지므로 제때에 체결 볼트를 추가로 잠가줘야 한다.

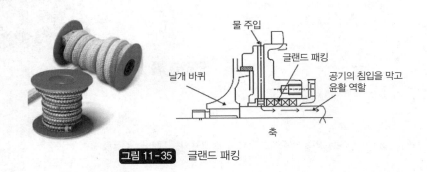

그림 11-35 글랜드 패킹

6) 메커니컬 실

메커니컬 실(mechanical seal)은 실 면의 마모에 따라 스프링 등에 의해 축 방향으로 움직일 수 있는 회전링(rotating ring, seal ring)과 움직일 수 없는 고정링(stationary ring, mating ring)으로 이루어지며, 이 두 링이 회전축과 수직인 평면에 접촉하여 밀봉하고 있는 구조이다. 고정링의 소재는 카본이며 회전링은 카본보다 딱딱한 소재를 사용한다. 대량생산하고 있는 자동차의 냉각수 순환 펌프, 자동차 에어컨의 컴프레서, 가전용 펌프 외에 장치 산업용 펌프, 블로워, 원심 분리기 등에 사용되고 있다.

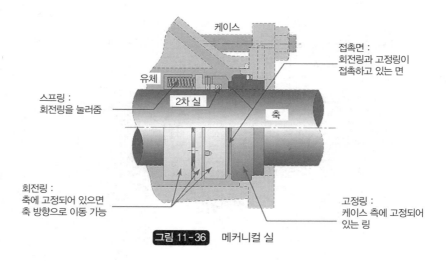

그림 11-36 메커니컬 실

2차 실 : 고정링과 케이스, 회전링과 축 또는 축 슬리브 사이에 끼워 넣는 실로, V 링, O 링, 금속 벨로우즈 등이 쓰인다.

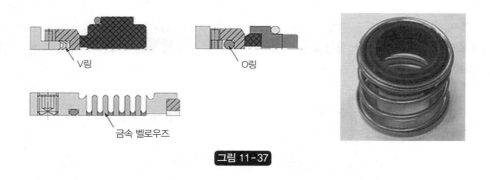

그림 11-37

참고

유체의 압력이 걸리는 각종 기계의 회전축 부에 사용되는 대표적인 밀봉 장치의 특징

• 누출량을 매우 적게 할 수 있다.

• 동력 손실이 적고 열 발생이 적다.

• 미끄럼 재료의 마모를 적게 억제할 수 있어 수명이 길다.

• 고속, 고압, 고온 또는 극저온에서도 사용 가능하다.

• 고체 입자가 섞여 있는 유체, 부식성이 있는 유체, 각종 약품액 및 액화가스 등 윤활성이 떨어지는 유체에도 사용 가능하다.

• 구조가 복잡하여 조립 기술이 필요하다.

• 유체가 없는 상태에서의 공회전은 손으로 돌리는 정도는 괜찮으나 모터로 돌리면 눌어붙는다.

• 사용 압력은 경부하용은 1~5기압, 중부하용은 5~80기압이다.

7) Z 실

단면 형상이 Z형인 실이며 공간부에 그리스를 충전하여 그리스 실로 사용하며, 허용 주속은 6m/sec 이하이다. 플러머 블록(plummer block)(베어링 박스)에 잘 사용된다.

그림 11-38

8) V링 실

실 립을 실 면의 액시얼 방향으로 접촉시켜 밀봉하며 원심력 효과에 의해 이물질 또는 액체를 흩날려 버리는 효과도 있다. 유 및 그리스 윤활 모두에 사용 가능하며, 원주 속도가 12m/sec를 넘으면 원심력에 의해 실 끼움력이 약해지므로 밴드로 고정해야 한다.

그림 11-39

2. 비접촉 실

1) 틈새 실

가장 간단한 비접촉 실이며 래디얼 방향 틈새를 작게 하여 실을 형성한다.

그림 11-40

2) 유 홈 실 I

동심인 유 홈을 하우징 내측에 두어 틈새 실보다 밀봉 효과를 높인 실이다. 유 홈에 있는 윤활제가 외부로부터의 이물질 침입을 막는 데 유효하다.

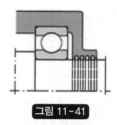

그림 11-41

3) 유 홈 실 II

동심인 유 홈을 축의 외경과 하우징 내경에 모두 두어 밀봉 효과를 더욱 높인 실이다. 밀봉 효과를 올리기 위해 하우징과 축의 틈새는 가능한 한 작게 한다. 그러나 운전 중에 양측이 접촉하지 않도록 축의 강성 및 베어링의 강성 등에 주의해야 한다.

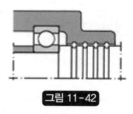

그림 11-42

4) 유 홈의 조건

① 축과 하우징의 틈새

표 11-19

축 지름(mm)	틈새(mm)
50까지	0.2~0.4
50 이상	0.5~1.0

② 유 홈의 폭 및 깊이 : 폭 2~5mm, 깊이 4~5mm

③ 유 홈의 개수 : 3개 이상

④ 유 홈부에 조도 150~200 정도의 그리스를 채워 넣으면 밀봉 효과를 더욱 높일 수 있다.

5) 래비린스 실

래비린스 실(labyrinth seal) 혹은 미로 실은 회전축과 하우징 사이에 요철이 있는 틈새를 몇 개 반복시켜 누출압을 서서히 낮춰 간다. 압축 가스의 실로 쓰이는 방식으로 고압의 공기 및 증기를 새게 하면서 사용한다. 마모 가루가 생기지 않으며 깨끗한 환경이 유지되고 수명이 길다. 밀봉 효과를 올리기 위해 하우징과 축의 틈새는 가능한 한 작게 한다. 그러나 운전 중에 양측이 접촉하지 않도록 축의 강성 및 베어링의 강성 등에 주의해야 한다.

표 11-20

축 지름(mm)	틈새(mm)	
	액시얼	래디얼
50까지	1.0~2.0	0.2~0.4
50 이상	3.0~5.0	0.5~1.0

(1) 액시얼

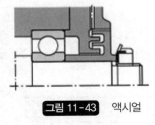

그림 11-43   액시얼

(2) 래디얼

액시얼보다 밀봉 성능이 좋다.

그림 11-44   래디얼

(3) 조심형

미로를 비스듬히 만든 실 형식으로 축과 하우징의 중심을 조정해도 미로 날개가 접촉하지 않을 정도의 틈새가 설치되어 있다.

그림 11-45   조심형

6) 자성 유체 실

자성체인 회전축의 외주에 링 모양의 영구자석을 설치하고 영구자석과 축 사이에 자성 유체를 채우면 그 사이에 형성되는 자력선에 따라 자성 유체(자성 미립자를 베이스 오일 중에 분산시킨 유체) 실이 생기는 방식이다. 고체의 접촉이 없으므로 마모가 없고 마찰 저항이 적으며 누출이 없는 뛰어난 특성을 갖고 있다. PVD, CVD, 스패터 장치 등 반도체 증착용 진공 장치에 필수이다.

7) 기타

(1) 오일 디플렉터 슬리브

축을 지나 흘러나온 유체를 돌기가 있는 슬리브로 튀어 흩어지게 하여 회수하는 방식이다.

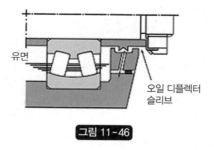

유면

오일 디플렉터
슬리브

그림 11-46

(2) 하우징 내부에 설치한 슬링거

슬링거(slinger : 기름막이)를 하우징 내에 설치하여 그 회전에 의한 원심력으로 윤활제의 누출을 막는 방식이다.

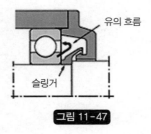

그림 11-47

(3) 하우징 외부에 설치한 슬링거

슬링거를 하우징 밖에 설치하여 그 회전에 의한 원심력으로 외부로부터의 이물질 침입을 방지하는 방식이다.

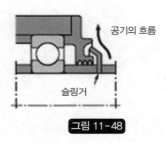

그림 11-48

(4) 조합 실

① Z 실 + 래비린스 실
② 래비린스 실 + 유 홈 실 + 슬링거 : 광산 등 분진이 많은 곳에서 쓰는 기계에 사용
③ 유 홈 씰 + 슬링거 + Z 실 : 광산 등 분진이 많은 곳에서 쓰는 기계에 사용

chapter 12

체결 요소

체결 요소란 기계를 구성하는 부품을 연결하거나 큰 부품에 작은 부품을 고정하기 위해 사용되는 기계 요소를 말한다. 기계의 기능 용도에 따라 최적의 체결 요소를 선택해야 기계의 신뢰성과 생산성을 높일 수 있으므로 설계상 중요한 점이라 할 수 있다.

체결 요소에는 가장 많이 사용되고 있는 볼트와 너트를 비롯하여 핀, 멈춤 링, 리벳, 로크 너트 등이 있으며 차례대로 살펴보도록 한다.

1 나사, 볼트, 피스, 스터드

체결 요소로서 가장 많이, 거의 모든 기계에 사용되고 있는 것이 나사이다. 나사는 인장 응력을 발생시켜 결합하는 데 쓰인다. 볼트, 나사의 선택은 사용 용도, 체결 부품, 피체결 부품, 체결 후의 사용 환경에 따라 달라진다. 사용 조건에 맞는 종류, 재질, 강도, 표면 처리, 비용 등이 나사 선정의 포인트이다.

나사(screw)와 **볼트**(bolt)는 최근에는 작은 크기의 것이나 머리가 육각이 아닌 것은 나사라 부르고 나머지는 볼트라 부르는 경향이 있지만 원래 특별히 구분하여 부르지 않는다. 참고로 미국의 자동차 정비 매뉴얼에서는 그림 12-1과 같이 구분하여 부르고 있다.

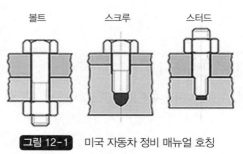

볼트   스크루   스터드

그림 12-1 미국 자동차 정비 매뉴얼 호칭

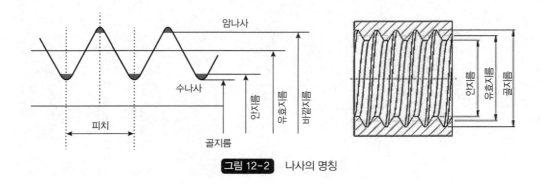

그림 12-2 나사의 명칭

나사의 호칭인 M10x1 중 10은 위 그림의 바깥지름이고 1은 피치이다.

1. 나사산 형태의 종류

1) 삼각 나사

각도는 60도이며 정상 부분이 평탄 또는 둥근 모양이다. 풀림이 비교적 적으므로 체결용으로 주로 쓰인다.

2) 사각 나사

단면이 정방형에 가까우며 비교적 작은 회전력으로도 축 방향으로 이동할 수 있으므로 프레스 및 잭 등에 이용된다.

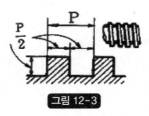

그림 12-3

3) 사다리꼴 나사

삼각 나사보다 경사면의 각도가 심하므로 축 방향 정밀도를 내기 쉽다. 사각 나사보다 튼튼하므로 선반 등의 이동 나사 및 측정기 등에 쓰인다.

그림 12-4

4) 톱니 나사

삼각 나사와 사각 나사를 조합시킨 것같이 경사면의 경사가 비대칭으로 되어 있다. 축의 한쪽 방향으로만 힘을 받는 용도로 쓰이며 프레스 및 바이스(vise)에 쓰인다. 풀 때 빠르다.

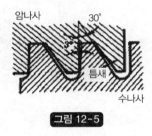

그림 12-5

5) 관용 나사

나사산의 경사면 각도가 55도인 삼각 나사이며 배관류의 접속부에 이용되고 있다. 평행 나사와 테이퍼 나사가 있으며 테이퍼는 1/16이다.

6) 둥근 나사

전구용으로 잘 쓰인다.

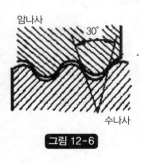

그림 12-6

2. 나사 형식의 종류

1) 머리 모양에 따른 분류

냄비머리 작은 나사
panhead machine screw

납작머리 작은 나사
low(slim) head machine
screw

접시머리 작은 나사
countersunk head
machine screw

치즈머리 작은 나사
cheese head machine screw

달걀 접시머리 작은 나사
raised(oval) countersunk
head machine screw

둥근머리 작은 나사
round head machine screw

트러스머리 작은 나사
truss head machine screw

평대패머리 작은 나사
plat fillister head machine
screw

바인딩 헤드 작은 나사
binding head machine screw

달걀 대패머리 작은 나사
oval fillister(raised cheese)
head machine screw

그림 12-7

2) 나사 머리의 홈에 따른 분류

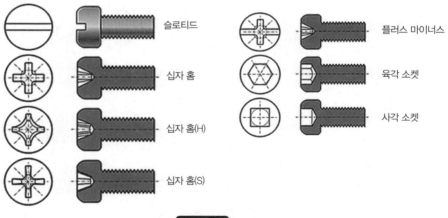

슬로티드

플러스 마이너스

십자 홈

육각 소켓

십자 홈(H)

사각 소켓

십자 홈(S)

그림 12-8

3) 나사 끝부분의 모양에 따른 분류

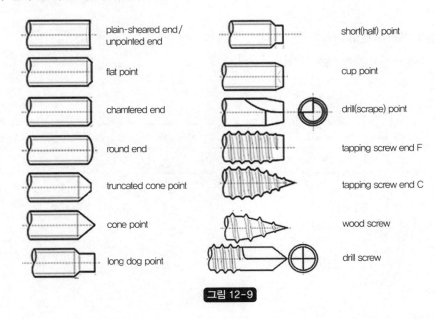

plain-sheared end /
unpointed end

flat point

chamfered end

round end

truncated cone point

cone point

long dog point

short(half) point

cup point

drill(scrape) point

tapping screw end F

tapping screw end C

wood screw

drill screw

그림 12-9

3. 기타 나사의 분류

1) 수나사/ 암나사

2) 한 줄/두 줄/다줄 나사

3) 오른 나사/ 왼 나사

L2N M8(왼 2줄 나사, 오른 나사는 R 생략)

4) 보통 나사/ 가는 나사

나사산의 피치가 보통 나사(병목)보다 좁은 나사를 가는 나사(세목)라 하며 미터 가는 나사와 유니파이 가는 나사가 있다.

가는 나사는 체결 강도가 필요한 경우, 직경이 큰 경우, 살 두께가 얇은 원통에 나사를 내는 경우에 사용되지만 가공 정밀도 유지에 주의가 필요하다.

(1) 미터 가는 나사 : M00 x p

(2) 유니파이 가는 나사 : 0-00UNF

일반적으로 사용되는 보통 나사의 크기는 아래와 같다.

표 12-1

1그룹	M1, M1.2, M1.6, M2, M2.5, M3, M4, M5, M6, M8, M10, M12, M16, M20, M24, M30
2, 3그룹	M1.1, M1.4, M1.8, M2.2, M3.5, M4.5, M14, M18, M22, M27, M33

5) 미터 나사 : 나사산의 각도 60도인 삼각 나사

6) 인치 나사

(1) 유니파이 나사 : 나사산의 각도 60도

1/4-20 UNC : 1/4-직경, 20-1인치에 있는 나사산 수

표 12-2

직경	1/8	1/4	5/16	3/8	1/2	5/8	3/4	7/8
나사 수	40	20	18	16	12	11	10	9

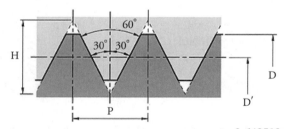

D : 외경 D' : 유효 외경 $= \left(D - \dfrac{0.649519}{n}\right) \times 25.4$

P : 피치 $= 25.4/n$ H : 나사의 높이 $= \left(D - \dfrac{0.866025}{n}\right) \times 25.4$

그림 12-10

(2) 휘트워스 나사

나사산의 각도가 55도인 나사로서 주로 건축 분야에서 사용된다.

(3) 배관용 테이퍼 나사

나사산의 경사면 각도가 55도인 삼각 나사이며 배관류의 접속부에 이용되고 있다. 평행 나사와 테이퍼 나사가 있으며 테이퍼는 1/16이다.

- R : 배관용 테이퍼 수나사(R3/4)
- Rc : 배관용 테이퍼 암나사(Rc3/4)

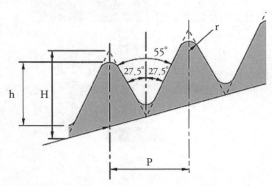

H : 나사 높이 = 0.960491P   h : 나사산 높이 = 0.640327P

P : 피치 = 25.4/n   r : 나사산의 라운드 = 0.137329P

그림 12-11

(4) 아메리카 배관용 테이퍼 나사

산의 각도가 60도인 배관용 테이퍼 나사로서 테이퍼는 1/16이다.

- NPT : 3/8NPT
- NPTF : 기밀 관용

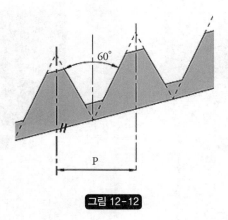

그림 12-12

(5) 배관용 평행 나사

G : G1/2

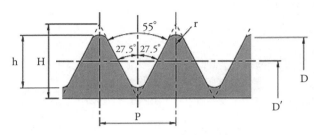

D : 외경 D' : 유효 외경 = D − h

H : 나사 높이 = 0.960491P   h : 나사산 높이 = 0.640327P

P : 피치 = 25.4/n   r : 나사산의 라운드 = 0.137329P

그림 12-13

7) 나사/ 반나사

- 전나사 : 머리가 없이 길이 전체에 나사가 가공되어 있는 것
- 머리가 있는 경우 머리 부분을 제외하고 전체에 나사가 가공되어 있는 것
- 반나사 : 머리가 있으며 머리 쪽 일부에 나사가 없는 것

4. 볼트의 종류

1) 육각 머리 볼트

그림 12-14

2) 사각 머리 볼트

그림 12-15

3) 둥근 머리 볼트

머리가 원통형인 볼트로 머리 측면에 롤렛 가공이 되어 있다.

(1) 육각 구멍 붙이 볼트

그림 12-16

- 육각 구멍 붙이의 이점
  - 장치의 콤팩트화
  - 기기의 디자인 성능 향상
  - 좁은 공간에의 적용과 작업성 향상
  - 고강도 볼트이므로 높은 체결력에 의한 느슨해짐 방지로 신뢰성 향상

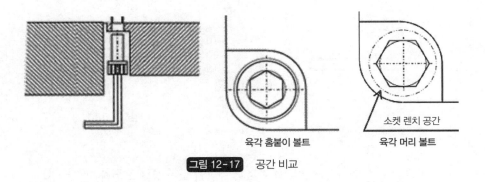

육각 홈붙이 볼트 　　　　　 육각 머리 볼트

그림 12-17　공간 비교

(2) 사각 뿌리 볼트

머리 바로 밑에 사각 부분을 가진 볼트로 체결면에 미리 사각 구멍을 뚫어 놓아 볼트의 돌아감을 방지한다.

4) 업셋 볼트

육각 볼트 중 머리 부분을 포밍만으로 만든 것이다. 머리부 상면이 오목한 것이 보통이며 슬롯 및 십

자 구멍을 가진 것이 많다. 대부분의 나사나 볼트의 머리는 펀칭 가공에 의해 만들어진다. 펀칭 가공
품보다 강도가 떨어지므로 잠그거나 풀 때 스패너나 박스 렌치의 사용을 권한다.

5) 나비 볼트

머리에 나비 모양의 손잡이가 붙어 있어 잠그거나 푸는 것이 간편한 필요가 있는 곳에 사용한다.

그림 12-18

6) 기초 볼트

기계 구조물을 설치할 때 바닥에 체결하는 볼트로 L 형과 J 형이 있다.

그림 12-19

7) U 볼트

U 자형으로 굽힌 다음 양끝에 나사를 가공한 것으로 배관의 고정 등에 쓰인다.

그림 12-20

8) 아이 볼트

고리 모양의 머리를 가진 볼트로 물건을 들어 올릴 때 사용한다.

그림 12-21

9) 행 볼트

기계 등을 들어 올리기 위한 훅을 머리로 하는 볼트이다.

그림 12-22

10) 와셔 붙이 볼트

전조로 나사산을 만들기 전에 볼트 머리부에 와셔를 끼워 넣은 것으로 나사산의 지름이 더 크므로 와셔가 빠지지 않는다.

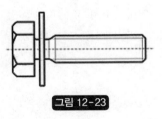

그림 12-23

11) 토 쉬어형 고력 볼트

볼트 머리는 둥근 머리이며 끝에 핀 테일(pin tale)을 갖고 있다. 전동 체결 공구를 사용하여 너트 측부터 핀 테일과 너트를 서로 다른 방향으로 돌려 잠근다. 정해진 잠금 토크에 달하면 핀 테일부가 파단하므로 체결 토크 관리가 쉽다.

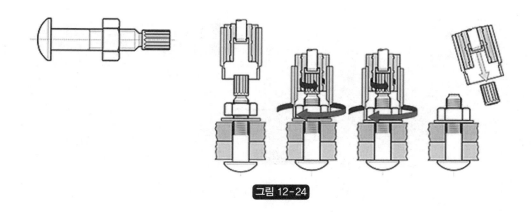

그림 12-24

12) 진공 장치용 볼트

볼트의 가운데를 관통하는 구멍이 뚫려 있어 진공 장치 등에 사용 시 볼트 구멍 안에 공기가 남아 있지 않게 할 수 있다.

관통 구멍

그림 12-25

5. 나사, 볼트의 재료

1) 머신 스크루용 재료

냉간 압조용 탄소강 선 : SWCH(carbon steel wire for cold heading and cold forging)
　　　　　　　　　　　탄소 0.53% 이하, Mn 1.65% 이하인 강
　　　　　　　　　　　SWCH10R, SWCH20K, SWCH45A 등

2) 볼트, 너트용 재료

- 기계 구조용 탄소강 및 합금강 : SM38C~SM48C, 저탄소 보론강, SCM435, SCM440
- 스테인리스강 : 내부식 및 저온용
　　　　　　　　　　STS430(−20℃까지), STS410(−50℃), STS304, STS-XM7(−196℃)
- 알루미늄 : A5xxx, A7xxx
- 티타늄 : TP340(티타늄 2종)
- 황동

- 플라스틱 : 폴리아세탈(POM), 폴리프로필렌(PP), 폴리카보네이트(PC), 유리섬유강화 폴리이미드(RENY), 4불화 에틸렌(PTFE), 폴리에테르에테르케톤(PEEK), 폴리페닐렌설파이드(PPS), 열가소성 폴리이미드(AURUM)
- 세라믹스 : 알루미나, 지르코니아

6. 나사, 볼트의 표면 처리 종류와 특징

1) 흑색 산화 피막

(1) 뜨임색

① 대기 분위기법 : 뜨임(temper) 시 강이 공기 중의 산소와 결합하여 제품 표면에 산화 피막을 생성하는 방법

② 무산화 분위기법 : 뜨임을 DX 가스 분위기 중에서 하여 제품 표면에 산화 피막을 생성하는 방법

(2) 흑염 처리(알칼리 흑색 산화 피막)

가성소다 수용액에 산화제를 넣고 130~150℃의 온도에서 처리하여 제품 표면에 산화 피막을 생성하는 방법으로 현재는 잘 이용하지 않는다.

(3) 흑색 피막(착색)

뜨임액에 유성 또는 수용성 착색제를 사용하여 뜨임열을 이용하여 제품 표면에 산화 피막을 생성하는 방법

2) 전기 도금

표 12-3

			색조	방식	장식	내마모	비고
전기 도금	아연 도금	광택 크로메이트	청은색	△	○		실내 장식, 방식
		반광택	세미-옐로우	○			광택 크로메이트 개량
		유색	옐로우	○	○		널리 사용
		흑색	흑색	○	○		실외 장식, 방식
		녹색	녹(올리브)	◎			강한 방식
	니켈 도금		백색	△	○	○	장식
	크롬 도금		광택, 백, 흑	△	◎	◎	장식, 내마모
	합금	아연-철 도금	백, 황, 흑	◎			방식

(계속)

표 12-3 (계속)

			색조	방식	장식	내마모	비고
전기도금	합금	아연-니켈 도금	백, 황, 흑	◎	○		특수 코팅에 따라 장식, 방식
	무전해 도금		백	○	◎	◎	내마모 큼
	다크로타이즈드 처리		은, 백	◎			방식, 수소 취성 무
	메커니컬 도금		옐로우 외	◎			다공성, 방식

① **수소 취성** : 금속에 수소가 침입하여 금속이 부서지게 되는 현상을 말한다. 수소의 침입은 주로 도금 전 처리 공정인 산 세척과 전기 도금 공정에서 발생하며, 특히 도금 공정에서의 수소 침입은 피할 수 없다. 특히 고강도 강의 파괴에 문제가 된다.

② **탈수소 처리**(베이킹 처리) : 도금 공정에서 강 중에 침입한 수소를 200℃ 전후의 온도에서 2~4시간 균일하게 열을 가하여 어느 정도 제거할 수 있는데, 재료의 경도, 조도, 도금 시간과 막 두께, 산 세척 시간과 산의 농도 등 작업 조건에 따라 베이킹 시간은 다르다.

③ **강도 구분과 도금** : 강도 구분 10.9 이하에 대해 실시하며 반드시 탈수소 처리를 할 필요가 있다. 강도 구분 12.9에 대해 전기 아연 도금을 하는 경우 수소 취성에 의해 지연 파괴(체결 후 수 시간에서 수십 시간 후에 머리 아랫부분 또는 나사부 등에서 파괴되는 현상)될 가능성이 있어 추천할 수 없다.

④ **12.9용 도금** : 전 처리로 산 세척 공정이 없으며 도금 처리를 전기적으로 하지 않는 것이 필요
   - 다크로타이즈드 처리 : 금속 아연을 3가 크롬 화합물로 결합한, 높은 내식성을 가진 은백색 피막 처리 공정. 경사형 용기 내에 용액과 부품을 넣고 부품끼리 비벼지면서 아연 등의 금속을 표면에 석출시킨다.
   - 메커니컬 도금(충격 도금) : 피복하려고 하는 금속 분말을 넣고 공 모양입자를 부품 표면에 때려 금속층을 만드는 방법

7. 볼트의 강도와 피로 한도

1) 강도 구분 기호

볼트 머리에 강도 구분 표시가 있다.

$$10.9$$

10 : 인장 강도 레벨, 인장 강도의 1/100로 표시 : 인장 강도 1,000MPa

.9 : 항복비 = 항복 강도/인장 강도　　　항복 강도 = 1,000×.9 = 900MPa

표 12-4

강도 구분	3.6	4.6	4.8	5.6	5.8	6.8	8.8	9.8	10.9	12.9
인장 강도	300	400	400	500	500	600	800	900	1000	1200
하항복점	180	240	320	300	400	480	640	720	900	1080

한편 온도에 따른 볼트의 하항복점 또는 내력 변동값을 표 12-5에 보인다.

표 12-5

강도 구분	온도(상온 기준)				
	+20	+100	+200	+250	+300
8.8	640	590	540	510	480
10.9	940	875	790	745	705
12.9	1,100	1,020	925	875	825

$$A2-50, \ A2-70 : 스테인리스강인 경우의 표시$$

A : 오스테나이트계, 2 : 화학 조성 구분, 50, 70 : 강도 레벨(500N, 700N)

M22까지 : 12.9 가능, M22 이상은 10.9까지 가능

2) 볼트의 체결과 피로한도의 관계

일반적으로 체결력 $F_f = 0.7\sigma_{0.2}A_s$인 값이 올바르게 축력으로 주어져 있으면 볼트는 피로 파괴가 일어나는 일은 없다. 그러나 실제로는 피로 파괴가 일어난다. 체결력이 내력의 40%에 미달하면 볼트가 피로 파괴되는 것으로 판단한다.

■ 피로 파괴에 대한 대책
- 적정 체결력으로 체결
- 가는 직경의 볼트를 많이 사용
- 열처리 후 전조 가공한 볼트를 사용 : 압축 잔류 응력 증가
- 가는 나사를 사용
- 암나사와 수나사의 끼움 길이를 길게 함

표 12-6 스크루, 볼트 및 너트용 나사의 피로한도 추정값   단위 : N/mm², (kgf/mm²)

나사 호칭	병목 나사 강도 구분 8. 8	병목 나사 강도 구분 10. 9	병목 나사 강도 구분 12. 9	나사 호칭	세목 나사 강도 구분 8. 8	세목 나사 강도 구분 10. 9	세목 나사 강도 구분 12. 9
M 4	101.9(10.4)	89.2(9.1)	128.4(13.1)				
M 5	89.2(9.1)	76.4(7.8)	110.8(11.3)				
M 6	84.0(8.6)	72.5(7.4)	103.9(10.6)				
(M 7)	77.5(7.9)	65.7(6.7)	95.1(9.7)				
M 8	72.5(7.4)	85.3(8.7)	78.4(8.9)	M 8×1	70.6(7.2)	83.3(8.5)	85.3(8.7)
M10	60.8(6.2)	71.5(7.3)	72.5(7.4)	M10×1.25	61.7(6.3)	72.5(7.4)	73.5(7.5)
M12	54.9(5.6)	63.7(6.5)	65.7(6.7)	M12×1.25	58.8(6.0)	68.6(7.0)	70.6(7.2)
(M14)	50.9(5.2)	58.8(6.0)	59.8(6.1)	(M14×1.5)	54.9(5.6)	63.7(6.5)	63.7(6.5)
M16	48.0(4.9)	55.8(5.7)	56.8(5.8)	M16×1.5	51.9(5.3)	60.8(6.2)	61.7(6.3)
(M18)	44.1(4.5)	50.9(5.2)	50.9(5.2)	(M18×1.5)	50.2(5.2)	58.8(6.0)	59.8(6.1)
M20	43.1(4.4)	50.0(5.1)	50.9(5.2)	M20×1.5	50.0(5.1)	57.8(5.9)	59.8(6.1)
(M22)	42.1(4.2)	48.0(4.9)	48.0(4.9)	(M22×1.5)	49.0(5.0)	56.8(5.8)	57.8(5.0)
M24	39.2(4.0)	46.0(4.7)	46.0(4.7)	M24×2	45.1(4.6)	52.9(5.4)	52.9(5.4)
(M27)	45.1(4.6)	45.1(4.6)	45.1(4.6)	(M27×2)	52.9(5.4)	52.9(5.4)	52.9(5.4)
M30	43.1(4.4)	43.1(4.4)	43.1(4.4)	M30×2	52.9(5.4)	52.9(5.4)	53.9(5.5)
(M33)	43.1(4.4)	42.1(4.3)	42.1(4.3)	(M33×2)	52.9(5.4)	51.9(5.3)	52.9(5.4)
M36	42.1(4.3)	41.1(4.2)	41.1(4.2)	M36×3	46.0(4.7)	46.0(4.7)	47.0(4.8)
(M39)	42.1(4.3)	42.1(4.3)	42.1(4.3)	(M39×3)	47.0(4.8)	46.0(4.7)	47.0(4.8)

8. 볼트, 나사의 사용 방법

1) 볼트의 크기

볼트의 크기 선정은 가능한 한 균등하게 체결되면서 개수를 적게 하는 것이 기본이다. 단, 3개 이하로 하는 것은 특별한 경우를 제외하고 좋지 않다.

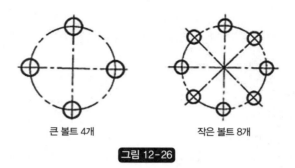

큰 볼트 4개   작은 볼트 8개

그림 12-26

그림 12-25에서 오른쪽의 경우 하나의 볼트가 제대로 되지 않으면 진동, 충격 등에 의해 하나씩 파손되며 최후에는 모두 파손된다. 따라서 왼쪽이 올바른 방법이다. 그러나 유체 용기의 뚜껑 등의 경우 실 재가 사이에 있어 균일하게 눌려지는 경우 등에는 오른쪽이 알맞다.

한편 3장 이상의 부재를 볼트로 체결하는 경우 2장씩 따로 체결해야 한다. 동시에 체결하면 사이에 낀 부재에 균일한 체결력이 작용하지 않는다.

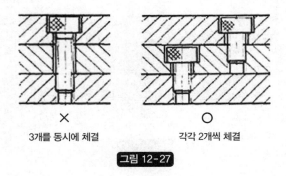

3개를 동시에 체결   각각 2개씩 체결

그림 12-27

볼트는 나사산에 의한 접촉 압력에 의해 부재를 고정할 뿐이므로 횡방향 하중이 크게 걸리는 경우에는 별도의 핀을 사용하든가 아래와 같이 어깨턱을 두어 대처한다.

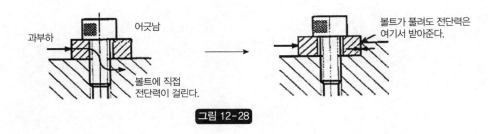

그림 12-28

2) 나사부의 깊이

볼트 체결 시 암나사부의 깊이를 얼마로 하는 것이 좋은가는 원칙적으로 볼트에 걸리는 힘을 고려하여 결정해야 하지만 현실적으로는 매우 어려운 일이다. 따라서 아래 표와 같은 값을 참고하여 정하는 것이 실용적이다.

표 12-7   볼트 재질에 따른 나사부 깊이

볼트 재질	암나사 부품의 재질	나사부 깊이(d : 볼트 지름)
SM45C	강	1.0~1.25d
	주물	1.3~1.5d
	알루미늄	1.8~2.0d

3) 볼트의 길이

아래 그림과 같이 체결된 부위 이외의 길이가 길면 스프링 정수가 낮아져 고유 진동수가 낮아지므로 진동이 있는 경우 풀리기 쉬워진다. 이때는 자리파기를 하여 해결한다.

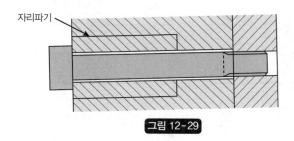

자리파기

그림 12-29

9. 고장력 볼트 사용법

① 만들어진 그대로 사용할 것 : 도금 처리, 윤활 처리, 열 처리 등을 하지 말 것
② 체결 전에 도장하지 말 것 : 체결 성능 저하
③ 볼트를 때려서 넣지 말 것
④ 볼트를 용접하거나 고온에 노출되게 하지 말 것
⑤ 부식하지 않도록 할 것
⑥ 절대 재사용하지 말 것

2 볼트의 조임과 풀림

1. 나사의 조임력과 조임 토크

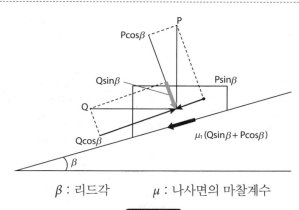

β : 리드각 μ : 나사면의 마찰계수

그림 12-30

경사면에서의 힘의 균형을 이루려면 $Q\cos\beta = P\sin\beta + \mu(Q\sin\beta + P\cos\beta)$이어야 한다.

나사면의 마찰각을 ρ라 하면 마찰계수 $\mu = \tan\rho$

삼각함수에서 $\tan(\alpha + \beta) = (\tan\alpha + \tan\beta)/(1 - \tan\alpha \times \tan\beta)$이므로 $Q = P\tan(\beta + \rho)$

나사를 푸는 경우에는 Q의 방향이 반대이므로 $Q = P\tan(\beta - \rho)$

따라서 나사의 자립 조건은 $\beta < \rho$이다. 접선력 Q가 나사의 유효 지름 d_2 위에 작용하고 있다고 가정하면, 조임력 P를 발생시키기 위한 토크 T1은

$$T1 = \frac{d_2}{2}Q = \frac{d_2}{2}P\tan(\beta + \rho)로 된다.$$

1) 마찰각

마찰각은 마찰력과 수직 저항력의 합력과 수직 저항력이 이루는 각이다.

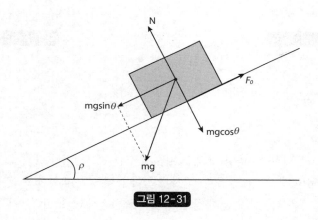

그림 12-31

그림 12-30에서 최대 정지 마찰력 $F_\circ = mg\sin\rho$, 수직 저항력 $N = mg\cos\rho$이며 $F_\circ = \mu N$이므로 $mg\sin\rho = \mu mg\cos\rho$이며 따라서 $\mu = \tan\rho$이다. 한편 너트와 피체결품과의 마찰력을 이겨내기 위한 토크 T2는

$$T2 = \frac{d_n}{2}\mu_2 P$$

d_n : 너트 접촉면의 평균 직경

P : 조임력

전 조임력 $T = T1 + T2 = \frac{d_2}{2}P\tan(\beta + \rho) + \frac{d_n}{2}\mu_2 P$

이것을 나사 호칭경과 토크계수로 나타내면 $T = kdP$이므로

토크계수 $k = \frac{d_2}{2d}\tan(\beta + \rho) + \frac{d_n}{2d}\mu_2$로 된다.

2) 너트 접촉면의 평균 직경

① 1종 너트

$$d_n = \frac{0.608B^3 - 0.524d_h^3}{0.866B^2 - 0.785d_h^2}$$

② 2종, 3종 너트

$$d_n = \frac{2(D^3 - d_h^3)}{3(D^2 - d_h^2)}$$

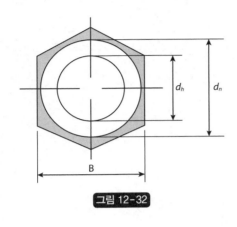

그림 12-32

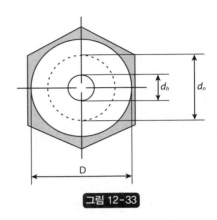

그림 12-33

2. 볼트의 조임

1) 조임 시 주의사항

① 조임력은 부족해도 풀리지만 지나친 조임도 나사 풀림을 일으키거나 파괴시킨다.

② 나사와 피조임 부품의 재질, 강도, 윤활, 나사부 길이 등에 맞는 적절한 조임이 중요하다.

③ 진동이 심한 곳에 사용 시에는 충분한 풀림 방지책을 준비하고, 초기에 느슨해짐이 생기므로 정기 점검해야 한다.

④ 하중 변동이 심한 경우에는 피로 파괴를 계산해야 한다.

⑤ 적합한 공구로 조여야 한다.

⑥ 모든 나사는 조이고 난 다음 잠깐 지나면 정도의 차이는 있지만 조이고 있는 힘이 감소한다. 그러므로 일정 시간 후 처음과 같은 조건으로 다시 조이면 나사 풀림의 반은 방지할 수 있다.

⑦ 재료의 기계적 성질은 15~25℃에서의 값이며, 온도가 높아지면 인장 강도가, 온도가 낮아지면 인성이 떨어진다.

⑧ 스패너나 렌치의 팔 길이를 늘이면 안 된다. 조임 공구는 필요한 조임이 가능하도록 정해져 있다. 파이프 등을 끼워 조이면 지나친 조임이 되므로 주의해야 한다.

⑨ 토크 렌치를 너무 믿지 않는다. 수동식 토크 렌치는 신품은 ±3% 이하의 오차지만 사용 중 점점 정밀도가 떨어진다.

⑩ 마모된 렌치나 스패너는 위험하다.

2) 안정된 조임을 확보할 수 있는 방법

(1) 동서남북 조임

① 첫 번째 : 규정 토크의 50% 정도로 조인다.

② 두 번째 : 75%로 조인다.

③ 세 번째 : 100%로 조인다.

(2) 2단 조임

조임 순서가 동서남북식으로 되지 않는 경우에는 1단계 가조임(50% 조임 토크)을 한 다음 본조임에서 100%로 조인다.

(3) 두 번 조임

피체결품에 패킹 등 유연한 부재가 개재되어 축력 전달이 늦어져 적절한 초기 축력이 얻어지지 않는 경우 우선 100% 토크로 조인 다음 다시 한 번 100%로 조인다.

(4) 안정화 조임

너트 접촉면 등이 조임에 의해 변형(burr, 표면 거칠기 등)되는 경우 먼저 100% 조임을 한 후 나사를 푼 다음 다시 한 번 100%로 조인다. 초기 조임력 저하가 일어나지 않도록 하는 방법이다.

3) 볼트 조임 관리

볼트 조임은 매우 중요한 것임에도 불구하고 쉽게 다뤄지는 일이 많다. 나사 관련 트러블에 대해 조사한 결과를 아래에 보인다.

표 12-8

주원인	비율(%)
조임 불량	43
느슨함	20
피로 파괴	12
보수 유지 불량	9
제품 불량	8
지연 파괴	4
설계 잘못	4

볼트 체결의 목적은 부품의 고정, 구동력의 전달 및 제동력의 전달, 기체나 액체의 밀봉 등에 있다. 볼트 체결체의 신뢰성을 확보하기 위해서는 설계 단계에서, 기능을 충분히 수행하는 볼트 너트의 사양, 체결력 등을 사용 실적 및 강도 계산에 의해 결정한 다음, 실제 체결 단계에서는 지시된 초기 체결력을 충실히 실현하는 것이 중요하다.

이때 나사를 고정하는 힘을 조임력(축력)이라 하며 적절하게 주어져야 한다. 조이는 힘을 어떻게 관리할 것인가는 매우 중요하다. 원래는 축력을 직접 관리해야 하나 측정의 어려움 때문에 조임 관리 및 작업의 용이성이 좋은 토크의 양으로 관리한다.

볼트의 조임 관리 방법에는 조임 토크 관리법, 회전 각도 관리법, 조임 토크 경사 관리법 및 늘어남 측정 관리법 등이 있으며 각각의 장단점을 아래 표에 보인다.

표 12-9 조임 관리 방법의 장단점

조임 관리방법	내용	장단점
조임 토크 관리	조일 때 나사를 돌리는 토크 값으로 조임을 관리한다. 가장 널리 일반적으로 쓰이고 있는 방법이다.	조임의 관리 및 작업이 쉽다. 조임 비용이 낮다. 볼트의 길이에 따라 토크 값이 변하지 않으므로 표준화하기 쉽다. 축력의 오차 폭이 커서 나사 체결의 효율이 낮다.
회전각도 관리	나사가 접촉면에 밀착한 다음 나사를 돌리는 각도로 조임을 관리한다. 스냅 토크부터 규정 각도까지 조인다.	소성 영역에서 조이면 축력의 오차가 작고 작업이 간단하다. 항복점을 지나 조이므로 부가 하중 및 재조립이 있는 나사 체결에는 제한이 있다. 규정 각도 결정이 어렵다.
조임 토크 경사 관리	나사의 조임 각도에 따른 토크 상승률의 변화에서 항복점에 들어간 점부터 조임을 관리한다. 각도, 토크 등의 연산 처리는 전자 회로로 실시한다.	축력의 오차 폭이 작으므로 나사 체결의 효율이 크다. 볼트 자체의 검사도 가능하다. 조임이 항복점을 넘는다. 조임기가 비싸다. 서비스 시 같은 양의 조임이 불가능하다.
늘어남 측정	조임에 따라 생긴 볼트의 늘어난 양으로 조임을 관리한다.	축력의 오차는 최소이다. 탄성 한도 내의 조임이 가능하다. 부가 하중 및 재조립이 가능하다. 볼트의 끝면 마무리가 필요하다. 조임 관리 비용이 비싸다.

각각의 조임 방법에는 볼트가 갖고 있는 변형 영역에 따른 조임 영역이 있으며 조임 축력의 범위가 다르다. 그림 12-33은 볼트의 늘어남과 조임 축력의 관계를 나타내고 있다.

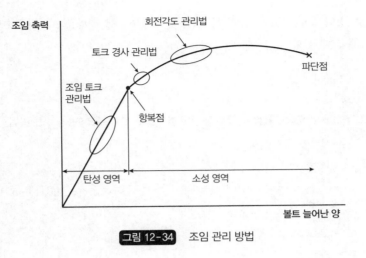

그림 12-34 조임 관리 방법

(1) 조임 토크 관리법

토크에 의해 볼트를 조이는 경우 볼트머리 접촉면의 마찰에 토크의 50%, 나사면의 마찰에 토크의 40%가 소모되며 나머지 10%만이 조임력으로 변환될 뿐이므로, 전달 효율이 매우 나빠 조임력의 오차가 크게 된다. 하지만 작업성이 뛰어나 널리 사용되고 있다.

조임 토크와 조임력(축력)의 선형 관계를 이용한 조임 관리 방법이며 가장 많이 이용되고 있다. 조임 토크 관리법은 볼트의 탄성 변형 영역에서는 조임 토크 T와 조임력 F의 관계가 아래 식과 같음을 이용하는 것이다.

$$T = F\left(\frac{d^2}{2}\left(\frac{\mu}{cos\alpha} + tan\beta\right) + \mu_n\frac{d_n}{2}\right)/1000$$

d^2 : 나사 유효 직경 μ : 나사면 마찰계수 β : 리드각 α : 나사각/2

μ_n : 볼트머리 접촉면 마찰계수 d_n : 볼트머리 접촉 유효경

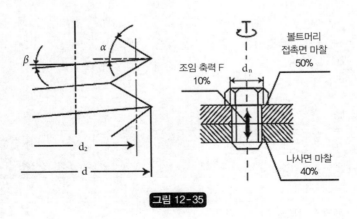

그림 12-35

일반적으로 목표 조임 축력은 볼트 규격 항복점(내력)의 70%를 최대로 하는 탄성 영역 내에서 정해진다. 최근 80%를 최대로 하는 경우도 있다.

참고

설계 단계에서 조임력의 상한값과 하한값이 주어져 있는 경우 목표 조임 토크 T를 구하는 방법

① 설계값 조임력 상한값 Fu = 210kN

　　　　　　조임력 하한값 Fl = 150kN

　전제 조건 : – 토크계수(조임 시험에 의해 구할 수 있다) kmax = 0.200, kmin = 0.170

　　　　　　 – 토크 렌치의 오차율 m = ±3%

　　　　　　 – 볼트 호칭경 : M20

② 볼트의 강도 구분 결정

　볼트의 최대 조임 응력

$$\sigma_{max} = \frac{F_{max}(F_u)}{A_s} = \frac{210,000}{245} = 857N/mm^2 < 940N/mm^2 \quad \text{그러므로 10.9로 결정}$$

③ 목표 조임 토크 T_A 계산

$$T_{max} = T_A(1 + \frac{m}{100}) = k_{min}dF_{max}$$

$$T_A = \frac{k_{min}dF_{max}}{1 + \frac{m}{100}} = \frac{0.17 \times 20 \times 210,000}{1 + 0.03} = 693kNmm = 693Nm$$ 로 된다.

한편 $T_{min} = T_A(1 - \frac{m}{100}) = k_{max}dF_{min}$ 으로부터

$$F_{min} = \frac{T_A}{k_{max}d}(1 - \frac{m}{100}) = \frac{693}{0.2 \times 20} \times (1 - 0.03)$$ 이며

이 값은 168kN > 150kN보다 크므로 조임 토크 T_A는 적절하다.

조임관리를 정밀도 좋게 실시하기 위해서는 토크계수의 관리가 필요하다. 토크계수는 볼트머리의 접촉면 및 나사면의 표면 상태, 암나사의 표면 상태, 피체결 부품의 표면 상태 및 윤활 상태 등에 영향 받는다. 아래 표는 각각의 요소를 감안한 경우의 토크계수 시험 결과의 예이다.

표 12-10 토크계수

표면 상태		피체결품 및 암나사 재질	토크계수	
볼트	암나사		평균값	표준편차
템퍼 컬러＋방청유	절삭유	탄소강	0.167	0.005
템퍼 컬러＋이황화 몰리브덴	절삭유		0.143	0.005

표 12-10 토크계수(계속)

표면 상태		피체결품 및 암나사 재질	토크계수	
볼트	암나사		평균값	표준편차
전기아연도금	절삭유	탄소강	0.162	0.006
전기아연도금	무윤활		0.303	0.021

볼트는 10.9 강력 육각 볼트를 사용

위 표에서 체결부의 표면 상태에 따라 토크계수는 크게 변하므로, 조임에 있어서는 토크계수를 충분히 파악하여 놓는 것이 중요하다.

$$토크계수\ k = \frac{1}{2d}\left(d_2\left(\frac{\mu}{cos\alpha} + tan\beta\right) + \mu_n d_n\right)$$

d : 볼트 호칭경 d_2 : 볼트 유효경 μ : 볼트 나사면의 마찰계수

β : 리드각 α : 나사각/2 μ_n : 볼트머리 접촉면 마찰계수 d_n : 볼트머리 접촉 유효경

한편 같은 조건하에서 같은 토크로 조여도 조임력(축력)이 변동되는데, 그 요인으로는 나사 조임 속도 및 반복 사용 등을 들 수 있다.

(2) 조임 회전각 관리법

볼트머리와 너트와의 상대회전각(θ)을 지표로 하여 초기 조임력을 관리하는 방법이며, 소성역 조임과 탄성역 조임이 있다. 스낵 포인트(snag point)란 볼트머리와 접촉면이 밀착된 상태를 말하며, 여기에 필요한 토크를 스낵 토크(snag torque)라 한다.

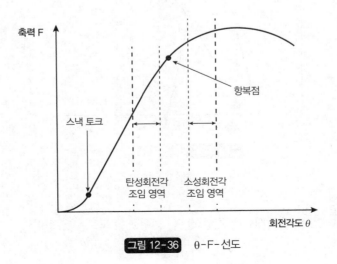

그림 12-36 θ-F-선도

일반적으로 θ-F 선도의 경사가 급한 경우는 회전각 설정 오차에 의한 조임력 오차가 크므로 탄성역 조임이 소성역 조임보다 불리하다. 소성역 조임은 회전각의 영향을 받기 어려워 보다 높은 조임력을 얻을 수 있지만 볼트 나사부 또는 원통부가 소성 변형하므로 볼트의 연성이 작은 경우에는 주의가 필요하다. 볼트의 재이용은 어렵지만 정확히 관리하면 3회 정도 재이용할 수도 있다.

[예] 소성역 조임인 경우

① 조건 : 토크계수 ― 0.200, 스낵 토크, Ts ― 70Nm, 탄성력의 축력 경사 ― 4,000kN/deg
항복 조임축력 ― 240kN, 최대 조임 축력 ― 270kN, 최대 조임 회전각 ― 180도(스낵점 기준)
볼트 호칭경 ― M20

② 목표 조임각 θ_A를 구한다.

- 항복 조임 축력값에 대응하는 조임 회전각 θ_y를 스낵 포인트를 기점으로 하여 구한다.

$$\theta_y = \frac{1}{\eta}(F_y - \frac{T_s}{k_m d}) = \frac{1}{4000}(240 - \frac{70}{0.2 \times 20}) = 55.6도$$

- θ_A를 아래 식의 범위 내에서 고른다.

$$55.6도 \leq \theta_A \leq (\theta_y + \theta_u)/2 = (55.6 + 180)/2 = 117.8도$$

(3) 조임 토크 경사 관리법

조임 회전각 θ와 조임 토크 T의 관계(그림12-36)로부터 경사(dT/dθ)를 검출하고 그 값의 변화를 지표로 하여 초기 조임력을 관리하는 방법이며, 볼트의 항복 조임 축력이 초기 조임력의 목표값이 된다. 따라서 볼트의 항복점 또는 내력에 대해 충분한 관리가 필요하며 dT/dθ를 검출하고 볼트 조임기의 정밀도 관리가 중요하다. dT/dθ의 검출은 조임기 모터의 부하 전류의 변화를 검출하여 실시한다.

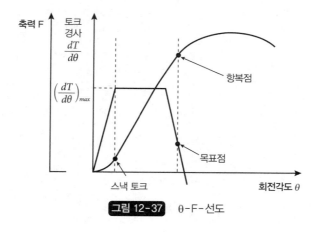

그림 12-37 θ-F-선도

(4) 조임 토크 구하는 순서

① 설계 단계에서 정해진 볼트의 재료에 대한 응력-변형률 선도로부터 조임력 상한값 $F_u = 0.7 \times \sigma_y \times A_s$를 구한다.

② 조임 관리 방법, 조임 공구 등으로부터 조임계수 Q 값을 정한다.

$$Q = \frac{F_l}{F_u}$$

③ 조임력 하한값 F_l를 구한다.

④ 재질, 윤활 조건 등을 고려하여 토크계수 k 값을 정한다. 조임 시험에 의해 미리 표를 만들어 놓는다.

$$k_{max} - k - k_{min}$$

⑤ $T_{max} = k_{min} \times d \times F_{max}(F_u)$, $T_{max} = T_A(1 + \frac{m}{100})$으로부터 목표 조임 토크 $T_A = \frac{k_{min} \times d \times F_{max}}{1 + \frac{m}{100}}$로 된다.

m : 조임 공구의 토크 정밀도

$T_{min} = k_{max} \times d \times F_{min}$, $T_{min} = T_A(1 - \frac{m}{100})$으로부터 F_{min}을 구한다.

$F_{min} > F_1$이면 OK

⑥ 조임 토크의 공차는 사용 용도에 따라 다르게 적용한다.

⑦ 이렇게 구한 조임 토크를 사내 표준화한다.

참고로 여러 가지 사용 조건에 따른 조임계수 Q의 토크계수 k 값을 표 12-11과 12-12에 보인다.

표 12-11 조임계수 Q의 표준값

Q	조임 방법	표면 상태		윤활 상태
		볼트	너트	
1.15	조임 토크 경사 관리법 회전각도법(소성역)	모든 경우	모든 경우	모든 경우
1.25	토크 렌치	망간인산염 피막 처리	무처리 또는 인산염 피막 처리	윤활제 또는 MoS2
1.4	토크 렌치 토크 제한 렌치	무처리 또는 인산염		
1.6	임팩트 렌치			
	볼트 늘어남 측정법	모든 경우	모든 경우	모든 경우
1.8	토크렌치 토크 제한 렌치	무처리 또는 인산염	무처리	무윤활
2.0	임팩트 드라이버 자력 드라이버	아연/카드뮴 도금	무처리	유윤활 또는 무윤활
		아연 도금	아연 도금	
		카드뮴 도금	카드뮴 도금	
	너트 회전각법(소성역)	모든 경우	모든 경우	모든 경우
3.0	수동 긴자루 스패너	모든 경우	모든 경우	모든 경우

표 12-12　토크계수 k

볼트 재질, 표면 처리, 윤활	k 값	피체결품 재질-암나사 재질 조합
강 흑색산화피막 (탬퍼 컬러/흑염) 유윤활(방청유)	0.145±0.005	조질강-GC, GC-GC, STS-GC
	0.155	연강-GC, 조질강-연강, GC-연강, 조질강-조질강, GC-조질강
	0.165	조질강-STS, GC-STS, Al-GC, STS-연강, STS-조질강, STS-STS
	0.175	연강-연강, 연강-조질강, 연강-STS, Al-연강, Al-조질강
	0.185	조질강-Al, GC-Al, Al-STS
	0.195	연강-Al, STS-Al
	0.215	Al-Al
강 흑색산화피막 무윤활	0.250±0.05	연강-GC, 조질강-GC, GC-GC
	0.350	연강-조질강, 조질강-조질강, GC-연강, GC-조질강, Al-GC
	0.450	연강-연강, 조질강-연강, Al-조질강, Al-연강
	0.550	조질강-Al, GC-Al, Al-Al
강 전기아연 도금 무윤활	0.250±0.05	연강-조질강, 연강-GC, GC-조질강, GC-GC
	0.350	연강-연강, 조질강-연강, 조질강-조질강, 조질강-GC, GC-연강, Al-연강, Al-조질강, Al-GC
	0.450	연강-Al, 조질강-Al, GC-Al, Al-Al
STS 광택 배럴 무윤활	0.250±0.05	GC-GC, STS-GC
	0.350	Al-GC
	0.450	GC-Al, GC-STS, STS-STS
	0.550	Al-Al, Al-STS, STS-Al

조질강 : HRC35 이상

참고

표 12-13　볼트 유효 단면적　　　　　　　　　　　　　단위 : mm²

M4	M5	M6	M8	M10	M12	M16	M20
8.78	14.2	20.1	36.6	58.8	84.3	157	245

$$A_s = \frac{\pi}{4}(\frac{d_2 + d_3}{2})^2$$

d_2 : 볼트 유효지름 $d_3 = d_1 - H/6$

d_1 : 나사 골지름　　H : 산 높이

조임 토크 목표값 계산 예

- 기본 조건
  - 볼트 : 6각 소켓헤드 볼트 M10, 흑색 산화피막 처리, 강도 12.9
  - 피체결품 재질 : 조질 처리된 SCM435
  - 암나사 재질 : GC200
  - 윤활 : 유
  - 조임 공구 : 토크 렌치

조임력 상한 $F_u = 0.7 \times \sigma_y \times A_s = 0.7 \times 1098 \times 58 = 44,579N$

표 12-11에서 Q = 1.4이므로 $F_l = F_u \div 1.4 = 44,579/1.4 = 31,842N$

표 12-12에서 k = 0.145±0.005이므로 $k_{min} = 0.14$, $k_{max} = 0.15$

목표 조임 토크 $T_A = \dfrac{k_{min} \times d \times F_{max}}{1 + \dfrac{m}{100}} = \dfrac{0.14 \times 10 \times 44579}{1 + \dfrac{3}{100}} = 60593Nmm = 60.59Nm$

m : 토크 렌치 정밀도 ±3%

$$T_{min} = T_A(1 - \frac{m}{100}) = 60593(1 - 0.03) = 58775N$$

$$T_{min} = k_{max} \times d \times F_{min}$$ 이므로 $F_{min} = 58775/0.15 \times 10 = 39183N$

따라서 F_{min}(39183N)이 (31842N)보다 크므로 조임에 문제가 없다.

- 다른 공식 적용

적정 조임 토크 T는 $\dfrac{1}{Q}$

$T = 0.35k(1 + \dfrac{1}{Q})\sigma_y \cdot A_s \cdot d$ 로 부터

$T = 0.35 \times 0.145 \times (1 + 1/1.4) \times 1098(N/mm^2) \times 58(mm^2) \times 10mm$

$= 55,400Nmm = 55.4Nm$ 로 되며

조임력 상한 $F_{max} = 0.7 \times \sigma_y \times A_s = 0.7 \times 1098 \times 58 = 44,579N$ 으로 된다.

3. 나사의 풀림

나사 체결체는 조임에 의해 볼트에 생기는 인장 방향의 축력과 피조임품의 압축력에 의해 일체화하고 있다. 이 힘은 외력이 작용하지 않을 때는 균형이 잘 잡혀 있다. 그러나 기계가 가동함에 따라 몇 개의 원인으로 그 힘은 줄어들기 시작한다. 이와 같은 축력의 저하를 '이완'이라 한다.

나사의 이완은 피로 파괴 또는 볼트의 탈락 등 큰 사고로 이어지기도 한다. 여러 가지 '이완 방지'가 연구되고 있지만 아직 이완의 메커니즘이 분명하지 않은 점도 있어서 100% 대응 가능하지 않다.

표 12-14 이완 원인

구분	원인
회전 이완	피체결 부품의 미끄러짐 반복
비회전 이완	접합면의 마모
	접합면의 자리잡기에 의한 함몰
	접합면의 익숙해짐에 의한 함몰
	볼트 먹어 들어감에 의한 함몰
	볼트의 소성 인장
	고온

(1) 초기 이완

체결체의 접합부에 있어서 표면 조도, 물결침, 형상 오차에 의한 '자리잡기'는 조일 때에 거의 완료되지만 기계 시동 시의 외력 작용에 의해서 더 진행된 다음 정지한다. 이것을 초기 이완이라 한다.

(2) 함몰 이완

볼트를 조일 때 볼트 좌면이 닿는 피조임부품이 동그랗게 함몰하는 일이 있다. 더욱이 외력 작용도 겹쳐 사용 중에 소성 변형이 진행하여 볼트가 회전하지 않고 축력이 저하하여 이완을 일으키는 현상을 말한다.

이것은 볼트 좌면의 응력 P_w가 피조임부품의 한계 면압 Pl보다 큰 경우에 일어나며 고강도 볼트를 써도 이와 같은 경우에는 볼트의 성능을 쓸모 없게 만든다.

표 12-15 재료별 한계 면압   단위 : MPa

피체결품 재료	인장 강도	한계 면압
SS400	400	270
SM30C	500	420
SM45C	800	700
SCM	1,000	850
STS304	642	314
STS631	1,200	1,000
GC200	200	294
GCD450	480	422
AlZnMgCu0.5	450	370

전동 공구로 체결하는 경우는 위 표의 값의 3/4 정도로 낮춰 잡는다.

(3) 회전 이완

나사 체결체에 외력이 작용할 때 볼트 또는 너트가 풀려 이완을 일으키는데, 아직 그 메커니즘은 해명되어 있지 않으므로 체결 기능상 일말의 불안감이 있고 대책도 불충분하거나 선택이 틀린 것도 있거나 하여 종종 사고로 연결되고 있다. 회전 이완에 대한 외력으로서는 진동 및 충격이 있다.

(4) 온도차에 의한 이완

피체결부의 온도차로 인해 팽창 수축을 반복함으로써 이완된다.

(5) 나사 풀림에 대한 일반 상식

① 진동이 심하면 나사는 풀린다.
② 나사 체결은 나사를 돌리려는 힘 및 나사의 옆 방향 힘에 약하다.
③ 조임 후 온도의 상승 하강이 심하면 나사는 풀리기 쉽다.
④ 경금속 및 플라스틱 부품을 조인 나사는 풀리기 쉽다.
⑤ 체결 접합면이 도장된 면이면 나사가 빨리 풀린다.
⑥ 가스켓이 있는 나사 체결은 풀리기 쉽다.
⑦ 나사의 길이가 짧으면 풀리기 쉽다.
⑧ 나사의 회전이 멈췄다고 나사가 풀리지 않았다고 확신할 수는 없다.
⑨ 나사는 굽힘 응력에 약하다. 나사의 축이 조임면에 기울어짐이 클수록 나사는 부러지기 쉽다.
⑩ 한 번 큰 부하가 걸렸던 볼트는 미세 크랙 및 내부결함이 생길 수 있어 교체하는 것이 좋다.
⑪ 부식된 나사는 사용하지 않아야 하며 체결된 나사의 부식은 막아야 한다.
⑫ 볼트뿐 아니라 체결 관련 요소는 제조 완료된 다음 절삭 가공, 도금 등 후가공 하지 말아야 한다.

(6) 나사가 풀리지 않게 하는 방법

① 더블 너트 : 가장 일반적인 풀림 방지 방법

그림 12-38

② 와이어 로크 : 볼트의 측면에 구멍을 뚫고 거기에 철사줄을 통과시킨 다음 다른 부품이나 볼트에 잡아매는 방법

그림 12-39

③ 플랜지 부분의 세레이션 : 볼트나 너트 체결할 표면부에 울퉁불퉁한 세레이션을 가공하여 접촉면
의 저항을 늘림
④ 와셔 사용
⑤ 마찰 링붙이 너트 사용
⑥ 나일론 너트

그림 12-40

⑦ 코킹 너트

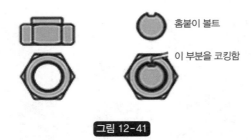

홈붙이 볼트

이 부분을 코킹함

그림 12-41

⑧ 분할 핀붙이 볼트
⑨ 캐슬 너트와 코터 핀
⑩ 정밀 로크 너트
⑪ 혀붙이 와셔 사용

3 ▶ 와셔

와셔(washer)는 볼트 또는 너트와 체결할 부품 사이에 끼워 넣고 조이는 기계 요소이다.

1. 와셔의 목적

와셔의 목적은 볼트 구멍이 큰 경우 안정하게 체결하고 부드러운(연한) 재질의 부품 및 표면을 보호하며 볼트나 너트의 풀림 방지 등을 목적으로 사용된다.

2. 와셔의 종류

1) 평 와셔

조임부와 볼트 좌면 사이에 넣어 조임부의 함몰을 막을 수 있다.

그림 12-42

2) 접시 스프링 와셔

주로 하중이 큰 곳에 쓰이며 풀림 방지로 쓴다.

그림 12-43

3) 이붙이 와셔

이에 의해 좌면의 상흔이 남지만 이완 방지에 효과가 있다.

그림 12-44

4) 스프링 와셔

평 와셔의 한쪽이 끊어져 있는 형태로 비틀림에 의해 풀림 방지 및 풀림 시 탈락 방지 효과가 있다.

그림 12-45 스프링 와셔

평 와셔 (plain washer)	탭 와셔 [tab(lock/tongue)washer]	폴 와셔(외측) [pawl(claw) washer(external)]	폴 와셔(내측) [pawl(claw) washer(internal)]
스프링 와셔 (spring washer)	쾌컬 스프링 와셔 (conical spring washer)	이붙이 와셔(내측) [toothed lock washer(internal)]	이붙이 와셔(외측) [toothed lock washer(external)]

그림 12-46 와셔의 종류

4 ▶ 너트

너트(nut)란 겹쳐진 판의 구멍에 볼트를 끼우고 반대쪽을 잠가 체결하는 데 사용되는 체결 부품이다.

1. 너트의 종류

1) 6각 너트

그림 12-47

① 1종 너트 : 너트의 두께가 나사 크기의 80% 정도인 것으로 한쪽만 면취한다.

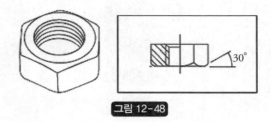

그림 12-48

② 2종 너트 : 너트의 두께가 나사 크기의 80% 정도인 것으로 양쪽 모두 면취한다.

③ 3종 너트 : 너트의 두께가 나사 크기의 60% 정도인 것으로 양쪽 모두 면취한다. 더블 너트에 사용
한다.

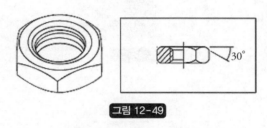

그림 12-49

2) 플랜지 너트

턱붙이 너트로 와셔와 너트를 일체화한 너트

그림 12-50

3) 육각 봉지 너트

나사 구멍이 관통되지 않은 너트

그림 12-51

4) 사각 너트

그림 12-52

5) 나비 너트

공구를 사용하지 않고 손으로 직접 잠그고 풀 수 있는 너트

그림 12-53

6) 아이 너트

그림 12-54

7) 용접 너트

얇은 판재 등과 같이 나사를 내기 어려운 곳에 모재에 직접 용접하는 너트

8) 풀림 방지 너트

쐐기, 편심, 축과의 마찰 등을 이용하여 수나사의 풀림을 방지하는 너트

(1) 홈붙이 육각 너트

볼트의 핀 구멍과 너트의 홈부가 맞도록 핀을 삽입하여 너트의 돌아감을 방지한다.

그림 12-55

(2) 나일론 너트

너트 출구 측에 나일론 링을 끼워 넣은 것으로 나일론 링에 수나사가 만들어져 그 부분의 마찰에 의해 풀림 방지 효과가 있다.

그림 12-56

(3) 하드록 너트

볼록형인 상 너트와 오목형인 하 너트 2개를 사용한다.

그림 12-57

(4) U 너트

너트에 스프링 효과가 있는 마찰 링을 넣은 너트로, 스프링 작용에 의해 수나사부에 마찰이 생겨 풀림 방지 효과가 발생한다.

그림 12-58

2. 너트의 풀림 방지 방법

1) 스프링 와셔 또는 이붙이 와셔 사용

2) 더블 너트 사용

그림 12-59

3) 홈 붙이 너트 + 분할 핀 사용

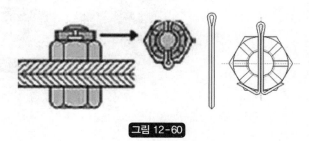

그림 12-60

4) 혀붙이 와셔 사용

그림 12-61

5) 스프링 너트 사용

6) 용접 또는 접착제 사용

7) 와이어 감기

5 ▶ 핀

기계 부품끼리의 상대 위치를 확보하기 위해 두 부품을 관통하는 구멍에 끼워 두 부품을 고정시키는 데 사용되는 기계 요소를 말한다.

1. 핀의 종류

1) 분할 핀

측면에 구멍이 뚫린 볼트 등에 끼운 다음 앞을 넓혀 빠지지 않게 하여 너트의 풀림 방지에 쓰인다.

그림 12-62

분할 핀의 호칭 지름에는 0.6mm, 0.8, 1, 1.2, 1.6, 2, 2.5, 3.2, 4, 5, 6.3, 8, 10, 13, 16, 20 등이 있다.

2) 스냅 핀

빠짐 방지용으로 사용되는데, 파상 부분이 있으며 끼우거나 빼기를 빠르게 할 수 있다.

그림 12-63

3) 스프링 핀

강성이 있는 판재를 관 모양으로 말아 반경 방향으로 스프링 효과를 준 것으로 핀 구멍의 가공 정밀도를 따지지 않는 이점이 있다.

그림 12-64

4) 평행 핀

원통 지름의 양끝이 같은 것으로 직선형과 파형이 있다.

그림 12-65

표 12-16 평행 핀의 허용차

호칭 지름(mm)	허용차		
	A종(m6)	B종(h7)	C종(h11)
1, 1.2, 1.5, 1.6, 2, 2.5, 3	+0.008 +0.002	0 −0.010	0 −0.060
4, 5, 6	+0.012 +0.004	0 −0.012	0 −0.075
7, 8, 9, 10	+0.015 +0.006	0 −0.015	0 −0.090
12, 14, 16, 18	+0.018 +0.007	0 −0.018	0 −0.110
20, 25, 30	+0.021 +0.008	0 −0.021	0 −0.130
40, 50	+0.025 +0.009	0 −0.025	0 −0.160

5) 테이퍼 핀

기계를 분해한 다음 재조립 시 두 부품의 상대 위치를 원래대로 복귀시키기 위해 주로 사용되며, 진동이 있는 곳에 테이퍼 핀을 박아 진동에 의한 볼트 풀림을 방지하는 데도 사용된다.

측면이 1/50 테이퍼로 되어 있으며 작은 쪽 지름이 호칭 지름이다. 핀을 박거나 뺄 때 편의를 위해 중심에 암나사가 있는 형태도 있다. A종은 연삭된 것이며 B종은 선삭된 것이다.

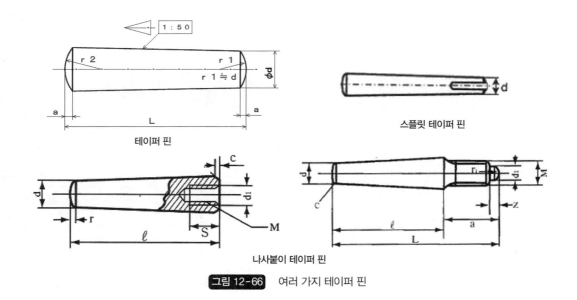

테이퍼 핀

스플릿 테이퍼 핀

나사붙이 테이퍼 핀

그림 12-66 여러 가지 테이퍼 핀

표 12-17 테이퍼 핀의 종류 단위 : mm

호칭 지름(d)	0.6, 0.8, 1, 1.2, 1.5, 2, 2.5, 3	4, 5, 6	8, 10	12, 16	20, 25, 30	40, 50
허용차(h10)	0 −0.040	0 −0.048	0 −0.058	0 −0.070	0 −0.084	0 −0.100

표 12-18 암나사붙이 테이퍼 핀의 종류 단위 : mm

호칭 지름 (d)	5	6		8		10		12, 13		16		20
나사(M)	M3	l<50 M4	l≥50 M5	l<50 M5	l≥50 M6	l<50 M6	l≥50 M8	l<50 M8	l≥50 M10	l<50 M10	l≥50 M12	M12
테이퍼 길이(l)	20 − 70	20 − 45	50 − 100	20 − 45	50 − 120	25 − 55	60 − 140	30 − 65	70 − 150	40 − 70	80 − 160	50 − 160

표 12-19 수나사붙이 테이퍼 핀의 종류

호칭 지름 (d)	4	5	6	8	10	12	13	16	20
나사(M)	M4	M5	M6	M8	M10	M12	M12	M16	M16
테이퍼 길이(l)	10 − 55	10 − 65	15 − 70	20 − 100	25 − 100	30 − 100	30 − 100	40 − 125	50 − 125

6) 다월 핀

평행 핀의 일종으로 경화 처리한 정밀도 높은 핀으로 주로 금형 및 치구 등의 조립 시 위치 결정용으로 사용되고 있다.

A종 : QT 처리, B종 : 침탄 경화 처리

그림 12-67

7) 홈붙이 핀

측면에 길게 갈라진 홈을 가공한 핀으로 돌기에 의해 체결된다.

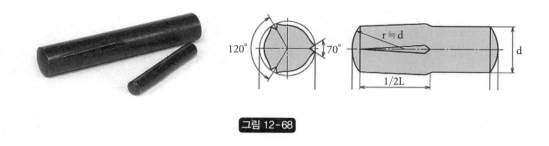

그림 12-68

8) 쉬어 핀

허용되는 하중보다 큰 힘이 걸리면 이 핀이 부러져 다른 고가의 부품을 보호하기 위한 핀을 말한다. 일반적으로 핀의 중간 부분에 홈이 파여 있다.

9) 핀 뽑기

박혀 있는 핀을 그대로 빼는 것은 쉽지 않다. 이때 핀에 있는 암나사를 활용하여 쉽게 뺄 수 있는데 아래 그림과 같이 만들어 핀 뽑기로 사용하고 있다. 쇠뭉치를 손으로 잡고 빠르게 위로 밀어 올리면 핀을 뺄 수 있다.

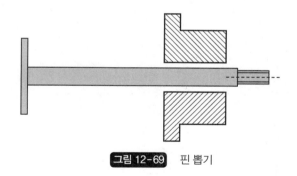

그림 12-69 핀 뽑기

6 멈춤 링

멈춤 링(retaining ring, snap ring)은 축이나 구멍에 홈을 파고 이 홈에 집어넣어 축이나 구멍에 끼워진 부품이 축 방향으로의 움직임을 막는 스프링 링이다. 정확한 위치 고정과 힘이 크게 걸리는 경우에는 사용하지 않는 것이 좋다. 많이 사용되는 멈춤 링에는 다음과 같은 것들이 있다.

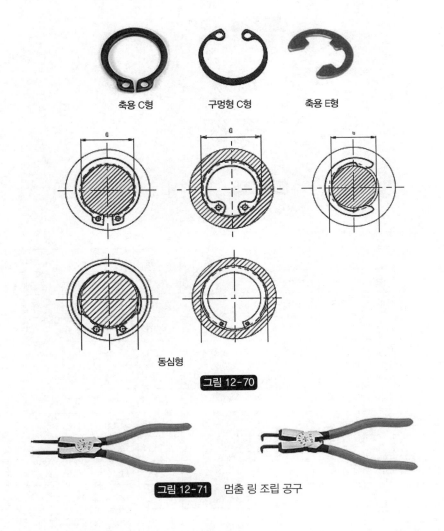

축용 C형   구멍형 C형   축용 E형

동심형

그림 12-70

그림 12-71   멈춤 링 조립 공구

7 리벳

한쪽 끝에 머리가 있는 기둥 모양의 금속제 체결용 부품을 말하며 겹쳐진 판재의 구멍에 이것을 끼워넣고 다른 쪽 끝을 망치 또는 기계 프레스 등으로 찌그러뜨려 머리를 만들어 체결한다. 머리 모양에 여러 가지 형태가 있으며 재질은 강, 동, 황동, 알루미늄 등이 있다. 일반적으로 용접하기 어려운 곳 및 경량을 요구하는 곳에 쓰인다. 사용 중에 느슨해지거나 풀리지 않는 이점이 있지만 조립 후 분해 재조립이 불가능한 단점이 있다.

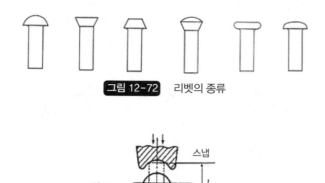

그림 12-72 리벳의 종류

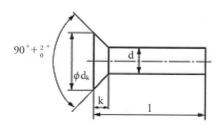

그림 12-73 리벳의 조립

표 12-20 리벳의 치수

호칭	d		d_k		k	호칭	d		d_k		k
	max	min	max	min			max	min	max	min	
1	1.04	0.98	2.3	1.7	0.5	3.5	3.64	3.46	7.5	6.5	1.8
1.2	1.25	1.18	2.7	2.1	0.6	4	4.16	3.96	8.6	8	2
1.4	1.46	1.38	3.2	2.4	0.7	4.5	4.68	4.45	9.6	9	2.3
1.6	1.67	1.58	3.6	2.8	0.8	5	5.2	4.95	10.7	10	2.5
1.7	1.77	1.68	3.8	3	0.9	6	6.24	5.94	12.7	12	3
2	2.08	1.4	4.4	3.6	1	8	8.32	7.92	16.8	16	4
2.3	2.39	2.28	5	4.2	1.2	10	10.4	9.92	16.8	16	4
2.5	2.6	2.47	5.5	4.5	1.3	12	12.48	11.92	19.8	19	5
2.6	2.7	2.57	5.7	4.7	1.3	13	13.5	12.92	21.8	21	5
3	3.12	2.97	6.5	5.5	1.5	14	14.56	13.9	22.8	22	6

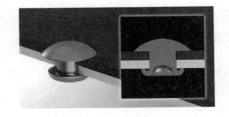

그림 12-74 중공 리벳

중공 리벳은 리벳 다리에 구멍이 파여 있으며 타봉으로 머리를 때리면 아랫부분이 그림과 같이 벌어져 체결 후 느슨해짐이 없는 신뢰성이 높은 체결을 얻을 수 있다.

블라인드 리벳은 중공 리벳과 중심축을 조합하여 만든 것으로, 바깥쪽에서의 작업만으로 체결이 가능한 리벳이다. 블라인드 리벳의 재질로는 알루미늄 합금, 강, 스테인리스강, 동합금 등의 종류가 있으며 머리 형상에는 둥근머리, 접시머리, 대경머리 세 종류가 있다.

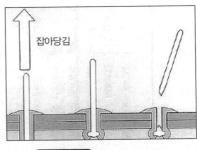

그림 12-75 블라인드 리벳

8 ▶ 로크 너트

일반 너트보다 두께가 얇은 너트로 베어링이나 기어 등을 전동축에 축 방향으로 고정하는 데 사용되며, 회전 시 관성을 줄이기 위해 내측의 나사산은 가는 나사로 되어 있다.

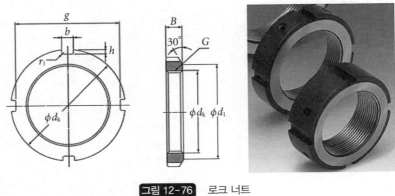

그림 12-76 로크 너트

표 12-21

호칭 번호	나사 규격
AN00	M10×0.75
AN01	M12×1
AN02	M15×1
AN03	M17×1
AN04	M20×1

호칭 번호	나사 규격
AN05-AN10	M25×1.5부터 5 간격으로 M50×1.5까지
AN11-AN30	M55×2부터 5 간격으로 M150×2까지
AN31-AN40	M155×3부터 5 간격으로 M200×3까지

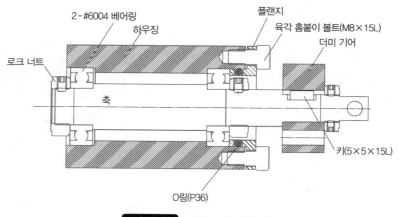

그림 12-77 로크 너트 사용 예

chapter 13

완충 요소

기계 작동 중에 갑작스러운 하중 변동에 의한 충격이나 작업 시 큰 충격이 발생하는 경우 및 지속적으로 발생하는 경우에 이 에너지를 흡수하여 다른 부품을 보호하거나 진동을 흡수하여 다른 곳에 전달되지 않도록 하는 기계 요소이다.

1 ▶ 스프링

힘을 가하면 변형하고 힘을 빼면 원래대로 돌아오는 물체의 탄성을 이용하는 기계 요소이다. 이러한 성질을 이용하여 외부로부터의 충격을 흡수하여 이 충격이 다른 곳에 전달되지 않도록 하는 완충 요소로도 이용되고 있다.

1. 압축 코일 스프링

압축 코일 스프링(compression coil spring)은 누르는 힘에 대해 반발하는 스프링의 기본형으로 코일의 형상은 원통형뿐 아니라 원추형, 술통형 및 장구형(뒤에 별도로 설명) 등이 있다.

코일 끝의 형태에 따라 클로즈드 엔드와 오픈 엔드 등 여러 가지가 있다.

그림 13-1

1) 클로즈드 엔드

(1) 무연삭

스프링의 끝부분만 감는 각도를 바꿔 바로 전의 감기에 끝을 붙이는 방식

직각도가 3도 이상인 것, 스프링 재료의 선 경이 가는 것(0.5mm 이하) 및 스프링 지수가 큰 것(10 이상)에 대해 주로 쓰인다.

그림 13-2   무연삭

(2) 연삭

자리잡기를 좋게 한 것으로 일반적으로 많이 사용되며 직각도 및 스프링 정수가 엄밀한 공차에도 대응하기 쉬운 형상이다.

그림 13-3   연삭

2) 오픈 엔드

스프링 선의 간격을 바꾸지 않고 끝까지 감는 방식으로 자리잡기가 어려우므로 스프링 받이 등 스프링을 고정하기 위한 부품과 함께 사용한다.

밀착 높이를 낮게 할 수 있는 이점은 있지만 직각도 및 스프링 정수에 대응하기 어려우므로 그다지 많이 이용되지 않는다.

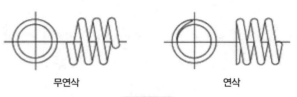

무연삭   연삭

그림 13-4

3) 기타

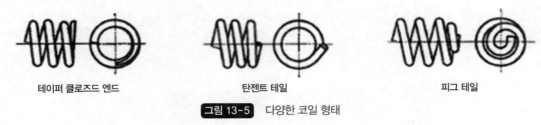

테이퍼 클로즈드 엔드   탄젠트 테일   피그 테일

그림 13-5 다양한 코일 형태

2. 인장 코일 스프링

인장 코일 스프링(extension coil spring)은 인장 하중을 받는 용도에 쓰이며, 처음 장력을 유효하게 이용하고 공간을 작게 하기 위해 일반적으로는 밀착하여 감겨 있다.

선형적인 스프링은 하중을 받기 위한 훅(hook)이 양끝에 붙어 있으며, 훅은 용도에 따라 여러 가지로 설계되고 있다.

1) 반원 훅

자유 길이를 짧게 하고 싶을 때 사용

2) 원 훅

독일 훅

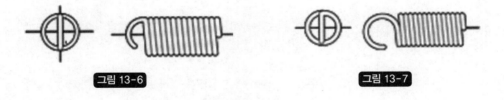

그림 13-6   **그림 13-7**

3) 거꾸로 원 훅

영국 훅

그림 13-8

4) 측면 원 훅

극단적인 편심 하중을 받아 국부적인 최대 응력이 축 하중인 경우의 2배에 달하는 것이 있으므로 주의 필요

그림 13-9

5) 각 훅

평판에 붙여서 쓰는 경우에 사용

6) U 훅

그림 13-10

그림 13-11

7) V 훅

계측용 스프링으로 주로 사용

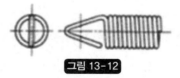

그림 13-12

8) 경사 원 훅

9) 나사 넣은 훅

그림 13-13

그림 13-14

선의 직경은 30mm 정도까지 가능하며 메탈 피팅(Metal fitting) 인장 코일인 경우는 65mm 정도도 가능하다.

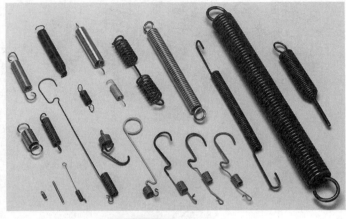

그림 13-15 여러 가지 스프링

3. 원추 코일 스프링

원추 코일 스프링(conical coil spring)은 몸통의 굽어짐을 적게 할 수 있거나 외측과의 접촉을 피하는데 유효하며, 형상에 따라서는 밀착 높이를 낮출 수 있다. 공간을 효율적으로 사용할 수 있으며, 하중 특성이 비선형이므로 압축시킬수록 보다 강한 하중이 필요하다.

• 용도 : 에어컨, TV 등 가전제품, 자동차 부품

그림 13-16

4. 비틀림 코일 스프링

비틀림 코일 스프링(torsion coil spring)은 코일 측의 둘레에 비틀림 모멘트(torque)를 받아 사용하는 스프링이다. 선의 직경은 30mm까지 가능하다.

그림 13-17

아래 그림과 같은 겹비틀림 코일 스프링은 같은 비틀림각도로 2배의 토크를 얻을 수 있다.

그림 13-18   겹비틀림 코일 스프링

5. 선 성형 스프링

선 성형 스프링(formed wire spring)은 선 모양 재료를 프레스 기나 성형기(forming machine)로 여러 방향으로 굽힘 가공하여 성형한 스프링이다.

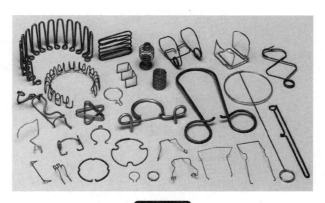

그림 13-19

6. 각 스프링

각 스프링(squarl)은 사각형 선재로 만든 코일 스프링으로 수백 톤의 거대한 하중도 지지할 수 있는 뛰어난 스프링 특성을 가지고 있으며 선형적인 하중 특성을 보인다.

• 용도 : 프레스 금형, 공작 기계 주축용

그림 13-20

7. 토션 바 스프링

토션 바 스프링(torsion bar spring)은 금속봉을 비틀 때 생기는 반발력을 이용한 스프링으로 코일 스프링에 비해 같은 중량으로 흡수할 수 있는 에너지가 크므로 가볍게 만드는 것이 가능하며 매우 가늘게 할 수 있으므로 공간 효율도 좋다. 중공인 것도 있다.

• 용도 : 트럭, 트레일러 등의 현가 장치 스프링으로 사용

그림 13-21

8. 접시 스프링

접시 스프링(coned disc spring, Belleville spring)은 매우 작은 변형으로도 큰 하중 및 충격을 받을 수 있는 스프링이지만 설계를 잘못하면 변형과 하중의 관계가 반전되는 현상이 일어나거나 약간의 치수

오차가 하중 특성에 크게 영향을 주는 민감한 측면도 함께 갖고 있다. 이러한 단점을 피할 수 있는 설계 및 제조 기술이 중요하다.

그림 13-22

접시 스프링을 여러 장 겹쳐 쓸 때는 스프링의 파손을 막기 위해 외주가 판에 닿도록 해야 한다. 특히 홀수 장인 경우는 움직이는 쪽에 외측이 오도록 배치한다.

• 용도 : 토크 리미터, 디스크 브레이크, 패킹 누름, 엘리베이터 안전 장치, 기계 설치부

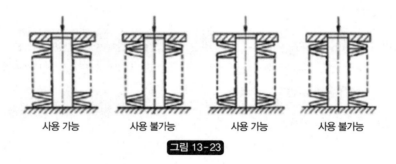

사용 가능   사용 불가능   사용 가능   사용 불가능

그림 13-23

9. 판 스프링

1) 박판 스프링

스프링의 용적이 작고 단순한 형상부터 복잡한 것까지 여러 가지가 있으며, 하중 특성은 고정 방법에 따라 바뀔 수 있으므로 주의가 필요하다.

• 용도 : 패킹 누름, 가스실, 면진 장치

2) 겹판 스프링

차량(트럭, 철도 차량)의 현가 장치 스프링으로 널리 쓰이고 있으며, 차량 차축의 강도 부재의 역할도 동시에 수행하고 있다.

• 용도 : 프레스 기계 등의 방진 장치

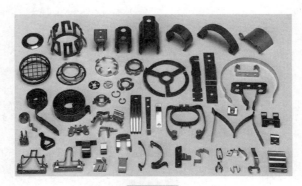

그림 13-24

그림 13-25

3) 태엽 스프링

회전 방향으로 힘을 발생시키는 스프링으로 제한된 공간에 에너지를 많이 축적한 후 조금씩 빼내어 쓰는 것이 가능하다.

그림 13-26

10. 링 스프링

링 스프링(ring spring)은 원추면을 가진 내륜과 외륜을 교대로 조합시킨 스프링으로 압축 하중이 걸리면 외륜이 늘어나며 내륜이 수축함과 동시에 내외륜의 접촉면에서 마찰력이 생긴다. 이 때문에 적은 용적으로 큰 에너지를 흡수하는 것이 가능하다.

• 용도 : 기계류의 완충 장치 및 연결 장치

그림 13-27

11. 죽순 스프링

장방형 판을 원추 형태로 감은 스프링으로 작은 공간으로 큰 하중에 대응 가능하며, 2단형 하중 특성을 갖고 있다.

● 용도 : 제강 설비 완충 장치, 제강 압연 설비용 볼트의 체결력 증가, 대형 프레스기의 방진 장치

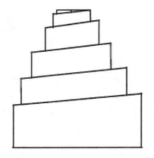

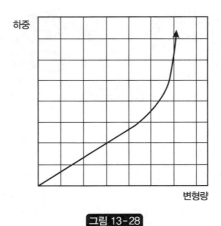

그림 13-28

2 ▶ 더블 위시본 서스펜션

더블 위시본 서스펜션(double wishbone suspension)은 자동차 독립 현가 방식의 하나로 상하 한 쌍의 암(arm)으로 타이어를 지지한다. 레이싱카 및 고급 승용차의 언더 캐리지(undercarriage)에 사용되고 있다.

그림 13-29

3 ▶ 쇼크 업소버

스프링과 같은 탄성체가 탄성 변형하여 충격을 흡수하는 메커니즘에서는 충격 흡수 후 다시 원래의 상태로 돌아가는데, 이때 차체 등과 같이 질량을 가진 물체에는 관성이 작용하므로 원래 위치를 지나 반대 방향으로 다시 스프링을 변형시킨다. 이 같은 움직임이 반복되는 것을 '스프링 질량계의 주기 진동'이라 하는데, 쇼크 업소버(shock absorber, damper)는 이 진동을 구속하기 위해 사용되는 장치이며, 이러한 주기 진동의 구속을 감쇠(減衰)라 한다.

감쇠되지 않으면 주기 진동이 길게 이어져 기계의 동작이 안정되지 않을 뿐 아니라 공진에 의해 구조물의 강도를 초과하는 변형을 일으켜 파손시킬 수도 있다.

쇼크 업소버는 위치가 변할 때 저항이 발생하며 이 운동 에너지를 열로 바꿔 감쇠한다. 발생하는 저항은 감쇠값 또는 감쇠력 등으로 불리며, 현재 주로 이용되는 것은 액체의 점성 저항이며 고체끼리의 마찰 저항을 이용한 것 및 고무 등과 같이 변형 감쇠력을 발생하는 재질을 이용한 것 등이 있다.

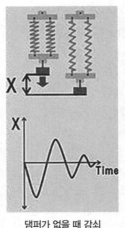

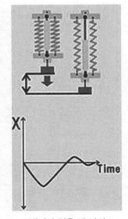

댐퍼가 없을 때 감쇠   댐퍼가 있을 때 감쇠

그림 13-30

자동차 서스펜션의 구성 부품, 지진의 충격을 유연하게 흡수하는 구조를 가진 건물의 부품 등으로 쓰이며, 내부에 가스를 봉입한 가스 실린더 또는 가스 스프링은 튀어 오르는 뚜껑을 들어 올리는 데 사용되는데, 가스압에 의한 작동만으로는 속도가 너무 빠르므로 쇼크 업소버의 저항에 의해 변위 속도를 억제하여 일정한 속도를 유지한다.

회전식인 로터리 댐퍼(rotary damper)와 신축식인 실린더 댐퍼(cylinder damper) 두 종류가 있다.

주로 사용되며 액체 저항을 이용하는 오일 쇼크 업소버는 통의 내부에 안정한 성질을 가진 오일 등의 유체를 채우고, 쇼크 업소버의 신축에 따라 움직이는 피스톤을 두어 유체를 이동시킨다. 이 유체의 이동 경로에는 통과 면적이 작은 밸브가 설치되어 있어 유체가 밸브를 통과할 때 저항이 생겨 감쇠력을 얻는다. 밸브는 피스톤에 붙어 있는 것과 통에 고정되어 있는 것이 있다. 구조에는 복통식과 단통식이 있다.

1. 복통식

외통과 내통의 2중 구조로, 피스톤 로드의 신축에 따라 오일은 내통의 바닥에 설치된 베이스 밸브를 통해 내통을 출입한다. 피스톤 로드가 내려온 체적만큼의 오일이 내통으로부터 압출되어 내통과 외통 사이의 공간으로 들어간다.

복통식은 수축 방향의 감쇠력은 베이스 밸브로, 신장 방향의 감쇠력은 피스톤 밸브로 제어한다.

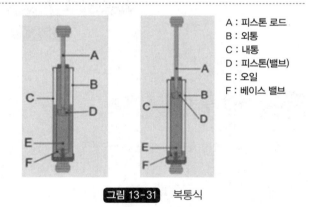

A : 피스톤 로드
B : 외통
C : 내통
D : 피스톤(밸브)
E : 오일
F : 베이스 밸브

그림 13-31 복통식

- 특징 : – 길이를 짧게 할 수 있다.
    – 외통과 내통 사이가 단열 작용을 하여 방열성이 떨어진다.
    – 외부에서 감쇠력을 조정하는 경우 유리하다.
    – 오일실과 가스실 사이에 벽이 없으므로 오일에 기포가 생겨 감쇠력이 떨어질 우려가 있다.

베이스 밸브가 액체면보다 낮게 되도록 배치하지 않으면 가스가 내통으로 들어가므로, 경주용 차처럼 옆으로 뉘어 쓰는 것은 불가능하다. 단통식보다 비교적 낮은 압력에서 사용되며 저압 가스 쇼크 업소버에 주로 쓰인다.

2. 단통식

통이 단층 구조로 되어 있으며 통의 내부는 오일이 채워진 오일실과 고압 가스가 채워진 가스실로 나뉘며, 그 사이를 자유로이 움직일 수 있는 프리 피스톤(free piston)에 의해 분할된 구조로 되어 있다.

피스톤 로드가 내려온 만큼의 오일은 프리 피스톤을 눌러 내려 가스실을 압축한다. 또 감쇠력은 신장 측과 수축 측 모두 오일 내를 이동하는 피스톤에 설치된 밸브에 의해 제어된다.

- 특징 : 구조가 단순하므로 외경에 비해 통두께 및 피스톤 로드 지름을 늘리는 것이 가능하고 강도를 확보하기 쉽다.

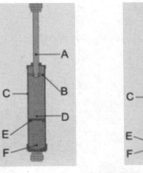

A : 피스톤 로드
B : 피스톤(밸브)
C : 외통
D : 오일
E : 프리 피스톤
F : 가스실

그림 13-32 단통식

고압 가스실에 의해 오일이 가압되므로 기공이 생기기 어려우며 가스실과 오일실이 떨어져 있으므로 설치 방향에 상관이 없다. 사용 부품에 높은 정밀도가 필요하다. 고압 가스 쇼크 업소버에 주로 쓰인다.

4 ▶ 방진 고무

방진 고무는 기계의 운전에 의해 발생하는 진동을 건물 기초에 전달되지 않도록 하거나 기초의 진동이 기계로 전달되지 않도록 하기 위한 방진 대책으로 많이 사용되고 있다.

1. 둥근 모양 방진 고무

- 용도 : 펌프, 송풍기, 엔진, 발전기, 전동기, 압축기 등

출처 : Kurashiki Kako Co.

그림 13-33

2. 사각 모양 방진 고무

• 용도 : 배관의 지지, 엘리베이터 권양기, 입체 주차장, 엔진, 공작 기계

그림 13-34

3. 산 모양 방진 고무

• 용도 : 진동 스크린, 진동 컨베이어

그림 13-35

4. V형 방진 고무

• 용도 : 고속 디젤 기관, 공기 압축기, 진동 스크린, 원심 분리기, 펌프, 공작 기계

그림 13-36

5. 고무 마운트

① 타이 마운트(tie mount) : 건설 기계 엔진, 캐빈, 연료 탱크, 라디에이터
② 컵 마운트(cup mount) : 펌프, 송풍기, 엔진 발전기, 압축기, 공작 기계
③ 풋 마운트(foot mount) : 파트 피더, 사무기기, 정밀 기계, 계측기기
④ 링 마운트(ring mount) : 압축기, 펌프, 송풍기, 변압기

타이 마운트   컵 마운트

풋 마운트   링 마운트

그림 13-37   고무 마운트의 종류

6. 기타

1) 고무 스프링

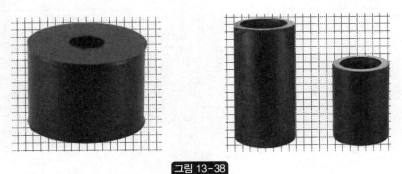

그림 13-38

2) 고무 스토퍼

그림 13-39

3) 고무 버퍼

그림 13-40

4) 고무 매트

스프링 매트

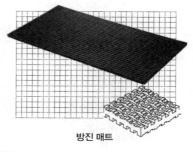

방진 매트

그림 13-41

7. 방진 고무 재료

표 13-1

재료명	특성
NR(천연고무), SBR(스티렌 고무)	일반 가소 고무
NBR(니트릴 고무)	내유성
CR(클로로프렌 고무)	내후성 및 약간 내유성
II R(부틸 고무)	큰 진동 완충 성능
EPDM(에틸렌프로필렌)	내후성, 내오존성, 내약품성, 내열성

5 ▶ 공기 스프링

고무로 된 막 속에 압축 공기를 봉입한 것으로 고무막과 이것을 잡아주는 금속 부품의 형태에 따라 벨로우즈(bellows)형과 다이어프램(diaphragm)형 등으로 나뉜다. 벨로우즈형은 변위(진폭)가 크며 비교적 부드러운 특성이 얻어지는 반면에 다이어프램형은 매우 작은 변위에 유효하다. 용도에 따라서 방진 제진용과 액츄에이터용으로 구별한다.

그림 13-42 다양한 공기 스프링

1. 방진 제진용

1) 특징

① 고유 진동수가 낮아 뛰어난 방진 효과가 필요하다.
② 하중 범위가 넓은 것을 사용한다.
③ 코일 스프링에서 보이는 서징(surging) 현상이 없고 고주파 진동을 차단할 수 있어야 한다.
④ 보조 탱크 사용으로 유연한 스프링 정수가 가능하고 연결부에 오리피스(orifice)를 두면 공기 감쇠력을 이용할 수 있다.
⑤ 일정한 높이를 유지한다.

2) 용도

산업 기계의 방진 : 진동채, 진동 컨베이어, 콘크리트 블록 기계, 원심 분리기, 압축기, 진공 펌프, 고속 프레스

3) 정밀 기기

노광 장치, 전자 현미경, 3차원 측정기, 액정 검사 장치, 레이저 관련 시험기

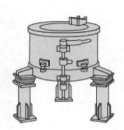

프레스 업소용 세탁기 원심 분리기

그림 13-43

2. 액츄에이터용

① 취부 높이가 낮다.

② 슬라이딩부가 없어 급유 및 유지 보수가 불필요하다.

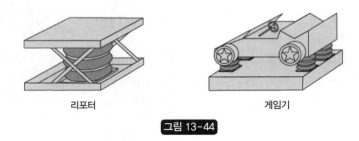

리포터   게임기

그림 13-44

6 스프링의 설계 계산식

1. 압축 코일 스프링

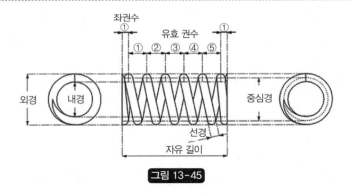

그림 13-45

표 13-2 스프링 재료의 횡탄성 계수(G)

재료		횡탄성 계수(10^4)
스프링강, 경강선, 피아노선, 오일 템퍼선		7.85
스테인리스강선	STS304, 316	6.85
	STS631J1	7.35
황동선, 양백선		3.9
인청동선		4.2
베릴륨 동선		4.4

참고

압축 코일 스프링 계산식에 나오는 기호 정의

d	재료의 직경	Di	코일 내경	Do	코일 외경	D	코일 중심 평균 직경
Nt	총 감긴 수	Na	유효 감은 수≥3	H_s	밀착 높이	H_f	자유 높이
c	스프링 지수 =D/d	f	고유 진동수	σ_B	재료의 인장 강도	G	횡탄성 계수 (N/mm^2)

P : 스프링에 걸리는 하중(N)

δ : 스프링의 변위(deflection)

κ : 스프링 정수(N/mm)

τ_0 : 비틀림 응력(N/mm^2) 전 원주에 걸쳐 일정한 비틀림 응력을 일으킨다고 생각한 경우에 사용

τ : 비틀림 수정 응력(N/mm^2) 실제 스프링에서는 코일의 굽힘률과 전단력이 영향을 주어 코일 내측이 외측의 응력보다 크게 된다. 이 영향을 고려하여 수정한다

K : 응력 수정계수

종횡비(H_f/D) 유효 권수의 확보를 위해 0.8 이상으로 하고, 좌굴을 고려하여 일반적으로는 0.8~4 범위가 적당

p : 피치 = (H_f-H_s)/Na + d 피치가 0.5D를 넘으면 변위의 증가에 따라 코일 직경이 변화하므로 기본식으로부터 구한 변위 및 비틀림 응력을 수정해야 하므로 0.5D 이하로 한다.

1) 기본 계산식

① 하중과 스프링 정수, 변위량의 관계 : 선형 특성을 가진 스프링의 하중은 변형에 비례하므로 하중 P = $\kappa\delta$

② 스프링의 치수로부터 스프링 정수를 구한다. $\kappa = Gd^4/8NaD^3$

③ 비틀림 응력 $\tau_o = 8DP/\pi d^3$

④ 비틀림 수정 응력 $\tau = K\tau_o$

수정계수 $K = (4c-1)/(4c-4) + 0.615/c$

스프링 지수 c = D/d : 스프링 지수가 작게 되면 국부 응력이 작게 되거나 또 스프링 지수가 큰 경우 및 작은 경우는 가공성이 문제가 된다. 그러므로 스프링 지수는 열간에서 성형하는 경우는 4~15, 냉간 성형하는 경우에는 6~15의 범위에서 선택하는 것이 좋다.

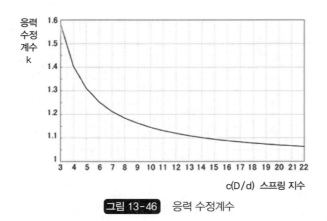

그림 13-46 응력 수정계수

⑤ 밀착 높이(끝면을 연삭한 경우)

Hs = (Nt − 1)d + (t1 + t2) 여기서 t1 + t2 : 코일 양 끝부 각각의 두께 합

⑥ 스프링의 허용 비틀림 응력

• 정하중에서 사용하는 경우 : 스프링 사용 상태에서 하중 변동이 거의 없는 경우 또는 반복 하중이 있어도 약 1,000회 이하인 경우 스프링은 변형을 일으키거나 그 결과 하중이 낮아지지 않으면 좋으므로 허용 응력은 재료의 탄성 한도 내에 있으면 좋다. 실제 사용은 아래 표 값의 80%를 선택한다.

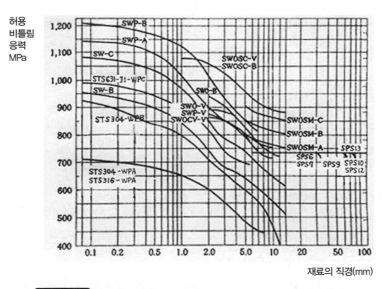

그림 13-47 정적 하중을 받는 압축 코일 스프링의 허용 비틀림 응력

• 반복 하중에서 사용되는 경우 : 응력 집중을 고려하는 외에 평균 응력 및 응력 진폭, 또 표면 상태 등을 고려하여 허용 응력을 정한다.

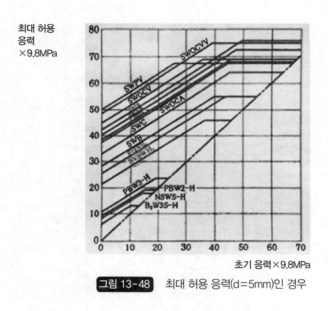

그림 13-48 최대 허용 응력(d=5mm)인 경우

⑦ 사용 한계 온도

표 13-3

고탄소강	경강선	SW-B, C	110℃
	피아노선	SWP-A, B, V	140
합금강	오일 템퍼선	SWOSC-B, V	250
		SWI180, 200	
	스테인리스강선	STS304-WPB	290
		STS631J1-WPC	340

⑧ 계산 예

■ 계산 순서

• 설계상 필요한 하중 결정, 스프링이 들어갈 공간으로부터 코일 외경, 자유 길이, 변위량을 결정한다.

• 코일 선경을 정한다 : 코일 외경과 스프링 지수 범위를 고려하여 임의로 정한다.

SWP-A : 0.08~10mm, SWP-B : 0.08~8.0mm, SWP-V : 1.0~6.0mm

- 비틀림 응력 $\tau_0 = \dfrac{8DP}{\pi d^3}$ 를 구한다.

  동적 사용인 경우는 비틀림 수정 응력을 구한다.

- 재료의 허용 비틀림 응력표로부터 재료를 정한다.

- 유효 감은 수 $N_a = \dfrac{Gd^4\delta}{8D^3P}$ 를 구한다.

- 스프링 정수 $k = \dfrac{Gd^4}{8N_aD^3}$ (N/mm)를 구한다.

- 밀착 높이를 구한다.

2. 인장 코일 스프링

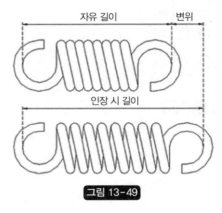

그림 13-49

Pi : 초기 장력(냉간 성형에 의해 밀착 감기로 만드는 경우 생기는 장력을 말함, 하중이 Pi보다 크지 않으면 스프링의 변위는 없다.)

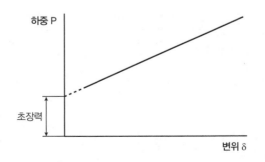

그림 13-50 하중-변위 선도

τi : 초기 응력   M : 비틀림 모멘트, 굽힘 모멘트 σ : 인장 응력

τ_0 : 미수정 전단 응력 τ : 수정 전단 응력

① $Pi = \pi d^3/8D \times \tau i$ 경험적으로 $\tau i = G/100c$

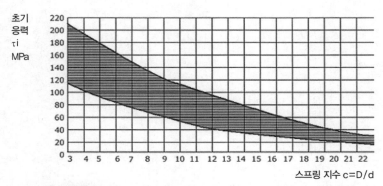

그림 13-51 초기 응력 : 강선으로 성형된 다음 저온 풀림처리 전의 값

피아노선 및 경강선 등의 강선으로 밀착 권으로 성형하고 저온 풀림 하지 않은 경우의 초기 응력은 위 그림의 사선 범위 내로 한다. 그러나 강선 이외의 재료를 사용하는 경우 및 저온 풀림 처리한 경우에는 위 그림 값을 다음 기준으로 수정한다.

- 스프링용 스테인리스강선 : 85%
- 인청동선, 황동선 및 양백선 : 50%
- 성형 후 저온 풀림
  피아노선, 경강선 : 65~80%
  스테인리스강선 : 75~85%

② 스프링 정수 $\kappa = Gd^4/8NaD^3 (N/mm)$

③ 하중 $P = \kappa\delta + Pi \ (N)$ $\delta = 8NaD^3/GD^4 \times (P - Pi)$

④ 전단 응력 $\tau_o = 8DP/\pi d^3$

⑤ 수정 전단 응력 $\tau = K\tau_o$ $K = (4c - 1)/(4c - 4) + 0.615/c$

⑥ 후크부의 응력 : 후크부에는 굽힘 모멘트나 비틀림 모멘트에 기인하는 인장 응력 및 전단 응력이 발생하지만 정확한 계산은 어렵다. 널리 쓰이고 있는 반원 후크, U 후크에 대한 근사 계산은 아래와 같다.

■ 반원 후크 : 인장 응력 최댓값은 그림 13-52의 A부 내측에, 전단 응력 최댓값은 B부의 내측에 생긴다.

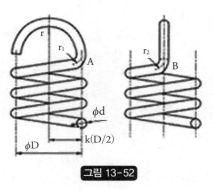

그림 13-52

- A부 : 내측의 최대 인장 응력은 굽힘 모멘트 M과 축 하중 P에 의한 인장 응력의 합이므로

$$\sigma = \kappa_1 = \frac{32M}{\pi d^3} + \frac{4P}{\pi d^2}$$

K_1 : 곡률에 따른 응력 집중계수로 $C_1 = 2r_1/d$로 하면

$$\kappa_1 = \frac{4c_1{}^2 - c_1 - 1}{4c_1(c_1 - 1)}$$

정리하면 $\sigma = \kappa_1' \dfrac{16D}{\pi d^3} P$를 얻는다. $\kappa_1' = \kappa_1 + \dfrac{1}{4c}$ $M = D/2 \times P$

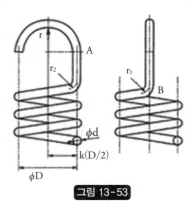

그림 13-53

- B부 : 내측의 최대 전단 응력은 비틀림 모멘트 M에 의한 것이며

$$\tau = \kappa_2 \frac{16M}{\pi d^3} + \kappa_2 \frac{8D}{\pi d^3} P$$

K_2 : 곡률에 따른 응력 집중계수로 $C_2 = 2r_2/d$로 하면

$$\kappa_2 = \frac{4c_2 - 1}{4c_2 - 4}$$

- **U 후크** : 인장 응력의 최댓값은 그림 13-54의 A부 내측에, 전단 응력 최댓값은 B부의 내측에 생긴다.

- A부 : 내측의 최대 인장 응력은

$$\sigma = \kappa_3 \frac{32M}{\pi d^3} + \frac{4P}{\pi d^2}$$

$$\kappa_3 = \frac{4c^2 - c - 1}{4c(c - 1)} \quad c = \frac{D}{d}$$

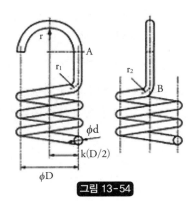

정리하면 $\sigma = \kappa_3' \dfrac{16D}{\pi d^3} P$ $\kappa_3' = \kappa_3 + \dfrac{1}{4c} = \dfrac{2c^2 - 1}{2c(c - 1)}$

- B부 : 최대 전단 응력은 반원 후크와 같은 식을 사용한다.

그림 13-54

■ 계산 예 : 조립 시 길이 160mm 하중 176N, 최대 시 길이 180mm 하중 275N, 코일 외경 36mm 이하, 후크는 U 후크로 길이는 양쪽 모두 20mm 이상이며 10^7 이상의 피로 강도를 가지는 인장 코일 스프링을 설계하여 보자.

재질은 SWP-A를 사용하고, 초기 장력은 표준, 최대 인장 응력은 $0.7\sigma_B$ 이하, 최대 전단 응력은 $0.45\sigma_B$ 이하를 목표로 하고, 재료 선경을 4mm로 하면, 그림 13-55에서 $\sigma_B = 1,670N/mm^2$로 된다.

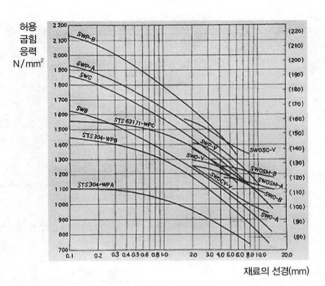

허용 굽힘 응력 N/mm^2

재료의 선경(mm)

그림 13-55 허용 인장 응력

코일 외경을 36mm로 하면 스프링 지수 $c = D/d = 32/4 = 8$

스프링 정수 $\kappa = (P2 - P1)/(H2 - H1) = (275 - 176)/(180 - 160) = 4.95N/mm$

유효 감은 수 $Na = Gd^4/8\kappa D^3 = 15.5$

초기 응력 $\tau i = G/100c = 78500/100 \times 8 = 98.1N$

초기 장력 $Pi = \pi d^3/8D \times \tau i = 77.0N$

자유 시 길이 $H_f = H1 - (P1-Pi)/\kappa = 140mm$

한쪽 후크의 길이는 $(H_f - (Na + 1)d)/2 = 37.0mm$

U 후크부에 걸리는 최대 인장 응력의 최저(σ_1), 최대(σ_2) 응력은

$$\sigma_1 = \kappa_3' \frac{16D}{\pi d^3} P = 1.134 \frac{16 \times 32.0}{\pi \times 4.0^3} \times 176 = 508(N/mm^2)$$

$$\sigma_2 = \kappa_3' \frac{16D}{\pi d^3} P = 1.134 \frac{16 \times 32.0}{\pi \times 4.0^3} \times 275 = 794(N/mm^2)$$

$\sigma_1/\sigma_B = 508/1670 = 0.304$

$\sigma_2/\sigma_B = 794/1670 = 0.475$

$\longrightarrow$ 그림 13-56에서 10^7회 이상의 피로 강도 확보 가능함을 알 수 있음

상한
응력
계수
$\dfrac{\sigma_{max}}{\sigma_B}$

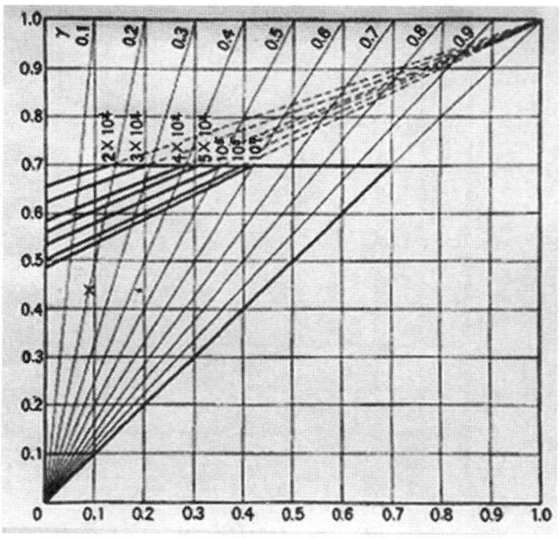

하한 응력계수 $\dfrac{\sigma_{min}}{\sigma_B}$

그림 13-56 인장 응력의 피로 강도

마찬가지로 τ_1, τ_2는 후크의 올림 반경 $r_2 = 4$로 하면 $c = 2r_2/d = 2.0$, $K_2 = 1.75$이므로

$$\tau_1 = \kappa_2 \frac{8D}{\pi d^3} P = 1.75 \frac{8 \times 32.0}{\pi \times 4.0^3} \times 176 = 392(\text{N/mm}^2)$$

$$\tau_2 = \kappa_2 \frac{8D}{\pi d^3} P = 1.75 \frac{8 \times 32.0}{\pi \times 4.0^3} \times 275 = 613(\text{N/mm}^2)$$

최저 $\tau_1/\sigma_B = 392/1670 = 0.235$

최대 $\tau_2/\sigma_B = 613/1670 = 0.367$

$\longrightarrow$ 그림 13-57에서 10^7회 이상의 피로 강도 확보 가능함을 알 수 있음

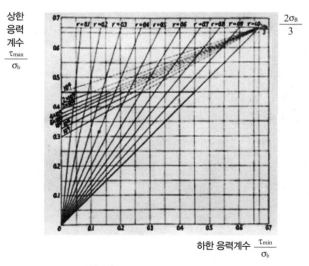

상한
응력
계수
$\dfrac{\tau_{max}}{\sigma_b}$

$\dfrac{2\sigma_B}{3}$

하한 응력계수 $\dfrac{\tau_{min}}{\sigma_b}$

그림 13-57 전단 응력의 피로 강도

영구 변형을 고려하는 경우 $\tau_{max}/\sigma_B \leq 0.45$로 설정하는 것을 추천

영구 변형을 고려하는 경우 $\sigma_{max}/\sigma_B \leq 0.7$로 설정하는 것을 추천

3. 비틀림 코일 스프링

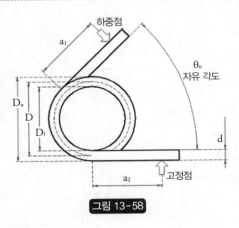

그림 13-58

d : 재료의 직경 D_i : 코일 내경 D_o : 코일 외경   D : 코일 중심경

ΔD : 부하 상태에서의 코일 평균 직경의 감소   N : 감은 수   E : 종탄성 계수

표 13-4 종탄성 계수

재료		종탄성 계수(N/mm²)(10⁴)
스프링강, 경강선, 피아노선, 오일 템퍼선		20.6
스테인리스강선	STS304, 316	18.6
	STS631J1	19.6
황동선		9.8
양백선		10.8
인청동선		9.8
베릴륨 동선		12.7

I : 단면 2차 모멘트 mm⁴

Z : 단면계수 mm³

$P(P_1, P_2)$: 스프링에 걸리는 하중 N

M : 스프링에 작용하는 비틀림 모멘트(토크) N mm

a₁, a₂ : 팔의 길이 mm

L : 스프링의 유효부 전개 길이 mm

K_{Td} : 토크 스프링 정수 (N mm/rad, N mm/degree)

ϕ : 스프링의 비틀림각

R(R₁, R₂) : 하중 작용 반경

Ds : 안내봉의 직경

K_b : 굽힘 응력 수정계수

σ : 굽힘 응력

ψ : 변위 각도

■ 계산식

• 스프링 지수 c = D/d

• 토크 스프링 정수 K_{Td}

  – 팔 길이를 고려하지 않아도 되는 경우

  $$K_{Td} = \frac{Ed^4}{3667DN}$$

  – 팔 길이를 고려하는 경우

  $$K_{Td} = \frac{Ed^4}{3667DN + 389(a_1 + a_2)}$$

  – 팔 길이 고려 여부의 기준

  $$(a_1 + a_2) \geq 0.09\pi DN$$

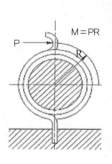

팔의 길이를 고려하지 않아도 되는 경우

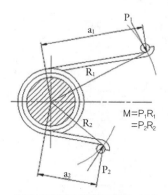

팔의 길이를 고려할 필요가 있는 경우

그림 13-59

• 토크 T = $K_{Td}\psi$

• 하중 P = T×a₁

• 응력 σ

– 스프링을 감아 들이는 방향으로 사용

$$\sigma = \frac{32T}{\pi d^3}$$

– 스프링을 감아 내는 방향으로 사용

$$\sigma_{max} = \frac{32(a_1 + \frac{D}{2})PK_b}{\pi d^3} \qquad K_b = \frac{4c^2 - c - 1}{4c(c-1)}$$

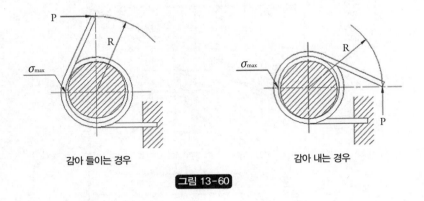

감아 들이는 경우   감아 내는 경우

그림 13-60

정하중 사용인 경우에는 $\sigma = \frac{32T}{\pi d^3}$ 로 계산하여 그림 13-61을 넘지 않도록 한다.

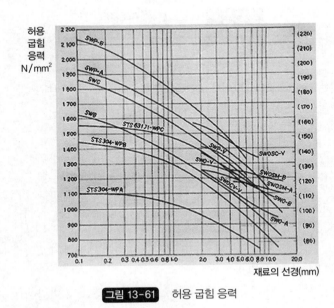

그림 13-61 허용 굽힘 응력

동하중 사용인 경우 피아노선, 오일 템퍼선 등 내피로 특성이 뛰어난 선을 사용할 때는 그림 13-62를 써서 스프링 수명을 추정하는 것이 가능하다.

그림의 사선 γ

$$\gamma = \sigma_{min}/\sigma_{max} = M_{min}/M_{max} = \phi_{min}/\phi_{max}$$

상한 응력계수 0.7인 굵은 횡선은 스프링의 퇴화 허용도에 따라서 상하로 이동하므로 약간의 퇴화를 허용한다면, 계수 σ_{max}/σ_B의 σ_{max}를 그림 13-61 정하중 허용 응력에 보이는 허용 굽힘 응력까지 잡고 굵은 횡선을 상한으로 이동해도 좋다.

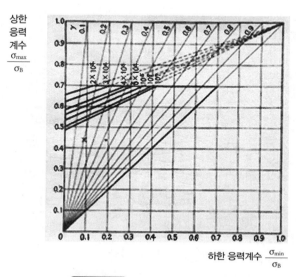

그림 13-62 인장 응력의 피로 강도 선도

• 안내봉 지름 D_s

스프링을 감아 들이는 방향으로 비틀리면 코일의 직경이 감소하므로 안내봉의 직경은 최대 사용 시의 코일 내경($D_i - \triangle D$)의 약 90%로 잡는 것이 바람직하다.

4. 접시 스프링

D : 접시 스프링 외경　　d : 내경　　t : 두께　　H_o : 자유 높이

h_o : 접시 스프링의 전 변위량(h_o-t)　　E : 종탄성 계수(2.06×10^5)

v : 포아송 비(0.3)　　P : 하중　　δ : 접시 스프링 하나의 변위량

$\sigma_I - \sigma_{IV}$: 위치 I, II, III, IV의 응력

P_G : 스프링을 여러 개 조합 시 하중　　δ_G : 여러 개 조합 시 변위량

n : 병렬로 겹친 장 수　　m : 직렬로 조합한 수

L_o : 스프링을 조합했을 때의 자유 높이 = $(t \times n + h_o)m$

R : 모서리부의 면취 반경

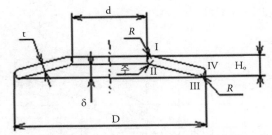

주 : 모서리부 II의 면취량은 모서리부 I 및 III의 R 이상으로 한다.

그림 13-63

$$a = \frac{D}{d}$$

$$c_1 = \frac{1}{\pi} \cdot \frac{\left(\dfrac{a-1}{a}\right)^2}{\dfrac{a+1}{a-1} - \dfrac{2}{lna}}$$

$$c_2 = \frac{1}{\pi} \cdot \frac{6}{lna} \cdot \left(\frac{a-1}{lna} - 1\right)$$

$$c_3 = \frac{3}{\pi} \cdot \frac{a-1}{lna}$$

하중 P는 모서리부 면취 R을 고려한 보정 항목

$$\frac{D-d}{(D-d)-3R} \text{를 넣어}$$

$$P = \frac{D-d}{(D-d)-3R} \cdot \frac{4E}{1-v^2} \cdot \frac{t^3}{c_1 D^2} \cdot \delta \cdot \left[\left(\frac{ho}{t} - \frac{\delta}{t}\right) \cdot \left(\frac{ho}{t} - \frac{\delta}{2t}\right) + 1\right]$$

모서리부 I–IV의 응력

$$\sigma_I = \frac{4E}{1-v^2} \cdot \frac{t}{C_1 D^2} \cdot \delta \cdot \left[-C_2 \cdot \left(\frac{ho}{t} - \frac{\delta}{2t}\right) - C_3\right]$$

$$\sigma_{II} = \frac{4E}{1-v^2} \cdot \frac{t}{C_1 D^2} \cdot \delta \cdot \left[-C_2 \cdot \left(\frac{ho}{t} - \frac{\delta}{2t}\right) + C_3\right]$$

$$\sigma_{III} = \frac{4E}{1-v^2} \cdot \frac{t}{a C_1 D^2} \cdot \delta \cdot \left[(2C_3 - C_2) \cdot \left(\frac{ho}{t} - \frac{\delta}{2t}\right) + C_3\right]$$

$$\sigma_{IV} = \frac{4E}{1-v^2} \cdot \frac{t}{a C_1 D^2} \cdot \delta \cdot \left[(2C_3 - C_2) \cdot \left(\frac{ho}{t} - \frac{\delta}{2t}\right) - C_3\right]$$

+ 는 인장 응력, − 는 압축 응력

■ 최대 응력이 발생하는 모서리 위치

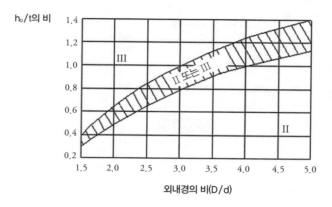

그림 13-64 최대 응력이 발생하는 모서리의 위치

■ 허용 응력 택하는 방법

• 정하중 또는 낮은 수준의 반복 하중(5,000회 이하)을 받는 경우

변위량이 $0.75h_o$ 시의 최대 압축 응력 σ_1의 절댓값이 2,500N/mm²를 넘지 않는 것이 바람직

• 반복 하중을 받는 경우

– 최대 및 최소 하중 시의 σ_{II} 및 σ_{III} 각각의 인장 응력을 구한다.

– 구한 값을 최댓값, 최솟값으로 검토

■ 계산 예

• 접시 스프링의 제원

    D = 50mm   d = 25.4mm   t = 3mm

    H_o = 4.1mm h_o = 1.1mm   n = 2   m = 30   R = 0.3mm

위의 접시 스프링을 199.8mm로 세팅하고 5.5mm 눌렀을 때의 하중과 응력을 계산해 보자.

$$a = \frac{D}{d} = \frac{50}{25.4} = 1.969$$

$$C_1 = \frac{1}{\pi} \cdot \frac{\left(\frac{a-1}{a}\right)^2}{\frac{a+1}{a-1} - \frac{2}{lna}} = \frac{1}{\pi} \cdot \frac{\left(\frac{1.969-1}{1.969}\right)^2}{\frac{1.969+1}{1.969-1} - \frac{2}{ln1.969}} = 0.688$$

$$C_2 = \frac{1}{\pi} \cdot \frac{6}{lna} \cdot \left(\frac{a-1}{lna} - 1\right) = \frac{1}{\pi} \cdot \frac{6}{ln1.969}\left(\frac{1.969-1}{ln1.969} - 1\right) = 1.213$$

$$C_3 = \frac{3}{\pi} \cdot \frac{a-1}{lna} = \frac{3}{\pi} \cdot \frac{1.969-1}{ln1.969} = 1.366$$

자유 높이 L_o는

$$L_0 = (t \cdot n + h_0)m = (3 \times 2 + 1.1) \times 30 = 213.0mm$$

조립 시 및 최대 변위 시의 $\delta_{\min}$ 및 $\delta_{\max}$는

$$\delta_{\min} = \frac{L_0 - H_s}{m} = \frac{213 - 199.8}{30} = 0.44$$

$$\delta_{\max} = \frac{L_0 - (H_s - 5.5)}{m} = \frac{213 - (199.8 - 5.5)}{30} = 0.623$$

$\delta_{\min} = 0.44$mm일 때의 한 개에 걸리는 하중 $P_{\min}$은

$$P_{\min} = \frac{D - d}{(D - d) - 3R} \cdot \frac{4E}{1 - v^2} \cdot \frac{t^3}{C_1 D^2} \cdot \delta \cdot \left[\left(\frac{h_o}{t} - \frac{\delta}{t} \right) \cdot \left(\frac{h_o}{t} - \frac{\delta}{2t} \right) + 1 \right]$$

$$= \frac{50 - 25.4}{(50 - 25.4) - 3 \times 0.3} \cdot \frac{4 \times 206000}{1 - 0.3^2} \cdot \frac{3^3}{0.688 \times 50^2} \cdot 0.44 \cdot \left[\left(\frac{1.1}{3} - \frac{0.44}{3} \right) \cdot \left(\frac{1.1}{3} - \frac{0.44}{2 \times 3} \right) + 1 \right]$$

$$= 6911N$$

병렬 2장이므로 조합품의 하중은 $6911 \times 2 = 13822N$으로 되며 마찬가지로 $\delta_{\max} = 0.623$mm일 때 $P_{\max} = 9576N$으로 된다.

$\delta_{\min} = 0.44$mm일 때의 모서리 부의 응력은

$$\sigma_{\text{I min}} = \frac{4E}{1 - v^2} \cdot \frac{t}{C_1 D^2} \cdot \delta \cdot \left[- C_2 \cdot \left(\frac{h_o}{t} - \frac{\delta}{2t} \right) - C_3 \right]$$

$$= \frac{4 \times 206000}{1 - 0.3^2} \cdot \frac{3}{0.688 \times 50^2} \cdot 0.44 \cdot \left[- 1.213 \cdot \left(\frac{1.1}{3} - \frac{0.44}{2 \times 3} \right) - 1.366 \right] = -1,196 \text{N/mm}^2$$

$$\sigma_{\text{II min}} = \frac{4E}{1 - v^2} \cdot \frac{t}{C_1 D^2} \cdot \delta \cdot \left[- C_2 \cdot \left(\frac{h_o}{t} - \frac{\delta}{2t} \right) + C_3 \right]$$

$$= \frac{4 \times 206000}{1 - 0.3^2} \cdot \frac{3}{0.688 \times 50^2} \cdot 0.44 \cdot \left[- 1.213 \cdot \left(\frac{1.1}{3} - \frac{0.44}{2 \times 3} \right) + 1.366 \right] = 702 \text{N/mm}^2$$

$$\sigma_{\text{III min}} = \frac{4E}{1 - v^2} \cdot \frac{t}{a C_1 D^2} \cdot \delta \cdot \left[(2C_3 - C_2) \cdot \left(\frac{h_o}{t} - \frac{\delta}{2t} \right) + C_3 \right]$$

$$= \frac{4 \times 206000}{1 - 0.3^2} \cdot \frac{3}{1.969 \times 0.688 \times 50^2} \cdot 0.44 \cdot \left[(2 \times 1.366 - 1.213) \cdot \frac{1.1}{3} - \frac{0.44}{2 \times 3} \right) + 1.366 \right]$$

$$= 639 \text{N/mm}^2$$

로 된다.

수명 추정 : 위의 응력을 그림 13-65에 플로팅하여 추정할 수 있다.

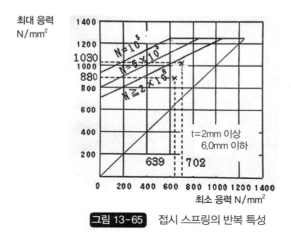

그림 13-65 접시 스프링의 반복 특성

두께가 얇거나 두꺼워도 그림 13-65를 사용해도 크게 다르지 않으며, 이 그림은 SPS10인 경우이며 STS5인 경우는 이 값의 80%를 잡으면 된다.

5. 박판 스프링

박판 스프링의 설계상의 문제는 제한된 용적 중에 필요한 스프링 하중 또는 변위를 얻기 위한 형상의 선정과 스프링에 생기는 최대 응력의 위치와 크기를 추정하는 것이다. 이하 비교적 간단한 형상의 박판 스프링에 대해 검토해 본다.

1) 긴 사각형 단면의 편 지지 스프링

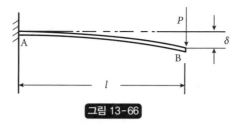

그림 13-66

$\delta = Pl^3/3EI$ 단면 2차 모멘트 $I = bt^3/12$
b/t가 큰 경우에는 $I = bt^3/12(1 - \nu^2)$이므로
$\delta = 4Pl^3/Ebt^3 \times (1 - \nu^2)$ 포아송 비 $\nu = 0.3$ t : 판 두께 b : 판 폭
굽힘 응력은 고정 끝에서 최대로 되며 $\sigma = 6Pl/bt^2$로 계산한다.

2) 원호 스프링 및 직선과 원호로 된 스프링

$\delta = C \times Pr^3/EI$ C는 원호의 각도 및 직선부 길이에 따라 바뀌는 계수이다.

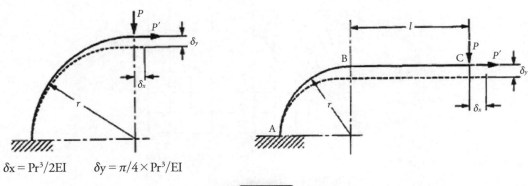

$\delta x = Pr^3/2EI$ $\delta y = \pi/4 \times Pr^3/EI$

그림 13-67

$$\delta_x = \frac{pr^3}{EI}\left[\frac{l}{r}\left(\frac{\pi}{2} - 1\right) + \frac{1}{2}\right]$$

$$\delta_y = \frac{pr^3}{EI}\left[\frac{1}{3}\left(\frac{l}{r}\right)^3 + \frac{\pi}{2}\left(\frac{l}{r}\right)^2 + 2\frac{l}{r} + \frac{\pi}{4}\right]$$

3) 허용 응력 택하는 방법

(1) 정하중인 경우

표면 상태가 좋으면 정적 최대 응력 ≤ 인장 강도의 75%이다.

(2) 반복 하중인 경우

허용 굽힘 응력은 응력 조건, 반복 횟수, 사용 환경 등 피로 강도에 영향 주는 모든 인자를 고려하여 정해야 한다.

　　최대 최소 응력 및 인장 강도를 알 수 있으면 $\gamma = \sigma_{min}/\sigma_{max}$과 상한 응력계수 또는 하한 응력계수를 산출하고 그림 13-68 중의 교차점에서 수명을 추정할 수 있다(STS 강대 및 인청동 판 등은 사용 불가).

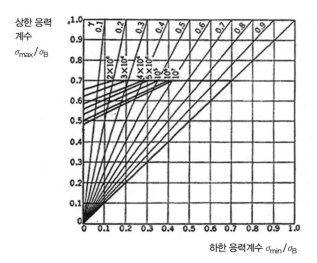

그림 13-68 굽힘 응력 피로 강도 선도

4) 설계 시 주의 사항

(1) 재료의 압연 방향 고려

굽힘 가공선이 압연 방향과 직각이 되도록 한다.

(2) 굽힘 가공 반경

응력 집중을 피하기 위해 가능한 한 크게 한다.

(3) 구멍, 노치, 버, 흠집 등은 가능한 한 피하기

chapter 14

검출 요소

최근 대부분의 기계들은 컴퓨터에 의해 동작이 제어되고 있는데, 동작 속도나 위치 등을 정확히 제어하기 위해서는 현재의 속도와 위치를 실시간으로 검출하여 컴퓨터로 피드백되어야 한다. 이 일을 하는 것이 검출 요소이다.

검출 요소는 위치 검출기와 속도 검출기로 크게 나뉘며, 위치 검출기에는 레졸버, 로터리 인코더, 리니어 인코더, 포텐셔미터 및 LVDT 등이 있으며 속도 검출기에는 타코제너레이터가 있다.

1 위치 검출기

1. 레졸버

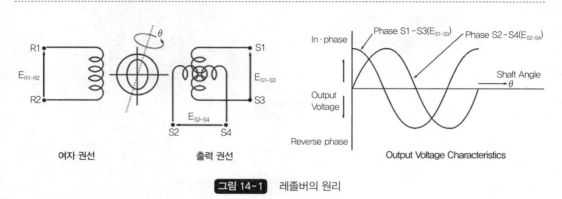

여자 권선	출력 권선	Output Voltage Characteristics

그림 14-1 레졸버의 원리

이 장에 사용된 그림은 Tamagawa Seiko Co.제품 사진이다.

회전 각도 센서로 2상 교류 모터와 유사한 구조를 가진 스테이퍼와 로터 양쪽에 권선 방향이 서로 직교하는 2개의 코일을 조립하고 스테이퍼의 코일에 교류 전류를 흘리면 로터의 회전 각도에 따라 로터의 두 가지 코일이 출력하는 교류 전압의 위상이 변화한다. 이 변화를 읽어 들여 각도를 알 수 있다.

레졸버의 원리는 변압기와 거의 같지만 철심이 로터와 스테이퍼로 나누어져 있는 점이 다르다. 여자(exciting) 측 권선을 교류 전압으로 여자하면 출력 측 전선에 교류 출력 전압이 유기된다. 레졸버는 sin, cos의 2상 신호가 출력되고 있다.

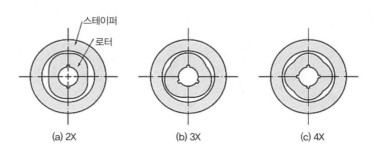

(a) 2X   (b) 3X   (c) 4X

그림 14-2 축 배각과 로터의 형태

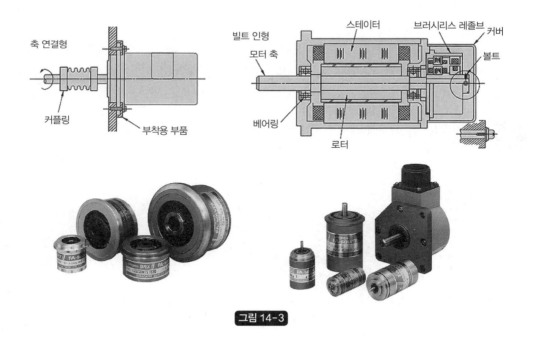

그림 14-3

사용 온도 범위   축 연결형 : −30~100℃, 빌트 인형 : −55~155℃
회전수   축 연결형 : 6,000rpm,   빌트 인형 : 10,000rpm

참고

레졸브의 응용

• 하이브리드 자동차의 모터 및 발전기의 회전 위치 검출

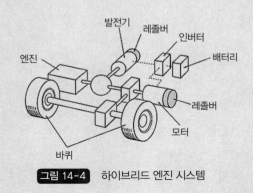

그림 14-4　하이브리드 엔진 시스템

• 전기 자동차의 모터 회전 위치 검출
• 전동 파워 스티어링 휠용 모터 자극 검출

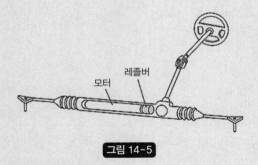

그림 14-5

• 연료 밸브 제어용 각도 검출

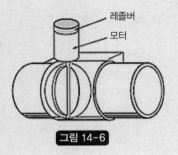

그림 14-6

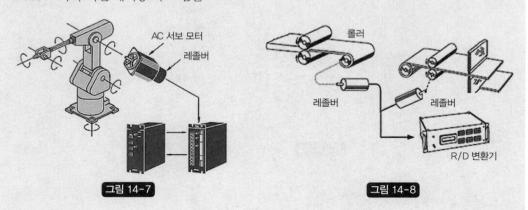

- 진공용 반송 장치의 각도 검출
- 스위치드 릴럭턴스 모터의 제어용 각도 검출
- 고효율 인덕션 모터 벡터 제어용 각도 검출
- AC 모터의 회전 제어용 각도 검출

- R/D 변환기 : 레졸버의 아날로그 신호를 디지털로 변환하는 것으로 CPU 디지털 처리에 인터페이스하여 로봇, 브러시리스 모터 등의 컨트롤러, 드라이버에 조립하여 널리 사용되고 있다.

2. 로터리 인코더

로터리 인코더(rotary encoder)는 입력축의 회전 변위를 내장한 격자 원판을 기준으로 하여 디지털 신호로 출력하여 위치, 속도 등을 검출하는 각도 센서이다. 회전을 측정하는 센서로는 가장 일반적이다.

일정한 각도의 피치로 슬릿을 가공한 원판에 같은 피치의 스케일을 겹치고 광원의 광을 슬릿을 통하여 광전 소자로 유도한다. 이때 원판을 회전시키면 한 피치마다 한 개의 고저 파형이 광전 소자에서 검출되어 회전의 변위량을 측정할 수 있다.

더 나아가 2개의 광전 소자를 써서 격자의 스케일의 슬릿을 1/4 피치 어긋나게 하면 회전 방향을 판별할 수 있다. 출력 신호의 형태에 따라 인크리멘털(incremental)형과 앱솔루트(absolute)형이 있다.

1) 인크리멘털형

축의 회전에 의해 광학 패턴이 새겨진 원판이 회전하면 두 곳의 슬릿을 통과한 광이 투과/차단된다. 이 광은 각각의 슬릿에 대응하는 수광 소자에서 전류로 변환되며 파형이 정형되어 두 가지 구형파(방형파, square waveform)로 출력된다.

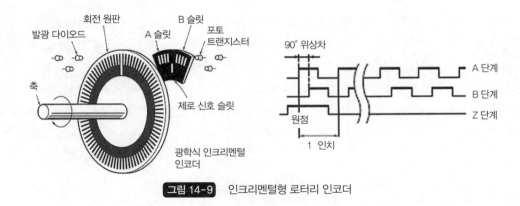

그림 14-9 인크리멘털형 로터리 인코더

축의 회전 변위량에 따라 펄스 열을 출력하며 별도의 카운터로 출력 펄스 수를 세고 카운터 수에 의해 회전량을 검출하는 방식이다.

입력축의 어떤 위치로부터 회전량을 아는 데는 기준 위치에서 카운트된 값을 리셋하고, 그 위치부터 펄스 수를 다시 카운트하면 된다. 그러므로 기준 위치를 임의로 정하는 것이 가능하며, 회로를 추가함에 따라 신호 주기의 2배, 4배가 되는 펄스 수를 발생시켜 전기적으로 레졸루션(resolution)을 높이는 것이 가능하다. 또 1회전에 한 번만 발생하는 제로 신호 슬릿을 두어 1회전 내에서의 원점으로 사용할 수 있다. 그러나 정전이 되면 현재 위치를 잊어버리며 중간에 오동작에 의한 오차는 보정되지 않는다.

높은 레졸루션이 필요한 경우는 일반적으로 4 멀티플라이어(체배) 회로 방식이 채택된다. 공작 기계, 로봇, 계측기기에 쓰이는 서보 모터의 속도 제어, 위치 제어, 회전수 표시 및 펄스 발생기에 사용되고 있다.

2) 앱솔루트형

인크리멘털형과 달리 회전 슬릿이 원판의 중심부터 동심원에 놓여 있다. 슬릿은 안쪽부터 2 펄스/회전의 2진 부호열로 되어 있다.

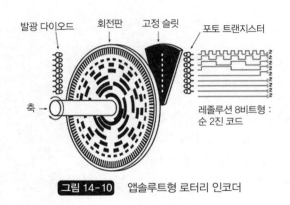

그림 14-10 앱솔루트형 로터리 인코더

회전 각도를 2n 개의 코드로 절댓값으로 평행하게 출력하는 형이다. 그러므로 출력 코드 비트 수만큼의 출력 수를 가지며, 레졸루션이 커지면 출력 수가 증가한다. 이 출력 코드를 직접 읽어 들여 회전 위치를 검출하는 방식이다.

인코더가 일단 기계에 조립되면 입력 회전축의 제로 위치가 정해지며, 이 제로 위치를 좌표 원점으로 하여 회전 각도가 디지털로 출력된다. 노이즈 등에 의한 오차가 없으며 정전 시에도 위치를 잊지 않으므로 기동 시 원점 복귀도 불필요하다. 공작 기계, 로봇 등의 서보 모터 위치 제어에 사용되고 있다.

그림 14-11

레졸루션 : 1펄스로 모터를 회전시키는 각도를 나타내는 것. 이것에 의해 모터의 위치 제어 정밀도가 결정된다. 이를테면 레졸루션 = 0.36도라면 모터 1회전을 1,000 분할할 수 있음을 말한다.

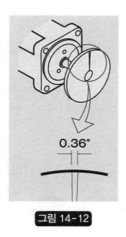

그림 14-12

일반적으로 기계 정밀도의 1/2~1/4 정도를 선정하는 것이 좋다.
최고 응답 주파수 : 조립된 기계의 최고 회전수를 기준으로 결정

$$= rpm/60 \times 레졸루션$$

한편 인코더는 검출 소자의 종류에 따라 광학식, 자기식, 레이저식, 정전 용량식이 있다.

3. 리니어 인코더

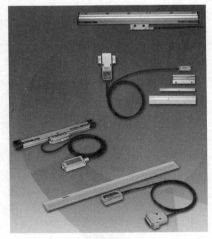

출처 : Mitutoyo Co.

그림 14-13

1) 투과형 광전식 스케일

글래스 스케일을 길이의 기준으로 하고 격자 눈금에 발광 소자, 수광 디바이스(photo diode array)를 사용하여 광량 변화를 검출하여 변위량을 출력하는데, 글래스 스케일의 폭과 광량 변화를 전기 신호로 변환하는 방식을 투과형 광전식이라 한다.

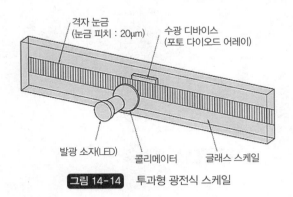

격자 눈금
(눈금 피치 : 20μm)

수광 디바이스
(포토 다이오드 어레이)

발광 소자(LED)   콜리메이터   글래스 스케일

그림 14-14   투과형 광전식 스케일

발광 소자와 콜리메이터에 의해 만들어진 평행광은 격자 눈금에 조사되며, 격자 눈금을 투과한 평행광은 수광 디바이스인 포토 다이오드 어레이 위에 격자 눈금과 같은 주기의 간섭호를 만든다. 글래스 스케일이 측정 방향으로 변위하면 이 간섭호가 이동하여 수광 디바이스로부터 격자 눈금의 주기가 20μm 피치인 정현파(sine waveform, sinusoidal waveform) 신호가 출력된다. 출력된 정현파는 인터폴레이션(interpolation) 회로에서 전기 분할하여 최소 레졸루션을 가진 펄스파가 된다.

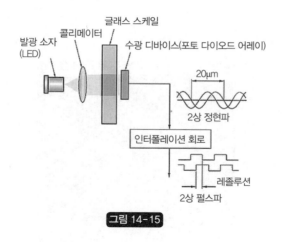

그림 14-15

2) 반사형 광전식 스케일

발광 소자와 콜리메이터에 의해 만들어진 평행광은 인덱스 스케일 및 메인 스케일의 격자 눈금에 조사되며, 격자 눈금을 반사한 광은 수광 디바이스인 포토 다이오드 어레이 위에 격자 눈금과 같은 주기의 간섭호를 만든다. 글래스 스케일이 측정 방향으로 변위하면 이 간섭호가 이동하여 수광 디바이스로부터 격자 눈금의 주기 또는 1/2 주기인 정현파 신호가 출력된다. 출력된 정현파는 인터폴레이션 회로에서 전기 분할하여 최소 레졸루션을 가진 펄스파가 된다.

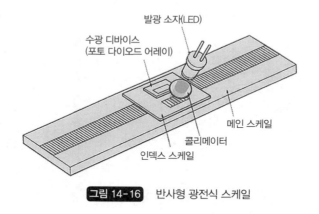

그림 14-16 반사형 광전식 스케일

3) 전자 유도식 스케일

전자 유도란 그림 14-17과 같이 2개의 코일이 마주 보게 배치되어 있는 경우 A코일에 시간적으로 변화하는 전류 I_1을 흘리면 A코일의 주위에 자속이 발생하며, B코일에는 이 자속을 지우려는 방향으로 유도 기전류 I_2가 흐르는 현상을 말한다.

전자 유도식 스케일은 전자 유도를 이용하여 변위량을 전기 신호로 변환한다. 그림 14-18은 검출부의 개념도이다. 메인 스케일에는 정확한 피치로 스케일 코일이 배치되어 있으며, 여자 코일에 전류를 흘리면 자속이 발생하며 마주 보는 스케일 코일에는 기전류가 발생한다. 이 전류에 의해 생긴 자속은 마주 보는 검출 코일에 기전류를 발생시킨다. 센서부의 변위량에 따라 각 코일 사이의 전자 결합이 변화하며, 스케일 코일의 피치와 같은 주기의 정현파 신호를 얻는다. 이 정현파 신호를 전기적으로 분할함으로써 최소 레졸루션의 디지털 값으로 변위 측정이 가능하게 된다.

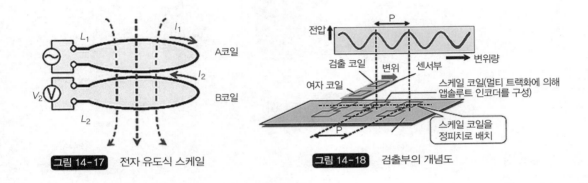

그림 14-17 전자 유도식 스케일

그림 14-18 검출부의 개념도

코일 사이의 투자율(透磁率)은 공기, 물, 기름 중에서 거의 차이가 없으므로 전자 유도식 센서는 내수성과 내유성이 뛰어나다.

■ 사용 예

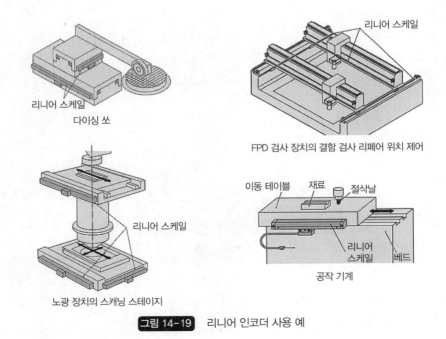

그림 14-19 리니어 인코더 사용 예

4. 포텐셔미터

포텐셔미터(potentiometer)는 정밀 가변 저항기로 직선적인 위치 변화와 회전 각도의 변위를 저항 변화로 아날로그량으로 검출하는 센서로 생활용 및 산업용으로 널리 이용되고 있다. 특히 산업 기계, 컴퓨터 주변기기, 이화학 기계, 의료기기 및 우주 항공 관련 등 가혹한 조건하에서도 채용되고 있다.

전도성 플라스틱형   권선형   권선형(다회전)   출처 : Nidec Servo

그림 14-20 포텐셔미터의 종류

1) 전도성 플라스틱형

저항 소자의 표면이 매끄러우므로 무한 분해도를 갖고 있다. 1회전형과 직선형 두 가지가 있으며, 1회전형은 회전 수명이 매우 길고 고속 추종성이 뛰어나므로 초고속 서보 기구의 검출기 등에 최적이며, 직선형은 긴 수명이 요구되는 레코더(recorder) 등에 많이 쓰인다.

(1) 특징

① 사용 온도 범위가 매우 넓다.
② 동적인 슬라이딩 노이즈가 작다.
③ 내환경성이 뛰어나다.
④ 저항 온도계수가 크다(권선형의 약 10배).

⑤ 토크가 낮다.
⑥ 고주파수 특성에 뛰어나다.
⑦ 정격 허용 전류가 작다.
⑧ 접촉 저항이 크다.

(2) 구조

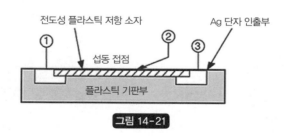

그림 14-21

① 플라스틱 기판 위에 전도성 플라스틱인 카본계 도전 재료와 열 경화성 수지의 혼합물이 수십 μm 두께로 형성되며 그 표면은 거울면 상태로 가공되어 있다.

② 저항 소자의 정밀도가 포텐셔미터의 성능에 크게 영향을 준다. 또 저항 소자 위를 섭동하는 접점
도 포텐셔미터의 성능을 결정하는 중요한 요소이다.

③ 섭동이란 표면에 연속적으로 접촉하면서 부드러운 표면을 따라 미끄러져 움직이는 것을 말한다.

④ 업무용 VTR, 감시용 카메라, 트럭 탑재용 크레인의 무선 조종부, CAD 입력 장치 도형 처리, 조
이스틱 컨트롤러에 사용된다.

2) 권선형 포텐셔미터

저항 소자에 권선을 이용한 것으로 분해도 및 직선도에 따라 사용할 수 있는 정밀 서보 기구용 검출
기이다. 1회전형과 다회전형의 두 가지가 있다.

(1) 특징

① 정격 전력이 크다.

② 접촉 저항이 작다.

③ 저항 온도계수가 작다.

5. 차동 변압기

차동 변압기(linear variable differential transformer, LVDT)는 기계적인 직선 변위량을 전기 신호로 직
접 변환하는 변위 센서로서 뛰어난 특성을 가지고 있다.

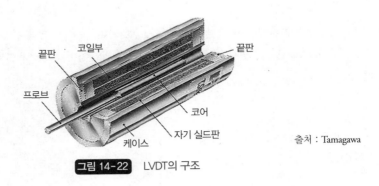

출처 : Tamagawa

그림 14-22 LVDT의 구조

1) 구조

그림 14-23과 같이 1차 코일 P, 2차 코일 S1, S2의 세 가지 코일 및 이들을 자기적으로 결합시키는
가동 철심(코어)으로 구성되어 있다.

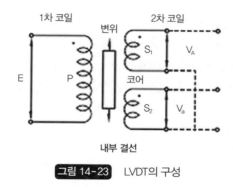

그림 14-23　LVDT의 구성

코어가 길이 방향의 중앙 위치에 있을 때, 1차 코일 P와 2차 코일 S1 및 S2 양 코일과의 자기적 결합 비율은 같으며 코어가 +X 방향으로 이동하면 코일 P와 코일 S1의 자기적 결합은 강해지고 P와 S2의 결합은 약해진다. 자기적 결합도는 2차 코일 S1 및 S2의 유도 기전력으로 나타난다.

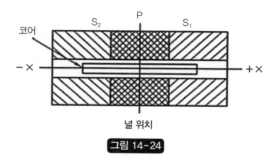

그림 14-24

출력 신호는 코어의 변위량에 비례한 교류 전압으로 되며 출력 신호의 형태는 1차 코일에 가해지는 여자 전압(exciting voltage)의 위상과 동상 또는 역상인 전압이며, 코어의 변위와 출력 전압의 관계는 그림 14-25와 같다.

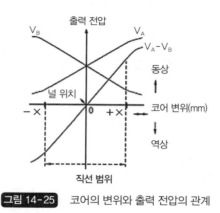

그림 14-25　코어의 변위와 출력 전압의 관계

2) 특성

① 응용 장치에 조립을 쉽게 할 수 있다.
② 변위 전달 메커니즘에 의한 오차를 고려하지 않아도 좋다.
③ 공간 절약 설계가 가능하며, 구조가 단순하고 브러시리스 방식이므로 내진동, 내충격, 내습도에 뛰어나며 신뢰성이 높다.
④ 수명이 길고 유지 보수가 필요없다.

3) 응용 예

① 계측기, 시험기
② 치수 형상 계측, 판 두께 계측
③ 유량 검출
④ 캠의 변위 계측 : 밸브 열림 위치 검출

(1) 자동차 관련

- 엔진의 연료 분사 밸브의 동특성 계측
- 타이어, 휠 등의 편심량 계측
- 유압 셔블의 실린더 동특성 계측
- 연료 랙의 위치 계측

(2) FA 관련

- 프레스의 동비틀림 계측
- 가공품의 치수 형상 계측
- 레이저 가공기
- NC 공작 기계의 모방 검출용
- 유압 서보 피드백용

2 ▶ 타코 제너레이터

플레밍의 오른손 법칙을 원리로 하는 직류 발전기이며 회전 속도에 비례하는 직류 전압을 출력한다. 내부 구조는 DC 마그넷 모터와 같으며 회전자 측에는 전기자 권선(armature coil), 고정자 측에는 영구자석이 있다. 전기자 권선이 회전하여 브러시와 커뮤테이터(commutator)로 정류하고 있다. DC 서보 모터축에 직결하여 속도 제어의 피드백 센서로서 사용하고 있다. 공작 기계, 발전기, 회전수 표시 등에도 쓰인다.

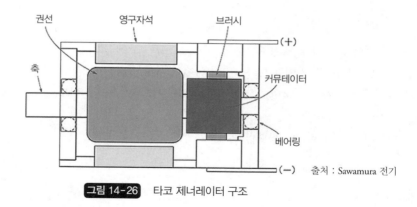

출처 : Sawamura 전기

그림 14-26 타코 제너레이터 구조

각도 분할 요소

인덱스 유닛(index unit)이라고 하며 입력축이 1회전하는 중에 출력축이 회전하는 구간과 정지하고 있는 구간이 있으며(intermittent rotary motion), 정지하고 있는 구간에서 모터를 멈추면 모터가 관성에 의해 약간 더 돌아도 출력축은 회전하지 않아 일반 모터로도 위치 제어가 가능하다.

8분할 인덱스 유닛이라면 입력축을 모터 또는 손으로 1회전시키면 출력축은 45도 회전한다.

1 제네바 드라이브

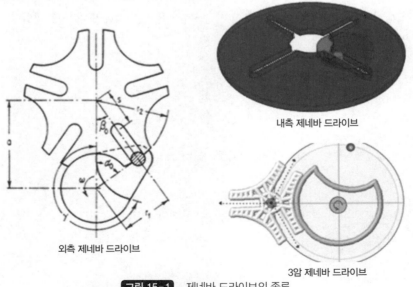

내측 제네바 드라이브

외측 제네바 드라이브

3암 제네바 드라이브

그림 15-1 제네바 드라이브의 종류

1) 기본 동작 원리

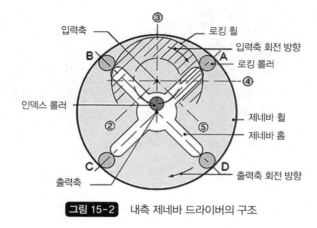

그림 15-2 내측 제네바 드라이버의 구조

① 제네바 휠의 2개의 로킹 롤러(A, B) 사이에 로킹 휠(circular blocking disc)이 끼워져 제네바 휠이 로크된 정지 상태 : 원 위치

② 원 위치로부터 로킹 휠이 45도 회전한 상태 : 로킹 롤러(B)가 로킹 휠로부터 벗어나고 제네바 휠의 인덱스 방향은 로크로부터 해방되고 있다. 인덱스 롤러는 제네바 홈으로 끼워 들어가고 제네바 휠의 인덱스가 시작된다.

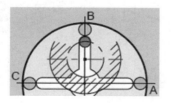

③ 로킹 휠이 180도 회전한 상태 : 제네바 홈에 끼워 들어간 인덱스 롤러로 제네바 휠의 인덱스가 진행된다.

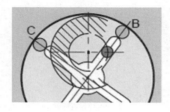

④ 로킹 휠이 270도 회전한 상태 : 제네바 휠의 인덱스가 180도(③번 항목 참조)에 이어서 더욱 진행
된다.

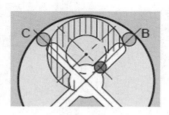

⑤ 로킹 휠이 315도 회전한 상태 : 인덱스 롤러가 제네바 홈으로부터 빠져 제네바 휠의 인덱스가 종
료된다. 로킹 휠은 로킹 롤러(B)에 접촉하고 B-C 사이의 2개 로킹 롤러에 끼인다. 로킹 휠은 더
욱 회전을 계속하여 원 위치부터 360도 회전한 후 센서 신호에 의해 ①번 항목의 상태에서 정지
하여 동작을 완료한다.

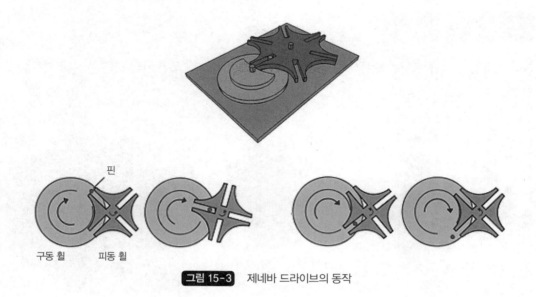

그림 15-3 제네바 드라이브의 동작

2) 성능

① 사이클 타임 : 0.5~9sec

② 위치 제어 정밀도 : ±7분 이내

③ 백래시 : 3분 이내

④ 반복 정밀도 : 3분 이내

⑤ 로스트 모션 : 로킹 토크를 걸었을 때 변동 각도 15분 이내

⑥ 출력축면 런 아웃 : 0.02mm 이내

3) 사용 예

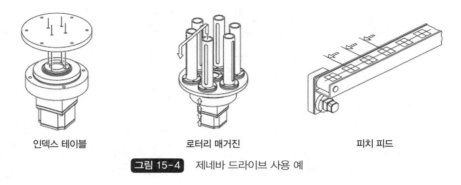

인덱스 테이블   로터리 매거진   피치 피드

그림 15-4 제네바 드라이브 사용 예

2 롤러 기어 인덱서

롤러 기어 캠과 캠 팔로워를 방사상으로 배치한 터렛(turret)을 직교로 배치한 롤러 기어 캠 인덱스 장치이다.

롤러 기어 캠
테이퍼 립
출력축
터렛
캡 팔로워

인덱스 수 : 2-40
백래시 : 제로

출처 : Tsubaki-Yamakyu   출처 : Sankyo

그림 15-5 롤러 기어 캠

인덱스 수 : 2-8
백래시 : 제로

그림 15-6　패러럴 캠

■ 사용 예

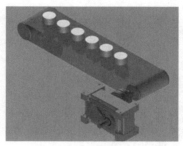

검사기, 충전기, 인쇄기　　　　　　　　　　컵 실링기

그림 15-7　롤러 기어 사용 예

3　DD 모터

다이렉트 드라이브(direct drive, DD)란 전동기의 회전력을 기어박스 등 간접적 메커니즘을 거치지 않고 구동 대상물에 직접 전달하는 방식을 말한다. DD 모터는 벨트 및 감속기 등 감속 기구 없이 회전 테이블을 직접 모터로 구동하는 로터리 액츄에이터로, 감속 기구가 없으므로 고속성과 고응답성이 뛰어나며 장치의 소형화가 가능하다.

■ DD 모터의 특성
- 초고 레졸루션 : 11,840,000 분할/ 회전(0.11arcsec/pulse)
- 고정밀도 : 절대 위치 제어 정밀도-10arcsec
  　　　　　　　반복 위치 제어 정밀도- ±0.5arcsec
- 정지 안정성 : 서브 로크 시 ±2 pulse(0.22arcsec)
- 큰 중공 직경 : 모터 외경 Φ130mm, 중공 구멍 Φ50mm
- 기계적 정밀도 : 출력축면의 런 아웃-2μm

그림 15-8　DD 모터

4 ▶ 서보 모터에 의한 인덱스

분할 각도 및 분할 수를 자유롭게 설정할 수 있다. S자 제어를 하면 제품에 쇼크를 주지 않고 회전과 정지가 가능하다. 기계식은 분할이 시작되고 있는 중에 인칭(inching)을 하면 큰 쇼크를 받는다. 기계 식은 클러치와 브레이크를 쓰므로 빈번히 사용하면 수명이 짧아진다. 정지 중의 까딱거림이 없고 진 동이 거의 없다.

5 ▶ 여러 가지 사용 예

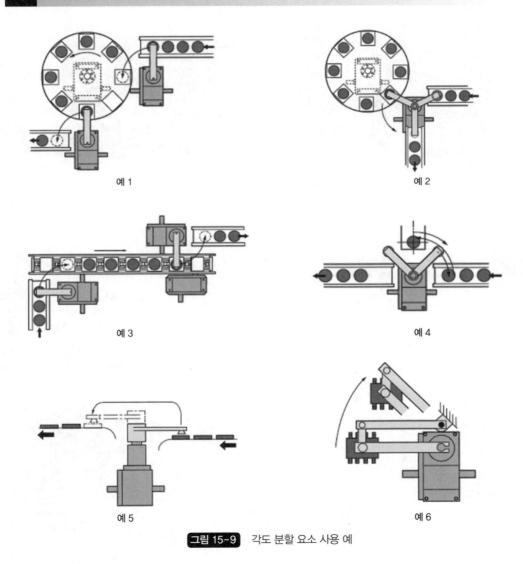

그림 15-9 각도 분할 요소 사용 예

각종 재료의 밀도, 열 전도율, 열 팽창계수

재료	밀도	열 전도율	선 팽창계수 X10⁻⁶/℃	재료	밀도	열 전도율	선 팽창계수
아연	7.13	97	33	석고	1.94	0.5	
알루미늄	2.7	175	23.6	토벽	1.28	0.59	
탄소강	7.8	39		소나무	0.78	0.15	
스테인리스강	7.82	14		라왕 합판	0.53	0.11	
동	8.96	332	16.8	노송	0.45	0.088	
황동	8.56	85	18~23	삼목	0.37	0.083	
납	11.34	30	29.1	연질 섬유판	0.24	0.051	
대리석	2.62	1.35	4	아스팔트 루핑	1.02	0.09	
콘크리트	2.28	1.4	7~13	석면보온판	0.3	0.053	
경량 콘크리트	0.75	0.2		암면	0.07	0.054	
모래 몰타르	2.04	0.93		글래스울	0.03	0.038	
석고 보드	0.754	0.18		글래스면 보온판	0.02	0.034	
옻	1.32	0.6		발포 페놀	0.05	0.033	
창유리	2.59	0.76	9	발포 폴리에틸렌	0.03	0.026	
경량 콘크리트 블록	1.5	0.46		발포 폴리스티롤	0.03	0.047	

열 전도율 단위 : kcal/m·hour·℃

단열 성능의 표기

단열 성능	측정	무엇을 구하는가	결과	목적
열 전도율	재료의 온도 표면 → 이면	잃어버린 열량	비례정수값 λ가 작을수록 단열성이 크다.	단열 재료 선택
열 관류율	외기 온도 → 실내온도	통과 열량 /℃, m², hour	열관류 저항값(R)이 높을수록 좋다. R : 열관류율의 역수	단열 하지 재료 두께와 필요한 장수 계산

경도 환산표

Rockwell C Scale HRC	Vickers HV	Brinell(HB)		Rockwell		Rockwell Superficial			Shore HS	인장 강도 N/mm^2
		표준구 HBS	WC구 HBW	A Scale HRA	B Scale HRB	15-N HR15N	30-N HR30N	45-N HR45N		
68	940			85.6		93.2	84.3	75.4		
67	900			85.0		92.9	83.6	74.2	95.2	
66	865			84.5		92.5	82.8	73.3	93.1	
65	832		739	83.9		92.2	81.9	72.0	91.0	
64	800		722	83.4		91.8	81.1	71.0	88.9	
63	772		705	82.8		91.4	80.1	69.9	87.0	
62	746		688	82.3		91.1	79.3	66.6	85.2	
61	720		670	81.8		90.7	78.4	67.7	83.3	
60	697		654	81.2		90.2	77.5	66.6	81.6	
59	674		634	80.7		89.8	76.6	65.5	79.9	
58	653		615	80.1		89.3	75.7	64.3	78.2	
57	633		595	79.6		88.9	74.8	63.2	75.6	
56	613		577	79.0		88.3	73.9	62.0	75.0	
55	595		560	78.5		87.9	73.0	60.9	73.5	2075
54	577		543	78.0		87.4	72.0	59.8	71.9	2015
53	560		525	77.4		86.9	71.2	58.6	70.4	1950
52	544	500	512	76.8		86.4	70.2	57.4	69.0	1880
51	528	487	496	76.3		85.9	69.4	56.1	67.6	1820
50	513	475	481	75.9		85.5	68.5	55.0	66.2	1760
49	498	464	469	75.2		85.0	67.6	53.8	64.7	1695
48	484	451	455.0	74.7		84.5	66.7	52.5	63.4	1635
47	471	442	443	74.1		83.9	65.8	51.4	62.1	1580
46	458	432	432	73.6		83.5	64.8	50.3	60.8	1530
45	446	421	421	73.1		83.0	64.0	49.0	59.6	1480
44	434	409	409	72.5		82.5	63.1	47.8	58.4	1435

경도 환산표(계속)

Rockwell C Scale HRC	Vickers HV	Brinell(HB)		Rockwell		Rockwell Superficial			Shore HS	인장 강도 N/mm²
		표준구 HBS	WC구 HBW	A Scale HRA	B Scale HRB	15-N HR15N	30-N HR30N	45-N HR45N		
43	423	400	400	70.0		82.0	62.2	46.7	57.2	1385
42	412	390	390	71.5		81.5	61.3	45.5	56.1	1340
41	402	381	381	70.9		80.9	60.4	44.3	55.0	1295
40	392	371	371	70.4		80.4	59.5	43.1	53.9	1250
39	382	362	362	69.9		79.9	58.6	41.9	52.9	1215
38	372	353	353	69.4		79.4	57.7	40.8	51.8	1180
37	363	344	344	68.9		78.8	56.8	39.6	50.7	1160
36	354	336	336	68.4	109.0	78.3	55.9	38.4	49.7	1115
35	345	327	327	67.9	108.5	77.7	55.0	37.2	48.7	1080
34	336	319	319	67.4	108.0	77.2	54.2	36.1	47.7	1055
33	327	311	311	66.8	107.5	76.6	53.3	34.9	46.6	1025
32	318	301	301	66.3	107.0	76.1	52.1	33.7	45.6	1000
31	310	294	294	65.8	106.0	75.6	51.3	32.5	44.6	980
30	302	286	286	65.3	105.5	75.0	50.4	31.3	43.6	950
29	294	279	279	64.7	104.5	74.5	49.5	30.1	42.7	930
28	286	271	271	64.3	104.0	73.9	48.6	28.9	41.7	910
27	279	264	264	63.8	103.0	73.3	47.7	27.8	40.8	880
26	272	258	258	63.3	102.5	72.8	46.8	26.7	39.9	860
25	266	253	253	62.8	101.5	72.2	45.9	25.5	39.2	840
24	260	247	247	62.4	101.0	71.6	45.0	24.3	38.4	825
23	254	243	243	62.0	100.0	71.0	44.0	23.1	37.7	805
22	248	237	237	61.5	99.0	70.5	43.2	22.0	36.9	785
21	243	231	231	61.0	98.5	69.9	42.3	20.7	36.3	770
20	238	226	226	60.5	97.8	69.4	41.5	19.6	35.6	760
18	230	219	219		96.7				34.6	730
16	222	212	212		95.5				33.5	705
14	213	203	203		93.9				32.3	675
12	204	194	194		92.3				31.1	650
10	196	187	187		90.7				30.0	620
8	188	179	179		89.5					600
6	180	171	171		87.1					580

(계속)

경도 환산표(계속)

Rockwell C Scale HRC	Vickers HV	Brinell(HB)		Rockwell		Rockwell Superficial			Shore HS	인장 강도 N/mm²
		표준구 HBS	WC구 HBW	A Scale HRA	B Scale HRB	15-N HR15N	30-N HR30N	45-N HR45N		
4	173	165	165		85.5					550
2	166	158	158		83.5					530
0	160	152	152		81.7					515
	150	143	143		78.7					490
	140	133	133		75.0					455
	130	124	124		71.2					425
	120	114	114		66.7					390
	110	105	105		62.3					
	100	95	95		56.2					
	95	90	90		52.0					
	90	86	86		48.0					
	85	81	81		41.0					

구멍과 축의 치수 허용 오차 단위 : μm

치수(mm) 초과	이하	B10	C9	C10	D8	D9	D10	E7	E8	E9	F6	F7	F8	G6	G7	H5	H6	H7	H8	H9	H10
—	3	+180/+140	+85/+60	+100/+60	+34/+20	+45/+20	+60/+20	+24/+14	+28/+14	+39/+14	+12/+6	+16/+6	+20/+6	+8/+2	+12/+2	+4/0	+6/0	+10/0	+14/0	+25/0	+40/0
3	6	+188/+140	+100/+70	+118/+70	+48/+30	+60/+30	+78/+30	+32/+20	+38/+20	+50/+20	+18/+10	+22/+10	+28/+10	+12/+4	+16/+4	+5/0	+8/0	+12/0	+18/0	+30/0	+48/0
6	10	+208/+150	+116/+80	+138/+80	+62/+40	+76/+40	+98/+40	+40/+25	+47/+25	+61/+25	+22/+13	+28/+13	+35/+13	+14/+5	+20/+5	+6/0	+9/0	+15/0	+22/0	+36/0	+58/0
10	14	+220/+150	+138/+95	+165/+95	+77/+50	+93/+50	+120/+50	+50/+32	+59/+32	+75/+32	+27/+16	+34/+16	+43/+16	+17/+6	+24/+6	+8/0	+11/0	+18/0	+27/0	+43/0	+70/0
14	18	+220/+150	+138/+95	+165/+95	+77/+50	+93/+50	+120/+50	+50/+32	+59/+32	+75/+32	+27/+16	+34/+16	+43/+16	+17/+6	+24/+6	+8/0	+11/0	+18/0	+27/0	+43/0	+70/0
18	24	+244/+160	+162/+110	+194/+110	+98/+65	+117/+65	+149/+65	+61/+40	+73/+40	+92/+40	+33/+20	+41/+20	+53/+20	+20/+7	+28/+7	+9/0	+13/0	+21/0	+33/0	+52/0	+84/0
24	30	+244/+160	+162/+110	+194/+110	+98/+65	+117/+65	+149/+65	+61/+40	+73/+40	+92/+40	+33/+20	+41/+20	+53/+20	+20/+7	+28/+7	+9/0	+13/0	+21/0	+33/0	+52/0	+84/0
30	40	+270/+170	+182/+120	+220/+120	+119/+80	+142/+80	+180/+80	+75/+50	+89/+50	+112/+50	+41/+25	+50/+25	+64/+25	+25/+9	+34/+9	+11/0	+16/0	+25/0	+39/0	+62/0	+100/0
40	50	+280/+180	+192/+130	+230/+130	+119/+80	+142/+80	+180/+80	+75/+50	+89/+50	+112/+50	+41/+25	+50/+25	+64/+25	+25/+9	+34/+9	+11/0	+16/0	+25/0	+39/0	+62/0	+100/0
50	65	+310/+190	+214/+140	+260/+140	+146/+100	+174/+100	+220/+100	+90/+60	+106/+60	+134/+60	+49/+30	+60/+30	+76/+30	+29/+10	+40/+10	+13/0	+19/0	+30/0	+46/0	+74/0	+120/0
65	80	+320/+200	+224/+150	+270/+150	+146/+100	+174/+100	+220/+100	+90/+60	+106/+60	+134/+60	+49/+30	+60/+30	+76/+30	+29/+10	+40/+10	+13/0	+19/0	+30/0	+46/0	+74/0	+120/0
80	100	+360/+220	+257/+170	+310/+170	+174/+120	+207/+120	+260/+120	+107/+72	+126/+72	+159/+72	+58/+36	+71/+36	+90/+36	+34/+12	+47/+12	+15/0	+22/0	+35/0	+54/0	+87/0	+140/0
100	120	+380/+240	+267/+180	+320/+180	+174/+120	+207/+120	+260/+120	+107/+72	+126/+72	+159/+72	+58/+36	+71/+36	+90/+36	+34/+12	+47/+12	+15/0	+22/0	+35/0	+54/0	+87/0	+140/0
120	140	+420/+260	+300/+200	+360/+200	+208/+145	+245/+145	+305/+145	+125/+85	+148/+85	+185/+85	+68/+43	+83/+43	+106/+43	+39/+14	+54/+14	+18/0	+25/0	+40/0	+63/0	+100/0	+160/0
140	160	+440/+280	+310/+210	+370/+210	+208/+145	+245/+145	+305/+145	+125/+85	+148/+85	+185/+85	+68/+43	+83/+43	+106/+43	+39/+14	+54/+14	+18/0	+25/0	+40/0	+63/0	+100/0	+160/0
160	180	+470/+310	+330/+230	+390/+230	+208/+145	+245/+145	+305/+145	+125/+85	+148/+85	+185/+85	+68/+43	+83/+43	+106/+43	+39/+14	+54/+14	+18/0	+25/0	+40/0	+63/0	+100/0	+160/0
180	200	+525/+340	+355/+240	+425/+240	+242/+170	+285/+170	+355/+170	+146/+100	+172/+100	+215/+100	+79/+50	+96/+50	+122/+50	+44/+15	+61/+15	+20/0	+29/0	+46/0	+72/0	+115/0	+185/0
200	225	+565/+380	+375/+260	+445/+260	+242/+170	+285/+170	+355/+170	+146/+100	+172/+100	+215/+100	+79/+50	+96/+50	+122/+50	+44/+15	+61/+15	+20/0	+29/0	+46/0	+72/0	+115/0	+185/0
225	250	+605/+420	+395/+280	+465/+280	+242/+170	+285/+170	+355/+170	+146/+100	+172/+100	+215/+100	+79/+50	+96/+50	+122/+50	+44/+15	+61/+15	+20/0	+29/0	+46/0	+72/0	+115/0	+185/0
250	280	+690/+480	+430/+300	+510/+300	+271/+190	+320/+190	+400/+190	+162/+110	+191/+110	+240/+110	+88/+56	+108/+56	+137/+56	+49/+17	+69/+17	+23/0	+32/0	+52/0	+81/0	+130/0	+210/0
280	315	+750/+540	+460/+330	+540/+330	+271/+190	+320/+190	+400/+190	+162/+110	+191/+110	+240/+110	+88/+56	+108/+56	+137/+56	+49/+17	+69/+17	+23/0	+32/0	+52/0	+81/0	+130/0	+210/0
315	355	+830/+600	+500/+360	+590/+360	+299/+210	+350/+210	+440/+210	+182/+125	+214/+125	+265/+125	+98/+62	+119/+62	+151/+62	+54/+18	+75/+18	+25/0	+36/0	+57/0	+89/0	+140/0	+230/0
355	400	+910/+680	+540/+400	+630/+400	+299/+210	+350/+210	+440/+210	+182/+125	+214/+125	+265/+125	+98/+62	+119/+62	+151/+62	+54/+18	+75/+18	+25/0	+36/0	+57/0	+89/0	+140/0	+230/0
400	450	+1010/+760	+595/+440	+690/+440	+327/+230	+385/+230	+480/+230	+198/+135	+232/+135	+290/+135	+108/+68	+131/+68	+165/+68	+60/+20	+83/+20	+27/0	+40/0	+63/0	+97/0	+155/0	+250/0
450	500	+1090/+840	+635/+480	+730/+480	+327/+230	+385/+230	+480/+230	+198/+135	+232/+135	+290/+135	+108/+68	+131/+68	+165/+68	+60/+20	+83/+20	+27/0	+40/0	+63/0	+97/0	+155/0	+250/0

(계속)

461

구멍과 축의 치수 허용 오차(계속)

단위 : μm

치수 (mm) 초과	이하	JS			K			M			N		P		R	S	T	U	X
		JS5	JS6	JS7	K5	K6	K7	M5	M6	M7	N6	N7	P6	P7	R7	S7	T7	U7	X7
—	3	± 2	± 3	± 5	0 / -4	0 / -6	0 / -10	-2 / -6	-2 / -8	-2 / -12	-4 / -10	-4 / -14	-6 / -12	-6 / -16	-10 / -20	-14 / -24	—	-18 / -28	-20 / -30
3	6	± 2.5	± 4	± 6	0 / -5	+2 / -6	+3 / -9	-3 / -8	-1 / -9	0 / -12	-5 / -13	-4 / -16	-9 / -17	-8 / -20	-11 / -23	-15 / -27	—	-19 / -31	-24 / -36
6	10	± 3	± 4.5	± 7.5	+1 / -5	+2 / -7	+5 / -10	-4 / -10	-3 / -12	0 / -15	-7 / -16	-4 / -19	-12 / -21	-9 / -24	-13 / -28	-17 / -32	—	-22 / -37	-28 / -43
10	14	± 4	± 5.5	± 9	+2 / -6	+2 / -9	+6 / -12	-4 / -12	-4 / -15	0 / -18	-9 / -20	-5 / -23	-15 / -26	-11 / -29	-16 / -34	-21 / -39	—	-26 / -44	-33 / -51
14	18	± 4	± 5.5	± 9	+2 / -6	+2 / -9	+6 / -12	-4 / -12	-4 / -15	0 / -18	-9 / -20	-5 / -23	-15 / -26	-11 / -29	-16 / -34	-21 / -39	—	-26 / -44	-38 / -56
18	24	± 4.5	± 6.5	± 10.5	+1 / -8	+2 / -11	+6 / -15	-5 / -14	-4 / -17	0 / -21	-11 / -24	-7 / -28	-18 / -31	-14 / -35	-20 / -41	-27 / -48	—	-33 / -54	-46 / -67
24	30	± 4.5	± 6.5	± 10.5	+1 / -8	+2 / -11	+6 / -15	-5 / -14	-4 / -17	0 / -21	-11 / -24	-7 / -28	-18 / -31	-14 / -35	-20 / -41	-27 / -48	-33 / -54	-40 / -61	-56 / -77
30	40	± 5.5	± 8	± 12.5	+2 / -9	+3 / -13	+7 / -18	-5 / -16	-4 / -20	0 / -25	-12 / -28	-8 / -33	-21 / -37	-17 / -42	-25 / -50	-34 / -59	-39 / -64	-51 / -76	—
40	50	± 5.5	± 8	± 12.5	+2 / -9	+3 / -13	+7 / -18	-5 / -16	-4 / -20	0 / -25	-12 / -28	-8 / -33	-21 / -37	-17 / -42	-25 / -50	-34 / -59	-45 / -70	-61 / -86	—
50	65	± 6.5	± 9.5	± 15	+3 / -10	+4 / -15	+9 / -21	-6 / -19	-5 / -24	0 / -30	-14 / -33	-9 / -39	-26 / -45	-21 / -51	-30 / -60	-42 / -72	-55 / -85	-76 / -106	—
65	80	± 6.5	± 9.5	± 15	+3 / -10	+4 / -15	+9 / -21	-6 / -19	-5 / -24	0 / -30	-14 / -33	-9 / -39	-26 / -45	-21 / -51	-32 / -62	-48 / -78	-64 / -94	-91 / -121	—
80	100	± 7.5	± 11	± 17.5	+2 / -13	+4 / -18	+10 / -25	-8 / -23	-6 / -28	0 / -35	-16 / -38	-10 / -45	-30 / -52	-24 / -59	-38 / -73	-58 / -93	-78 / -113	-111 / -146	—
100	120	± 7.5	± 11	± 17.5	+2 / -13	+4 / -18	+10 / -25	-8 / -23	-6 / -28	0 / -35	-16 / -38	-10 / -45	-30 / -52	-24 / -59	-41 / -76	-66 / -101	-91 / -126	-131 / -166	—
120	140	± 9	± 12.5	± 20	+3 / -15	+4 / -21	+12 / -28	-9 / -27	-8 / -33	0 / -40	-20 / -45	-12 / -52	-36 / -61	-28 / -68	-48 / -88	-77 / -117	-107 / -147	—	—
140	160	± 9	± 12.5	± 20	+3 / -15	+4 / -21	+12 / -28	-9 / -27	-8 / -33	0 / -40	-20 / -45	-12 / -52	-36 / -61	-28 / -68	-50 / -90	-85 / -125	-119 / -159	—	—
160	180	± 9	± 12.5	± 20	+3 / -15	+4 / -21	+12 / -28	-9 / -27	-8 / -33	0 / -40	-20 / -45	-12 / -52	-36 / -61	-28 / -68	-53 / -93	-93 / -133	-131 / -171	—	—
180	200	± 10	± 14.5	± 23	+2 / -18	+5 / -24	+13 / -33	-11 / -31	-8 / -37	0 / -46	-22 / -51	-14 / -60	-41 / -70	-33 / -79	-60 / -106	-105 / -151	—	—	—
200	225	± 10	± 14.5	± 23	+2 / -18	+5 / -24	+13 / -33	-11 / -31	-8 / -37	0 / -46	-22 / -51	-14 / -60	-41 / -70	-33 / -79	-63 / -109	-113 / -159	—	—	—
225	250	± 10	± 14.5	± 23	+2 / -18	+5 / -24	+13 / -33	-11 / -31	-8 / -37	0 / -46	-22 / -51	-14 / -60	-41 / -70	-33 / -79	-67 / -113	-123 / -169	—	—	—
250	280	± 11.5	± 16	± 26	+3 / -20	+5 / -27	+16 / -36	-13 / -36	-9 / -41	0 / -52	-25 / -57	-14 / -66	-47 / -79	-36 / -88	-74 / -126	—	—	—	—
280	315	± 11.5	± 16	± 26	+3 / -20	+5 / -27	+16 / -36	-13 / -36	-9 / -41	0 / -52	-25 / -57	-14 / -66	-47 / -79	-36 / -88	-78 / -130	—	—	—	—
315	355	± 12.5	± 18	± 28.5	+3 / -22	+7 / -29	+17 / -40	-14 / -39	-10 / -46	0 / -57	-26 / -62	-16 / -73	-51 / -87	-41 / -98	-87 / -144	—	—	—	—
355	400	± 12.5	± 18	± 28.5	+3 / -22	+7 / -29	+17 / -40	-14 / -39	-10 / -46	0 / -57	-26 / -62	-16 / -73	-51 / -87	-41 / -98	-93 / -150	—	—	—	—
400	450	± 13.5	± 20	± 31.5	+2 / -25	+8 / -32	+18 / -45	-16 / -43	-10 / -50	0 / -63	-27 / -67	-17 / -80	-55 / -95	-45 / -108	-103 / -166	—	—	—	—
450	500	± 13.5	± 20	± 31.5	+2 / -25	+8 / -32	+18 / -45	-16 / -43	-10 / -50	0 / -63	-27 / -67	-17 / -80	-55 / -95	-45 / -108	-109 / -172	—	—	—	—

축의 공차 범위와 치수 허용 오차

단위 : μm

치수(mm) 초과	이하	b9	c9	d8	d9	e7	e8	e9	f6	f7	f8	g4	g5	g6	h4	h5	h6	h7	h8	h9
—	3	-140/-165	-60/-85	-20/-34	-20/-45	-14/-24	-14/-28	-14/-39	-6/-12	-6/-16	-6/-20	-2/-5	-2/-6	-2/-8	0/-3	0/-4	0/-6	0/-10	0/-14	0/-25
3	6	-140/-170	-70/-100	-30/-48	-30/-60	-20/-32	-20/-38	-20/-50	-10/-18	-10/-22	-10/-28	-4/-8	-4/-9	-4/-12	0/-4	0/-5	0/-8	0/-12	0/-18	0/-30
6	10	-150/-186	-80/-116	-40/-62	-40/-76	-25/-40	-25/-47	-25/-61	-13/-22	-13/-28	-13/-35	-5/-9	-5/-11	-5/-14	0/-4	0/-6	0/-9	0/-15	0/-22	0/-36
10	14	-150/-193	-95/-138	-50/-77	-50/-93	-32/-50	-32/-59	-32/-75	-16/-27	-16/-34	-16/-43	-6/-11	-6/-14	-6/-17	0/-5	0/-8	0/-11	0/-18	0/-27	0/-43
14	18	-150/-193	-95/-138	-50/-77	-50/-93	-32/-50	-32/-59	-32/-75	-16/-27	-16/-34	-16/-43	-6/-11	-6/-14	-6/-17	0/-5	0/-8	0/-11	0/-18	0/-27	0/-43
18	24	-160/-212	-110/-162	-65/-98	-65/-117	-40/-61	-40/-73	-40/-92	-20/-33	-20/-41	-20/-53	-7/-13	-7/-16	-7/-20	0/-6	0/-9	0/-13	0/-21	0/-33	0/-52
24	30	-160/-212	-110/-162	-65/-98	-65/-117	-40/-61	-40/-73	-40/-92	-20/-33	-20/-41	-20/-53	-7/-13	-7/-16	-7/-20	0/-6	0/-9	0/-13	0/-21	0/-33	0/-52
30	40	-170/-232	-120/-182	-80/-119	-80/-142	-50/-75	-50/-89	-50/-112	-25/-41	-25/-50	-25/-64	-9/-16	-9/-20	-9/-25	0/-7	0/-11	0/-16	0/-25	0/-39	0/-62
40	50	-180/-242	-130/-192	-80/-119	-80/-142	-50/-75	-50/-89	-50/-112	-25/-41	-25/-50	-25/-64	-9/-16	-9/-20	-9/-25	0/-7	0/-11	0/-16	0/-25	0/-39	0/-62
50	65	-190/-264	-140/-214	-100/-146	-100/-174	-60/-90	-60/-106	-60/-134	-30/-49	-30/-60	-30/-76	-10/-18	-10/-23	-10/-29	0/-8	0/-13	0/-19	0/-30	0/-46	0/-74
65	80	-200/-274	-150/-224	-100/-146	-100/-174	-60/-90	-60/-106	-60/-134	-30/-49	-30/-60	-30/-76	-10/-18	-10/-23	-10/-29	0/-8	0/-13	0/-19	0/-30	0/-46	0/-74
80	100	-220/-307	-170/-257	-120/-174	-120/-207	-72/-107	-72/-126	-72/-159	-36/-58	-36/-71	-36/-90	-12/-22	-12/-27	-12/-34	0/-10	0/-15	0/-22	0/-35	0/-54	0/-87
100	120	-240/-327	-180/-267	-120/-174	-120/-207	-72/-107	-72/-126	-72/-159	-36/-58	-36/-71	-36/-90	-12/-22	-12/-27	-12/-34	0/-10	0/-15	0/-22	0/-35	0/-54	0/-87
120	140	-260/-360	-200/-300	-145/-208	-145/-245	-85/-125	-85/-148	-85/-185	-43/-68	-43/-83	-43/-106	-14/-26	-14/-32	-14/-39	0/-12	0/-18	0/-25	0/-40	0/-63	0/-100
140	160	-280/-380	-210/-310	-145/-208	-145/-245	-85/-125	-85/-148	-85/-185	-43/-68	-43/-83	-43/-106	-14/-26	-14/-32	-14/-39	0/-12	0/-18	0/-25	0/-40	0/-63	0/-100
160	180	-310/-410	-230/-330	-145/-208	-145/-245	-85/-125	-85/-148	-85/-185	-43/-68	-43/-83	-43/-106	-14/-26	-14/-32	-14/-39	0/-12	0/-18	0/-25	0/-40	0/-63	0/-100
180	200	-340/-455	-240/-355	-170/-242	-170/-285	-100/-146	-100/-172	-100/-215	-50/-79	-50/-96	-50/-122	-15/-29	-15/-35	-15/-44	0/-14	0/-20	0/-29	0/-46	0/-72	0/-115
200	225	-380/-495	-260/-375	-170/-242	-170/-285	-100/-146	-100/-172	-100/-215	-50/-79	-50/-96	-50/-122	-15/-29	-15/-35	-15/-44	0/-14	0/-20	0/-29	0/-46	0/-72	0/-115
225	250	-420/-535	-280/-395	-170/-242	-170/-285	-100/-146	-100/-172	-100/-215	-50/-79	-50/-96	-50/-122	-15/-29	-15/-35	-15/-44	0/-14	0/-20	0/-29	0/-46	0/-72	0/-115
250	280	-480/-610	-300/-430	-190/-271	-190/-320	-110/-162	-110/-191	-110/-240	-56/-88	-56/-108	-56/-137	-17/-33	-17/-40	-17/-49	0/-16	0/-23	0/-32	0/-52	0/-81	0/-130
280	315	-540/-670	-330/-460	-190/-271	-190/-320	-110/-162	-110/-191	-110/-240	-56/-88	-56/-108	-56/-137	-17/-33	-17/-40	-17/-49	0/-16	0/-23	0/-32	0/-52	0/-81	0/-130
315	355	-600/-740	-360/-500	-210/-299	-210/-350	-125/-182	-125/-214	-125/-265	-62/-98	-62/-119	-62/-151	-18/-36	-18/-43	-18/-54	0/-18	0/-25	0/-36	0/-57	0/-89	0/-140
355	400	-680/-820	-400/-540	-210/-299	-210/-350	-125/-182	-125/-214	-125/-265	-62/-98	-62/-119	-62/-151	-18/-36	-18/-43	-18/-54	0/-18	0/-25	0/-36	0/-57	0/-89	0/-140
400	450	-760/-915	-440/-595	-230/-327	-230/-385	-135/-198	-135/-232	-135/-290	-68/-108	-68/-131	-68/-165	-20/-40	-20/-47	-20/-60	0/-20	0/-27	0/-40	0/-63	0/-97	0/-155
450	500	-840/-995	-480/-635	-230/-327	-230/-385	-135/-198	-135/-232	-135/-290	-68/-108	-68/-131	-68/-165	-20/-40	-20/-47	-20/-60	0/-20	0/-27	0/-40	0/-63	0/-97	0/-155

(계속)

축의 공차 범위와 치수 허용 오차(계속) 단위 : μm

치수(mm) 초과	이하	js4	js5	js6	js7	k4	k5	k6	m4	m5	m6	n6	p6	r6	s6	t6	u6	x6
—	3	±1.5	±2	±3	±5	+3	+4 / 0	+6	+5	+6 / +2	+8	+10 / +4	+12 / +6	+16 / +10	+20 / +14	—	+24 / +18	+26 / +20
3	6	±2	±2.5	±4	±6	+5	+6 / +1	+9	+8	+9 / +4	+12	+16 / +8	+20 / +12	+23 / +15	+27 / +19	—	+31 / +23	+36 / +28
6	10	±2	±3	±4.5	±7.5	+5	+7 / +1	+10	+10	+12 / +6	+15	+19 / +10	+24 / +15	+28 / +19	+32 / +23	—	+37 / +28	+43 / +34
10	14	±2.5	±4	±5.5	±9	+6	+9 / +1	+12	+12	+15 / +7	+18	+23 / +12	+29 / +18	+34 / +23	+39 / +28	—	+44 / +33	+51 / +40
14	18	±2.5	±4	±5.5	±9	+6	+9 / +1	+12	+12	+15 / +7	+18	+23 / +12	+29 / +18	+34 / +23	+39 / +28	—	+44 / +33	+56 / +45
18	24	±3	±4.5	±6.5	±10.5	+8	+11 / +2	+15	+14	+17 / +8	+21	+28 / +15	+35 / +22	+41 / +28	+48 / +35	—	+54 / +41	+67 / +54
24	30	±3	±4.5	±6.5	±10.5	+8	+11 / +2	+15	+14	+17 / +8	+21	+28 / +15	+35 / +22	+41 / +28	+48 / +35	+54 / +41	+61 / +48	+77 / +64
30	40	±3.5	±5.5	±8	±12.5	+9	+13 / +2	+18	+16	+20 / +9	+25	+33 / +17	+42 / +26	+50 / +34	+59 / +43	+64 / +48	+76 / +60	—
40	50	±3.5	±5.5	±8	±12.5	+9	+13 / +2	+18	+16	+20 / +9	+25	+33 / +17	+42 / +26	+50 / +34	+59 / +43	+70 / +54	+86 / +70	—
50	65	±4	±6.5	±9.5	±15	+10	+15 / +2	+21	+19	+24 / +11	+30	+39 / +20	+51 / +32	+60 / +41	+72 / +53	+85 / +66	+106 / +87	—
65	80	±4	±6.5	±9.5	±15	+10	+15 / +2	+21	+19	+24 / +11	+30	+39 / +20	+51 / +32	+62 / +43	+78 / +59	+94 / +75	+121 / +102	—
80	100	±5	±7.5	±11	±17.5	+13	+18 / +3	+25	+23	+28 / +13	+35	+45 / +23	+59 / +37	+73 / +51	+93 / +71	+113 / +91	+146 / +124	—
100	120	±5	±7.5	±11	±17.5	+13	+18 / +3	+25	+23	+28 / +13	+35	+45 / +23	+59 / +37	+76 / +54	+101 / +79	+126 / +104	+166 / +144	—
120	140	±6	±9	±12.5	±20	+15	+21 / +3	+28	+27	+33 / +15	+40	+52 / +27	+68 / +43	+88 / +63	+117 / +92	+147 / +122	—	—
140	160	±6	±9	±12.5	±20	+15	+21 / +3	+28	+27	+33 / +15	+40	+52 / +27	+68 / +43	+90 / +65	+125 / +100	+159 / +134	—	—
160	180	±6	±9	±12.5	±20	+15	+21 / +3	+28	+27	+33 / +15	+40	+52 / +27	+68 / +43	+93 / +68	+133 / +108	+171 / +146	—	—
180	200	±7	±10	±14.5	±23	+18	+24 / +4	+33	+31	+37 / +17	+46	+60 / +31	+79 / +50	+106 / +77	+151 / +122	—	—	—
200	225	±7	±10	±14.5	±23	+18	+24 / +4	+33	+31	+37 / +17	+46	+60 / +31	+79 / +50	+109 / +80	+159 / +130	—	—	—
225	250	±7	±10	±14.5	±23	+18	+24 / +4	+33	+31	+37 / +17	+46	+60 / +31	+79 / +50	+113 / +84	+169 / +140	—	—	—
250	280	±8	±11.5	±16	±26	+20	+27 / +4	+36	+36	+43 / +20	+52	+66 / +34	+88 / +56	+126 / +94	—	—	—	—
280	315	±8	±11.5	±16	±26	+20	+27 / +4	+36	+36	+43 / +20	+52	+66 / +34	+88 / +56	+130 / +98	—	—	—	—
315	355	±9	±12.5	±18	±28.5	+22	+29 / +4	+40	+39	+46 / +21	+57	+73 / +37	+98 / +62	+144 / +108	—	—	—	—
355	400	±9	±12.5	±18	±28.5	+22	+29 / +4	+40	+39	+46 / +21	+57	+73 / +37	+98 / +62	+150 / +114	—	—	—	—
400	450	±10	±13.5	±20	±31.5	+25	+32 / +5	+45	+43	+50 / +23	+63	+80 / +40	+108 / +68	−166 / −126	—	—	—	—
450	500	±10	±13.5	±20	±31.5	+25	+32 / +5	+45	+43	+50 / +23	+63	+80 / +40	+108 / +68	−172 / −132	—	—	—	—

단위 환산표

1. 미터 단위 vs. 인치 단위

항목	미터 단위	인치 단위
길이	1cm	0.3937inch 1inch＝1000mil
	1m＝100cm 　＝1,000 mm	3.2808 ft 1ft＝12inch 1yd＝3ft
	1km＝1000m	0.62137mile 1 mile＝80chain＝1760yd
무게	1ton＝1000kg	1.10231 American ton 　　　＝0.984206 English ton
	1kg＝1000g	2.20462 lb
	1g＝1000mg	0.0352740 oz 1 lb＝16 oz＝7000 grain(gr)
부피	1 I＝1000cm³	0.21998 English gal.　　1 gal(UK)＝277.4in³ 0.26418 American gal.　1 gal(US)＝231in³
밀도	Kg/l＝1000kg/m³	0.03613lb/in³

2. SI 단위 vs. 중력 단위

1) SI 기본 단위

항목	명칭	기호
길이	미터	m
질량	킬로그램	kg
시간	초	s
전류	암페어	A

항목	명칭	기호
열역학 온도	캘빈	K
광도	칸데라	cd
물질의 양	몰	mol

SI : Systeme International d'unites/ International System of Units

2) 환산표

항목	SI 단위	중력 단위
힘	$N(kg \cdot m/s^2)$	$1N = 0.101972 kgf$ $= 1 \times 10^5 dyn$
토크	$N \cdot m$	$1N \cdot m = 0.101972 kgf \cdot m$
압력	$MPa(N/mm^2)$	$10.1972 kgf/cm^2$ 10 bar 9.86923 atm $1.01972 \times 10^5 mmAq(mmH2O)$ $7.50062 \times 10^3 mmHg(Torr)$
응력	$MPa(N/mm^2)$ $= 10^5 Pa(N/)$	$10.1972 kgf/cm^2$
일, 열 에너지, 열량, 엔탈피, 전력량	$J(N \cdot m)$	$1 kJ = 0.239 kcal$ $1 J = 0.101972 kgf \cdot m$ $1 J = \dfrac{1}{3.6} x 10^{-6} kWh$
열류량, 동력, 전력	$W(J/s)$	$1 W = 0.8598 kcal/h$ $1 W = 0.101972 kgf \cdot m/s$ $1 W = 1.3596 \times 10^{-3} PS$
열류 밀도	W/m^2	$1 W/m^2 = 0.8598 kcal/h \cdot m^2$
열 용량	J/K	$1 kJ/K = 0.239 kcal/℃$
비열	J/kg	$1 J/kg = 0.239 kcal/kg℃$
비엔탈피	J/kg	$1 J/kg = 0.239 kcal/kg$

항목	SI 단위	중력 단위
열 전도율	W/m·k	1 W/m·k = 0.8598kcal/h·m℃
열 통과율 열 전달률	W/m^2·k	1 W/m^2 = 0.8598kcal/h·m^2℃
온도	K	t ℃ = T(K) - 273.15
보일러 용량	kW	1 kW = 859.8452kcal/h 　　　 = 3,411.866Btu/h
냉동기 용량	kW	1 kW = 0.2843 ref.ton(US)

3. 보조 단위

배수	명칭	기호	배수	명칭	기호
10^{18}	엑사(exa)	E	10^{-1}	데시(deci)	d
10^{15}	페타(peta)	P	10^{-2}	센티(centi)	c
10^{12}	테라(terra)	T	10^{-3}	밀리(mili)	m
10^{9}	기가(giga)	G	10^{-6}	마이크로(micro)	μ
10^{6}	메가(mega)	M	10^{-9}	나노(nano)	n
10^{3}	킬로(kilo)	K	10^{-12}	피코(pico)	p
10^{2}	헥토(hecto)	H	10^{-15}	펨토(femto)	f
10	데카(deca)	da	10^{-18}	아토(ato)	a

| 지은이 |

이건이

건국대학교 기계공학부 겸임교수
서울대학교 기계설계학과 학사
30여 년간 대우중공업(현 두산인프라코어) 외
　기업 연구개발 분야 근무

강기영

대덕대학교 기계공학과 교수
서울대학교 기계설계학과 학사
기계기술사